Vom Referat bis zur Examensarbeit

Bruno P. Kremer

Vom Referat bis zur Examensarbeit

Naturwissenschaftliche Texte perfekt verfassen und gestalten

4., überarbeitete und erweiterte Auflage

Dr. Bruno P. Kremer
Institut für Biologie und ihre Didaktik
Universität zu Köln
Köln, Deutschland

ISBN 978-3-642-41301-8   ISBN 978-3-642-41302-5 (eBook)
DOI 10.1007/978-3-642-41302-5

Die Deutsche Nationalbibliothek verzeichnet diese Publikation in der Deutschen Nationalbibliografie; detaillierte bibliografische Daten sind im Internet über http://dnb.d-nb.de abrufbar.

Springer Spektrum
© Springer-Verlag Berlin Heidelberg 2014
Das Werk einschließlich aller seiner Teile ist urheberrechtlich geschützt. Jede Verwertung, die nicht ausdrücklich vom Urheberrechtsgesetz zugelassen ist, bedarf der vorherigen Zustimmung des Verlags. Das gilt insbesondere für Vervielfältigungen, Bearbeitungen, Übersetzungen, Mikroverfilmungen und die Einspeicherung und Verarbeitung in elektronischen Systemen.

Die Wiedergabe von Gebrauchsnamen, Handelsnamen, Warenbezeichnungen usw. in diesem Werk berechtigt auch ohne besondere Kennzeichnung nicht zu der Annahme, dass solche Namen im Sinne der Warenzeichen- und Markenschutz-Gesetzgebung als frei zu betrachten wären und daher von jedermann benutzt werden dürften.

Gedruckt auf säurefreiem und chlorfrei gebleichtem Papier.

Springer Spektrum ist eine Marke von Springer DE. Springer DE ist Teil der Fachverlagsgruppe Springer Science+Business Media
www.springer-spektrum.de

Nur Weniges vorweg

Vorworte zu Büchern werden gewöhnlich nicht, bestenfalls ungern oder höchstens diagonal gelesen. Zugegeben: Sie blockieren den Weg zur eigentlichen Buchbotschaft, sind oft reichlich langatmig, thematisieren fallweise auch nur psychosoziale Befindlichkeiten des Autors und liefern insgesamt kaum brauchbare Essenz zum Thema. Angesichts dieser Ausgangslage beschränken sich die folgenden Zeilen auf nur wenige, aber aus Autorensicht notwendige Mitteilungen.

Bereits die erste, 2004 unter dem Titel „Texte schreiben im Biologiestudium" erschienene Auflage dieses Buches traf nach der überaus freundlichen Aufnahme durch das Buchpublikum und die Rezensenten offenbar ins Schwarze, denn ausnahmslos alle um ihre Einschätzung gebetenen Mitmenschen von den verschiedenen Schreibfronten fanden zu Gebrauchswert, Inhalt, Konzept, Stil, Struktur und Umsetzbarkeit überaus freundliche, bestätigende oder sogar ermunternde Worte. Ebenso verhielt es sich bei den erfreulicherweise alsbald fälligen und jeweils erweiterten zweiten (2006) und dritten (2010) Auflagen. Diese richteten sich konsequenterweise nicht mehr nur an schreibverzweifelt Ratsuchende aus den Biowissenschaften, sondern erweiterten die Zielgruppe um Adressaten aus allen Naturwissenschaften und ihrem affinen Umfeld: Wo immer in der natur- bzw. technisch-ingenieurwissenschaftlichen Praxis eine Textversion von Arbeitsergebnissen zu erstellen ist, kann dieser auf langjähriger Praxis an der schreibenden Front beruhende kurze, kompakte und konzise Leitfaden mit direkt umsetzbaren Handlungsanweisungen die benötigte handwerkliche Hilfestellung bieten. Das Umsetzen einer zündenden Idee oder eines unbedingt mitteilenswerten Ergebnisses in einen lesefertigen und auch tatsächlich akzeptablen Text stellt sich im Prinzip überall gleich dar – in der Biologie ebenso wie in den Agrar- und Umweltwissenschaften sowie in der Chemie, in den Geowissenschaften gleichermaßen wie in Medizin, Pharmazie und Physik. Die auch in dieser vierten Auflage verwendeten Beispiele stammen zwar immer noch mehrheitlich aus der Biologie (was sich aus dem unmittelbaren fachlichen Hintergrund des Autors erklärt), stehen aber stellvertretend für analoge Herausforderungen auch aus allen anderen Naturwissenschaften. Ob man aber nun die spektralanalytischen Daten von Blütenfarbstoffen darzustellen hat, die Problematik der Freisetzung gentechnisch veränderter Nutzpflanzen, die global gefährdeten Trinkwasserressourcen oder die kernphysikalischen Abläufe in einer neu entdeckten Galaxie ist nach den Inhalten zwar buchstäblich ein himmelweiter Unterschied, aber in der Vorgehensweise der Darstellung eben nicht. Von der Astrophysik bis zur Zahnmedizin spannt sich zugegebenermaßen ein weiter Themenbogen. Die daraus abzuleitenden schriftlichen Kondensate ringen jedoch erfahrungsgemäß um vergleichbare Gestaltungsprobleme, und viele erprobte Tipps zu deren Bewältigung finden Sie in dieser Handreichung. Dazu folgende Ermunterung von Mark Twain (1835–1910): „Schreiben ist leicht. Man muss nur die falschen Wörter weglassen."

Eine hoffentlich nicht allzu enttäuschende Klarstellung ist vorauszuschicken: Manche Rezensenten vermissten in den vorausgehenden Auflagen dies, die anderen das. Eine etwas mehr als 250 Druckseiten umfassende Handreichung kann und will eben keine Enzyklopädie sein. Sie kann auch keine umfassende Einarbeitung in professionelle Layoutprogramme wie InDesign oder QuarkExpress bieten und versteht sich auch nicht als Ersatz für die Einführung in sämtliche Feinverzweigungen der Textverarbeitung mit der neuesten Version von MS Word oder LaTeX. Es ist hier ebenso wie in der etwas anspruchsvolleren Fotografie: Annähernd 90 % aller auftretenden Probleme lassen sich mit einer brauchbaren Basisausstattung erledigen, während die restlichen 10 % einen überaus heftigen Spezialaufwand erfordern. Letzteren kann dieses Buch nicht leisten. Die Grundrezepturen für den akademischen Schreibbetrieb können Sie den folgenden Seiten aber auf jeden Fall rasch entnehmen und gewiss auch erfolgreich anwenden.

Außer unserer Tochter Melanie, die während der Reinschriftphase ihrer Diplomarbeit täglich mehrfach, weil relativ ratlos, an meinem häuslichen Schreibtisch aufkreuzte, nach Zitiertechniken oder besonderen Layout-Lösungen fragte und damit zur unmittelbaren Auslöserin für diese Werkstattanleitung wurde, danke ich vielen mittelbar Beteiligten für ihre gezielten Einschätzungen und Erfahrungen sowie für Hinweise und Hilfen. Wertvolle Tipps und Vorschläge steuerten Frau Walburga Bannwarth-Pabst, wiederum Dr. Gerwin Kasperek (ViFaBio Frankfurt) sowie Dipl.-Inf. (FH) Nico Bau bei. Frau Stefanie Wolf vom Springer-Verlag danke ich erneut für die bewährte und wiederum exzellente Betreuung auch dieses Projektes, das ich aufgrund bester Erfahrungen sehr gerne diesem Medienunternehmen anvertraut habe.

Köln/Wachtberg, im Januar 2014   Bruno P. Kremer

Inhaltsverzeichnis

1	**Ermutigung: keine Angst (mehr) vor dem leeren Blatt**	1
2	**Suchen, Finden, Anfreunden: Erstkontakte mit Ihrem Thema**	5
	2.1 Check-in: Der erste Schritt … führt in die Sprechstunde	5
	2.2 Textproduktion – ein Weg in sieben Etappen	8
	2.3 Triebwerke zünden: Arbeitsplan und Zeitbudget	9
	2.4 Take-off: Lesen, Sammeln und Verzetteln	11
	2.4.1 Zettelwirtschaft	12
	2.4.2 Archivieren und Literaturverwaltung	15
	2.4.3 Zwischen Inspiration und Transpiration	17
	2.4.4 Lesestrategien: Scanning und Skimming	18
	2.4.5 Daten speichern und sichern	20
	2.5 Streckenflug: Schweigen verinselt, Reden ist viel besser	21
3	**Gezielte Trüffelsuche: unterwegs in Bibliotheken und Datenbanken**	23
	3.1 Stöbern in Bibliotheken	24
	3.2 Datenbanken	27
	3.3 Onlinerecherche	28
	3.3.1 URL, http und html: Suchmaschinen und Verzeichnisse	29
	3.3.2 Virtuelle Bibliotheksbesuche	33
	3.3.3 Fachdatenbanken und Fachbibliografien	37
	3.3.4 Weitere Informationsquellen	40
	3.4 Akut oder latent? Warnung vor Plagiaten	41
	3.5 Ein paar Grundbegriffe zum Buch	42
4	**Der Teil und das Ganze – Textsorten und ihre Bausteine**	47
	4.1 Schreiben im Studium … und danach	48
	4.1.1 Die Form folgt der Funktion	49
	4.1.2 Textumfänge	50
	4.1.3 Ideenbaum und Gedankenfluss	52
	4.2 Exkursionsbericht	55

	4.3	Versuchsprotokoll oder Laborbericht	56
	4.4	Referat, Portfolio, Haus- bzw. Semesterarbeit	57
	4.5	Bachelorarbeit	61
	4.6	Masterarbeit, Dissertation und Habilitationsschrift	67
	4.7	Formbrief	68
	4.8	Und danach: Texte veröffentlichen	69
5	**Mit starken Worten – Texte stilvoll formulieren**		**73**
	5.1	Sprachebene	74
	5.2	Denglisch	75
	5.3	Fremdwörter und Fachbegriffe	76
	5.4	Satzbau	78
	5.5	Darstellungsperspektive	82
	5.6	Alles hat seine richtige Zeit	82
	5.7	Texte mit Leidensdruck: Das unselige Passiv	84
	5.8	Sichere Kandidaten für den Rotstift	85
		5.8.1 Abkürzungen	85
		5.8.2 Bekanntlich	86
		5.8.3 Bisexuelle Verrenkungen	86
		5.8.4 Fall-Gruben	86
		5.8.5 Falsche Freunde	87
		5.8.6 Falsches Attribut	87
		5.8.7 Farbiges	88
		5.8.8 Fremdwörtliches	88
		5.8.9 Fülliges	89
		5.8.10 Gebeugtes Unbeugsames	89
		5.8.11 Genitiv-s	89
		5.8.12 Metaphern	90
		5.8.13 Negatives	90
		5.8.14 Nichtzählbare	91
		5.8.15 Nominalfolgen	91
		5.8.16 Pleonasmen	92
		5.8.17 Präpositionalismus	92
		5.8.18 Steigerung – problematisch bis verboten	93
		5.8.19 Verneinung – schlimmstenfalls gleich mehrfach	93
		5.8.20 Weichmacher	93
		5.8.21 Wortgeklingel	94
		5.8.22 Zeugma	94
	5.9	Neue deutsche Rechtschreibung	95

6 Auf den Schultern der Riesen: Zitate und Zitieren 97
- 6.1 Aufgaben des Zitierens 98
  - 6.1.1 Sicherung der Kontinuität 99
  - 6.1.2 Zielvorgabe Objektivität 99
  - 6.1.3 Dokumente intellektueller Redlichkeit 100
- 6.2 Technik des Zitierens 101
- 6.3 Zitate im Lauftext 102
  - 6.3.1 Wörtliches Zitat 102
  - 6.3.2 Indirektes Zitat 104
  - 6.3.3 Andere Kurzbelegformen 106
- 6.4 Quellenangaben im Literaturverzeichnis 107
  - 6.4.1 Zitate aus Zeitschriften 109
  - 6.4.2 Zitate aus Büchern 112
  - 6.4.3 Zitate aus Sammelwerken 114
  - 6.4.4 Zitate aus wissenschaftlichen (unveröffentlichten) Arbeiten ... 114
  - 6.4.5 Zitate aus der „grauen Literatur" 115
  - 6.4.6 Weitere Quellenangaben 115
  - 6.4.7 Quellen aus dem Internet 116
- 6.5 Sortierung im Literaturverzeichnis 117

7 Ansehnliche Schaustücke: Fotos, Grafiken und Tabellen 121
- 7.1 Mittel der Textveranschaulichung 121
- 7.2 Rechtliche Aspekte 122
- 7.3 Bildschön: Fotografische Dokumente 123
- 7.4 Topographische Karten 126
- 7.5 Grafiken 126
  - 7.5.1 Zeichnungen 127
  - 7.5.2 Strichzeichnungen von Hand 128
  - 7.5.3 Strichzeichnungen per PC 130
  - 7.5.4 Formeln und Versuchsgeräte 134
  - 7.5.5 Diagramme 137
  - 7.5.6 Tabellen 142

8 Die Dinge beim Namen nennen – Größen und Bezeichnungen 147
- 8.1 SI-Einheiten 147
  - 8.1.1 Teile und Vielfache von Einheiten 149
  - 8.1.2 Besondere Schreibweisen 152
  - 8.1.3 Mengenangaben in der Chemie 154
- 8.2 Zahlen und Ziffern 155
  - 8.2.1 Zahlensysteme 156
  - 8.2.2 Ziffern im Lauftext 158
- 8.3 Korrektes Benennen von Organismen 159

| | 8.3.1 | Beginn der wissenschaftlichen Nomenklatur | 159 |
| | 8.3.2 | Umgang mit wissenschaftlichen Artnamen | 161 |

9 Ansprechend verpacken: das Thema Schrift 167
- 9.1 Schnellkurs in Typographie 169
- 9.2 Schriftart 171
- 9.3 Schriftschnitt 173
- 9.4 Schriftgrad 174
- 9.5 Laufweite 176
- 9.6 Zeilenabstand 177

10 Ansichtsachen: Layout und Seitengestaltung 181
- 10.1 Papierformat 182
- 10.2 Papierqualität 182
- 10.3 Satzspiegel 183
- 10.4 Deck- oder Titelblatt 185
  - 10.4.1 Schnellinformation über das Wesentliche 185
  - 10.4.2 Schriftgestaltung der Titelseite 188
  - 10.4.3 Zeilenanordnung 189
- 10.5 Inhaltsverzeichnis 190
  - 10.5.1 Gliederungstechnik 192
  - 10.5.2 Schriftgestaltung im Inhaltsverzeichnis 194
- 10.6 Seitenlayout im Innenteil 196
  - 10.6.1 Zeilenlänge 196
  - 10.6.2 Zeilenausrichtung 197
  - 10.6.3 Absatzgestaltung 199
  - 10.6.4 Bildmaterial 201
  - 10.6.5 Bildnummern 202
  - 10.6.6 Bildlegenden 203
  - 10.6.7 Tabellen 204
  - 10.6.8 Andere Textelemente 205
  - 10.6.9 Literaturverzeichnis 206
  - 10.6.10 Fuß- und Endnoten 208
- 10.7 Formatvorlage 209
- 10.8 Einband und Umschlag 210
- 10.9 Präsentationen 210
  - 10.9.1 Overhead und Beamer 211
  - 10.9.2 Poster 214
- 10.10 Zum Abhaken – Checkliste „Formale Gestaltung" 216

11	Nachschlagen im Notfall: Tipps fürs Tippen	217
12	Zu guter Letzt	243

Literatur 247

Sachverzeichnis 253

Ermutigung: keine Angst (mehr) vor dem leeren Blatt

Schreiben schafft und sichert Wissen. Für das schriftliche Festhalten wissenschaftlicher Sachinformation gibt es vielerlei private und offizielle Anlässe. In Biologie, Chemie oder Physik sowie in allen anderen naturwissenschaftlichen Disziplinen einschließlich der Medizin sowie den Geo- und Umweltwissenschaften ist das nicht grundsätzlich anders als in den übrigen Wissenschaftsbetrieben. Schon im Vorfeld der eigentlichen Wissenschaftsliteratur, die als eindrucksvolle Monografien und Handbücher oder in Gestalt endloser Reihen von Zeitschriftenbänden in unübersichtlichen Bibliotheken gehortet wird, sind vom ersten bis zum letzten Tag des Lernens und Studierens ständig mengenweise Texte zu produzieren. Berichte, Dokumentationen, Exzerpte, Hausarbeiten, Mitschriften, Notizen, Portfolios, Protokolle, Referate oder Thesenpapiere sind gleichsam das tägliche Brot des Studienbetriebs. Zur echten Herausforderung der eigenen Schreibwerkstatt wird die zeitlich mit dem Examen gekoppelte Abschluss- bzw. Prüfungsarbeit – bislang eher in Gestalt einer Staatsexamens- oder Diplomarbeit, heute nach Durch- und Umsetzung des nicht immer freudig begrüßten Bologna-Prozesses durchweg in Form der Bachelor- bzw. Masterarbeit.

Man kennt das: Bei privaten Notizen und Mitteilungen fließen die unentwegt sprudelnden Gedanken meist noch ganz flott auf das Papier oder in den PC. Beim „offiziellen Anlass" stehen dagegen plötzlich und unvermittelt zahlreiche Hürden im Weg: Ist eine der übrigen Öffentlichkeit zugedachte wissenschaftliche Arbeit zu erledigen, sind viele Studierende erfahrungsgemäß weitgehend blockiert. Der berüchtigte *Horror vacui*, die seit der Antike sprichwörtliche und geradezu grassierende Angst vor der so empfundenen entsetzlichen Leere (eines blanken Blatts Papier), ist auch heute noch eine verbreitete, fast immer verängstigende, aber unnötige und vor allem therapiefähige Ausgangslage – als sei man nachts allein auf dem Friedhof. Nur zu Ihrer Beruhigung: Das ging und geht anderen ebenso. Der erfolgreiche Schriftsteller Jurek Becker (1937–1997) bekannte einmal freimütig: „Ich komme aus dem Staunen nicht heraus, was für ein weiter Weg es ist von dem Satz, der in meinem Kopf ist, bis zu dem Satz, der auf dem Papier steht." Von dem oft zu Unrecht als Trivialautor belächelten Johannes Mario Simmel (1924–2009) ist der folgende Ausspruch überliefert: „Es gibt nichts Grauenhafteres als eine weiße Seite Papier am Morgen."

Meist sind es gar nicht das vermeintliche oder so empfundene Unvermögen, ein lückenhaftes, unsortiertes bzw. sonstwie unzureichendes Wissen oder die bloße Einfallslosigkeit, weshalb man fast nichts Vorzeigbares zu Papier zu bringen meint, sondern einfach nur Unentschlossenheit und vor allem Unerfahrenheit in leicht lösbaren formalen Fragen:

- Wie packe ich mein Thema an?
- Woher bekomme ich wichtige Primär-, woher brauchbare Zusatzinformationen?
- Wie strukturiere ich meinen Text?
- Was ist bei Abbildungen, Formeln oder Tabellen zu beachten?
- Wie gestalte ich mein Textskript optimal?
- Wie gehe ich kompetent und kritisch mit Zitaten um?
- Welche sonstigen formalen oder stilistischen Fallgruben sind zu vermeiden?

Solche Fragen stellen sich zwar auch schon im Studienbetrieb erfahrungsgemäß ständig, aber nur selten genug geben die Lehrveranstaltungen im Studium darauf eine brauchbare Antwort.

Diese Anleitung aus und für die Praxis einer Schreibwerkstatt richtet sich in erster Linie an Naturwissenschaftler in irgendeiner Phase ihres Studiums an Fachhochschule oder Universität. Sie hilft aber auch in anderen Ausbildungs- oder Tätigkeitsabschnitten – von der Facharbeit, dem Projektbericht oder dem Portfolio in der Schule bis hin zum Team- oder Thesenpapier im Beruf.

Obwohl überall gewisse formale und stilistische Gefahren lauern, ist das Verfassen einer Arbeit weder ein Gruselkabinett noch eine Endlosschleife auf der Geisterbahn. Um den richtigen *Fun Factor* zu (emp-)finden, braucht man auch in diesem Tätigkeitssegment ein gewisses handwerkliches Können. In diesem Buch erfahren Sie konzis und konkret alles, was zum kompetenten eigenen Schreibhandwerk in den einzelnen Naturwissenschaften gehört – von der Internetrecherche über die passende Stoffgliederung und dem richtigen Umgang beispielsweise mit sonstigen fachsprachlichen Begriffen oder mit Maßen und Messeinheiten bis hin zur Schriftgestaltung und zur gefälligen, formal korrekten Abrundung Ihrer wissenschaftlichen Arbeit mit Grafiken und Tabellen. Insofern können Sie mit den Informationen auf den folgenden Seiten getrost einen nützlichen Erste-Hilfe-Koffer packen, den Sie bei allen möglichen Gelegenheiten aktivieren.

Zum Einarbeiten in wissenschaftliches Arbeiten und kreatives Schreiben gibt es bedauerlicherweise mehr Bücher, als auf einen normalen Schreibplatz passen – und zudem in der gesamten qualitativen Bandbreite von relativ nutzlos bis fachlich irrelevant. Die vielen Schreibanleitungen für Juristen, Betriebs- und Volkswirte sowie Historiker und Philologen helfen in den verschiedenen Naturwissenschaften mit ihren jeweils besonderen und fachspezifischen Anforderungs- oder Gestaltungsprofilen kaum, wenn überhaupt, weiter. Dieses Buch langweilt Sie daher nicht mit verbosen Erörterungen darüber, wie man am besten eine verschollene mittelalterliche Handschrift zitiert oder wie das Design einer Karteikarte auszusehen hat. Es animiert Sie auch nicht zu Planspielen und Stilübungen, die eher an Trockenschwimmen erinnern, sondern versucht, Ihnen dabei zu helfen, möglichst sofort und direkt auf den Punkt zu bekommen. Daher legen wir hier nach Art der Medienprofis gleich los und steigen unmittelbar in die Bewältigung des Ernstfalls ein. Für den gesamten phasenreichen Ablauf Ihrer Arbeit von der Themenstellung über die Materialrecherche und die Erledigung aller formalen Gestaltungsprobleme bis zur Abgabe des fertig gebundenen Exemplars erhalten Sie hier praxisorientierte, erprobte und bewährte Anleitungen sowie viele sonstige nützliche Tipps.

Ein wichtiger Hinweis gleich zu Beginn: Reden Sie sich um Himmels willen zu keinem Zeitpunkt Ihrer jetzt oder nächstens beginnenden Textproduktion ein, der letzte einigermaßen erfolgreiche Schulaufsatz liege doch schon so lange zurück, das Schreiben eines griffig formulierten Sachtextes sei Ihnen ohnehin nicht in die Wiege gelegt worden, und für elegante Essays hätten Sie partout keine Gene. Mit solchen kontraproduktiven und eventuell ständig wiederholten Selbsteinschätzungen befinden Sie sich bereits – und auch noch selbst verschuldet – in der Vorhölle der permanenten Schreibunlust. Erwiesener Fakt ist vielmehr, dass man den Weg vom flüchtigen Gedanken zum fertigen Text durchaus erlernen kann und auf jeden Fall trainieren muss – ebenso wie Knöpfe annähen, Auto fahren und Gitarre spielen. Schreiben ist zugegebenermaßen Leistungssport für das Gehirn, aber auch dieses Organ lässt sich durch Forderung fördern. Übrigens: Glauben Sie auch keineswegs, Ihren Betreuern sei das in deren Startphase grundsätzlich anders gegangen. Selbst die Manuskripte nachmals bedeutender Literaten wimmeln zunächst nur so von Einschüben, Textdurchstrichen und Umstellungen. Im Marbacher Literaturarchiv, das die Nachlässe vieler anerkannter Autoren aufbewahrt, kann man sich davon direkt überzeugen.

2 Suchen, Finden, Anfreunden: Erstkontakte mit Ihrem Thema

Studierende sind – zumindest im Studium der Naturwissenschaften – im Allgemeinen keine freischaffenden Autoren, die sich die Sujets ihrer Wissenschaftstexte selbst aussuchen müssen. So gut wie nie weiß man daher bereits im ersten Fachsemester, wie sich einige Zeit später das Thema der krönenden Abschlussarbeit darstellen wird. Auch bei der Themensuche und Aufgabenfindung im Studium entwickeln sich die Dinge meist von selbst und damit ebenso wie im übrigen Leben: Spontanbegegnungen und Zufallstreffer sind hier eher der Normalfall als die Ausnahme. Die Themenfindung für eine eigene Aufgabenstellung ist somit zumeist ein exogener Ablauf, an dem Sie natürlich nicht so ganz unbeteiligt sind. Übrigens: Der Begriff Thema ist aus dem Altgriechischen abgeleitet und bedeutet seit dem 15. Jahrhundert „Aufgestelltes, abzuhandelnder Gegenstand". Die häufig zu lesenden Formulierungen „gestelltes Thema" bzw. „Themensteller" sind demnach Tautologien.

2.1 Check-in: Der erste Schritt ... führt in die Sprechstunde

Kleinere akademische Schreibanlässe wie Arbeitsblätter, Berichte, Handouts, Portfolios, Protokolle, Referate oder Thesenpapiere ergeben sich unentwegt und nahezu automatisch aus dem laufenden Routinebetrieb im Studium. In Kursen oder Übungen, Seminaren oder Workshops erwarten die Veranstalter im Allgemeinen Ihre aktive Beteiligung – und diese oft auch in Form einer schriftlichen Ausarbeitung. Gewöhnlich halten sie dafür eine Vorschlagsliste der zu bearbeitenden Themen bereit. Die Themenvergabe erfolgt entweder in den jeweiligen Lehrveranstaltungen selbst oder während eines vereinbarten Sprechstundentermins. Natürlich oder bestenfalls haben Sie dabei eine gewisse Wahlfreiheit: Schauen Sie sich das Angebot kritisch an und entscheiden Sie sich dann anhand der vorgegebenen Auswahl vorzugsweise für ein Thema, das Ihrer eigenen Interessenlage, in etwa dem eigenen Kenntnisstand und auch Ihren individuellen Möglichkeiten möglichst nahe kommt.

Schon an dieser Stelle sollte Ihnen auf jeden Fall klar sein, sich im Rahmen des Machbaren bei schriftlichen Aufgaben und Arbeiten möglichst nur mit solchen Themen intensiver zu befassen, für die Sie sich auch irgendwie begeistern können. Schließlich kann, soll und muss die Arbeit zunächst einmal gerade Ihnen Freude machen, und nur mit dieser Einstellung werden Sie auch tatsächlich „Luft unter die Flügel" bekommen. Das ist geradezu Programm – ohne Begeisterung kann es auch im späteren Beruf keinen Erfolg geben. Wenn man dagegen schon in der Startphase nur Abneigung, Beklemmung oder sonstige innere Widerstände gegen die Aufgabe („hochohmige Eingänge" würde ein Physiker sagen) verspürt, kann das Vorhaben kaum gelingen. Schließlich gilt auch folgende Erfahrung, die Louis Pasteur (1822–1895) aphoristisch formulierte: Das Glück begünstigt immer denjenigen, der darauf vorbereitet ist... Die aktuelle Neurobiologie des Lernens weiß zu ergänzen: Nur eine positive Voreinstellung schaltet im Kopf eine genügende und förderliche Anzahl von Synapsen frei, die einen munteren Gedankenfluss erleichtern.

Bei der Abschluss- bzw. Zulassungsarbeit, die erst gegen Ende des Hauptstudiums in Angriff zu nehmen ist, verläuft die Themenfindung übrigens ähnlich. Auch die Primärmotivation muss in der Ausgangslage vergleichbar sein. Üblicherweise fertigt man seine Abschluss- bzw. Examensarbeit bei einem Dozenten an, den man im Laufe seines Studiums in der einen oder anderen faszinierenden (!) Lehrveranstaltung genauer kennengelernt hat und von der/dem man sich auch gerne (!) durch das Examen begleiten lassen möchte.

Spätestens hier wird ein wichtiger Einschub notwendig: Um etwaigen Bedenken von Frauenrechtlerinnen oder sonstigen Gender-Empfindlichkeiten bereits an dieser Stelle vorzubeugen, werden im Folgenden genauer differenzierende Bezeichnungen wie Dozentinnen und Dozenten, Professorinnen und Professoren, Studentinnen und Studenten – auch in anderen analogen Fällen – gänzlich unchauvinistisch geschlechtsneutral (sorry: im Maskulinum) ohne ausdrücklich feminalisierendes Morphem zitiert (vgl. dazu auch Kap. 5).

In den Bachelor-, Master- oder (verbliebenen) Diplom-Studiengängen sind oft experimentell-praktische Themen mit Untersuchungen in Freiland oder Labor zu bearbeiten. Bei anderen Abschluss- oder Zulassungsarbeiten kann Ihre schriftliche Aufgabe auch eine kritische vergleichende Literatursichtung oder eine fachdidaktisch orientierte Darstellung sein. Ihr eigenes, individuell für Sie zugeschnittenes Thema erhalten Sie immer nur durch den aktiven, d. h. von Ihnen selbst angeknüpften Kontakt zu einem Hochschullehrer bzw. Forschungsgruppenleiter, den Sie in einer seiner Lehrveranstaltungen live erlebt haben. Im persönlichen Gespräch erfahren Sie dann, welche Fragestellungen in der betreffenden Arbeitsgruppe gerade bearbeitet werden und an welcher Stelle Sie mit Ihrer eigenen Arbeit einen praktischen Beitrag zur Lösung eines aktuell anstehenden übergreifenden Vorhabens leisten könnten.

Ein Thema für die Bachelor-, Master- oder Diplomarbeit bzw. für eine Dissertation vergeben im Allgemeinen nur Professoren bzw. habilitierte Privatdozenten. Die Namen möglicher Themensteller (und Prüfungsberechtigter) erfahren Sie unter anderem aus der Auflistung des Lehrveranstaltungstyps „Anleitung zu selbstständigen wissenschaftlichen Arbeiten" im (elektronischen) Vorlesungsverzeichnis Ihrer Hochschule sowie auf deren Webseiten, die Ihnen auch die Zusammensetzung der Prüfungskommissionen benennen.

Sie können sich den Betreuer Ihrer Arbeit natürlich frei wählen. Die Wahl Ihres Betreuers ist fast noch ein wenig wichtiger als die Festlegung auf ein bestimmtes Thema. Welcher

Dozent die für Sie beste Wahl darstellt, lässt sich nicht unbedingt an objektiven Kriterien festmachen. Hören Sie sich vor einer Entscheidung bei Mitstudierenden oder Mitgliedern der ins Auge gefassten Arbeitsgruppe um – hier werden Sie bestimmt sehr frische und vermutlich auch ziemlich ungefilterte Einschätzungen vernehmen. Meiden Sie Dozenten, welche die Betreuung von Examenskandidaten nach Aussage bereits Betroffener als lästige Ablenkung empfinden und schon im Vorgespräch den Eindruck erwecken, sich für Ihr Anliegen bestenfalls marginal zu interessieren. Andererseits ist auch die Anzahl der Kandidaten, die ein Dozent gleichzeitig im Kielwasser hat, nicht unbedingt ein brauchbares Maß für die zu erwartende Qualität der Betreuung. Eventuell wird Sie ein angeblich oder objektiv überlasteter Professor einem jüngeren und engagierten Wissenschaftler seiner Arbeitsgruppe zuweisen. Daraus können sich hervorragend funktionierende Symbiosen und Synergismen entwickeln. Bedenken Sie (auch) in solchen Fällen, dass der wissenschaftliche Rang eines Betreuers und sein Engagement für die Studierenden nicht unbedingt an seiner Positionierung in der universitären „Hackordnung" abzulesen sind.

Vergewissern Sie sich – insbesondere bei Fragestellungen, die Sie vorschlagsweise eventuell selbst einbringen – durch vorherige Gespräche inner- und außerhalb der Arbeitsgruppe, dass Ihr Betreuer im angesteuerten Themenfeld auch wirklich kompetent ist. Niemand kann heute die gesamte thematische Bandbreite seines Fachs überblicken. Selbst innerhalb eines engeren Themensegmentes ist es angesichts der überall geradezu beängstigend anrollenden Daten- resp. Informationstsunamis kaum noch leistbar, die gesamte Faktenlage aktuell im Auge zu behalten. Ein anerkannter Spezialist für die Sedimentmikrobiologie mariner Tiefseeböden ist daher vermutlich nicht der passende Ansprechpartner für eine literaturkritische Sichtung neuerer Ergebnisse zur Signaltransduktion an der Plasmamembran von T-Lymphozyten. Zuverlässige Parameter dafür, ob Sie eine glückliche Wahl getroffen haben, sind einerseits das Themenspektrum in den Lehrveranstaltungen Ihres potenziellen Betreuers und andererseits seine eigenen Fachveröffentlichungen, über die man sich unter anderem auch aus den von fast allen Hochschulen periodisch veröffentlichten Forschungsberichten informieren kann. Hier mag beispielsweise zusätzlich der über die Fachbibliotheken zugängliche Science Citation Index (vgl. Abschn. 3.1) eine brauchbare Hilfe sein.

Wenn Sie sich für einen bestimmten Themenvorschlag erwärmen konnten und – eine angemessene Bedenkzeit wird man Ihnen gewiss zugestehen – nach kritischer Abwägung zugesagt haben, lässt man Sie normalerweise nicht allein oder gar erbarmungslos „im Regen stehen". Gehen Sie, vor allem bei experimentell bzw. geländepraktisch orientierten Vorhaben, von folgender Überlegung aus: Ihr betreuender Dozent hat mit großer Gewissheit ein elementares Interesse daran, dass die Bearbeitung des Ihnen überlassenen Themas einen tragfähigen Baustein für sein eigenes umfassenderes Projekt hergibt. Insofern können Sie im Normalfall von den ersten Schritten der eigenen Untersuchung bis zum Abliefern Ihrer Arbeit auch immer mit einem flankierenden, betreuenden Dialog rechnen. Nutzen Sie diese Chancen unbedingt. Völlig freie Themen, die nicht einmal entfernt in das Interessengebiet des Betreuers einer Examensarbeit fallen, sind vermutlich extrem selten und sollten es auch tatsächlich bleiben. Am ehesten ist in den sogenannten Geisteswissenschaften (Pardon: diese übliche, aber zweifellos seltsame Abgrenzung von den Naturwissenschaften führt nicht nur zu gespaltenen Weltbildern, sondern deklassiert Naturwissenschaftler zu hirnlos werkelnden Handlangern; vgl. dazu auch Fischer 2001) nach vorliegenden Erfahrungsberichten die (Un-)Sitte verbreitet, dass man sich als Examenskandidat mit einer eigenen Themenidee gleichsam auf Missionsreise begeben muss und hoffentlich einen mildtätigen Betreuer findet, der sich der im Eigenverfahren ausgebrüteten Sache auch tatsächlich annimmt.

Gewöhnlich ist die zunächst vereinbarte Themenformulierung lediglich ein Arbeitstitel. Achten Sie aber dennoch darauf, dass Ihr Thema nicht zu weit gefasst ist. Ein Projektvorschlag wie etwa „Funktionale Aspekte zur Biodiversität im tropischen Regenwald" oder „Die exogene Morphogenese tropischer Fließwassersysteme" könnte sich rasch als Lebensaufgabe erweisen. Ein enger umrissenes Thema ist – obwohl Sie zunächst sicher noch nicht die gesamte Tragfähigkeit der stofflichen Fülle vor Augen haben – immer wesentlich empfehlenswerter als ein Vorhaben mit geradezu globalperspektivisch-enzyklopädischem Ansatz.

Es liegt in der Natur der Sache, dass man bei der weiteren Beschäftigung mit der gestellten Aufgabe auf Unvermutetes, Verborgenes oder sonst wie Interessantes stößt. Davon gehen konsequenterweise und innerhalb vernünftiger Grenzen sicherlich vielerlei Impulse und Rückkopplungen auf Wege und Inhalte der weiteren Bearbeitung aus. Der endgültige, genaue und damit verbindliche Wortlaut einer Themenformulierung, den Sie natürlich mit Ihrem Betreuer abstimmen müssen, ist vielfach erst der Schlussakkord einer Arbeit, wenn die Anfertigung der Reinschrift ansteht.

2.2 Textproduktion – ein Weg in sieben Etappen

Im Unterschied zu weitverbreiteten Voreinschätzungen beginnt das Schreiben einer wissenschaftlichen Arbeit bereits geraume Zeit vor dem Schreiben. Dieses Tun ist auch keineswegs abschließend mit dem erlösenden Augenblick erledigt, wenn der eventuell mühsam generierte Text auf dem Schreibblock oder der Festplatte ruht. Der Schreibprozess ist vielmehr ein vielstufiger, mehrphasiger, geordneter und (hoffentlich) immer zielgerichteter Prozess mit diversen Programmschleifen, den man im Wesentlichen in sieben tragende Arbeitsabschnitte gliedern kann:

1. Orientierung
   - Rahmenbedingungen klären,
   - Inhalte auswählen,
   - besondere Akzente oder Aspekte ein- bzw. ausgrenzen,
   - Zeitplan entwerfen und
   - Exposé schreiben.
2. Vorbereitendes
   - Daten und Materialien beschaffen,

- relevante Texte (mehrfach) lesen und auswerten und
- Textbeiträge mit Relevanz für das eigene Vorhaben markieren.

3. Strukturieren
   - Gesammelte Daten analysieren, akzentuieren und differenzieren,
   - Basisbegriffe abklären und logische Verknüpfungen herstellen,
   - Ordnungsebenen im Materialfundus umreißen,
   - interessante Einzelkomponenten den tragenden Elementkomplexen zuordnen und
   - hierarchische Struktur der Darstellung entwerfen.
4. Gliederung
   - Inhalte und Rechercheabschluss genauer festlegen,
   - Darstellungsstränge durchspielen und
   - Reihung der Einzelthemen festlegen.
5. Rohfassung
   - Erste Textbausteine niederschreiben,
   - Schwerpunkte strukturorientiert ausformulieren und
   - Textformate im PC festlegen.
6. Feinschliff
   - Text auf inhaltliche Konsistenz überprüfen,
   - Lesbarkeit und Verständlichkeit der Mitteilungen überprüfen,
   - Satzlängen und Begriffsrepertoire checken,
   - Tabellen und Illustrationsmaterial konsistent durchnummerieren,
   - Referenzen überprüfen und
   - Literaturverweise komplettieren.
7. Korrigieren
   - Text erneut kritisch lesen bzw. lesen lassen,
   - Rechtschreibung und Silbentrennung prüfen,
   - Stimmigkeit des Layouts abschließend beurteilen und
   - alle notwendigen Korrekturen vornehmen.

Es gibt im Ablauf einer zu erstellenden Arbeit zugegebenermaßen Phasen, in denen die Motivation tief unten im Keller angesiedelt ist. Werden Sie dennoch nicht depressiv, denn solche empfundenen oder tatsächlichen Befundlagen sind allemal therapiefähig. Begeben Sie sich auf eine physische Joggingrunde, gehen Sie ins Kino oder verabreden Sie sich mit Freunden zu einer kleinen Kneipentour am Abend. Alle diese Maßnahmen werden die Synapsen in Ihrem Kopf wieder zuverlässig freischalten.

2.3 Triebwerke zünden: Arbeitsplan und Zeitbudget

Sobald Ihr Thema formuliert oder zumindest in einigermaßen klaren Konturen umrissen ist, kann die inhaltlich-formale Ausgestaltung beginnen. Voller Elan treten Sie in die Startphase ein, häufen Berge von Ideen und Kopien an, erstellen Formulierungsfragmente und

Abb. 2.1 Phasen der Texterstellung und ungefährer (!) Zeitbedarf für die einzelnen Arbeitsschritte

finden sich zunehmend in einem Meer ungelöster Probleme. Fast synchron wachsen der Stapel ungespülter Teetassen, die Halde zerknüllter Schreibpapiere, die Anzahl zerkauter Bleistifte ... und als Konsequenz die Befürchtung, in Bälde schlicht im Chaos zu enden. Solche Symptome sind weit verbreitet (und fast normal). Zu dieser Allgemeindiagnose gehört oft auch noch ein akuter bis ansatzweise chronischer Gedankenstau.

Die angesichts etwaiger Selbstzweifel drohende Talfahrt in den totalen Schreibfrust lässt sich allerdings wirksam auffangen: Verlassen Sie sich nicht auf die mystischen Schwingen der blauen Stunde(n), sondern entwickeln Sie gleich zu Projektbeginn einen realistischen Aktionsplan, etwa entsprechend dem Flussdiagramm in Abb. 2.1.

Gliedern Sie Ihr konkretes Vorhaben in einzelne und möglichst konkrete Arbeitsschritte, die Sie – um im Bild zu bleiben – auch Schritt für Schritt erledigen. Ihre Zeit ist eine kostbare, weil nicht dehnbare Größe (von relativistischen Effekten der Zeitbeeinflussung dürfen wir hier getrost absehen ...). Die Erfahrung zeigt zudem, dass das durchaus überschaubare zeitliche Guthaben zwischen Themenfestlegung und Abgabetermin rasch aufgebraucht ist. Stellt sich das Thema anfangs vielleicht noch einigermaßen flachwellig dar, gerät man in dessen weiterer Ausgestaltung leicht in unruhigeres Fahrwasser, um am Ende angesichts heftiger und bedrohlicher Wogen gar in wilde Hektik zu verfallen – eventuell auch noch flankiert von somatischen Manifestationen. Das zur Fristwahrung beim Nachtpostamt Minuten vor Mitternacht aufgegebene Exemplar einer Examensarbeit erinnert zwar ein wenig an Slapstickszenarien, aber selten sind solche Parforceritte keineswegs. Planen Sie also Ihren Arbeitsablauf rechtzeitig durch und berücksichtigen Sie auch etwaige wahrscheinliche Zeitfresser, beispielsweise Warten auf Literatur aus den Fernleihdiensten, widrige Witterungsverhältnisse bei Freilandprojekten oder längere Lieferfristen spezieller Reagenzien oder sonstiger Materialien.

Organisieren Sie Ihren Arbeitsablauf entsprechend dem vorgesehenen bzw. vorgegebenen Zeitbudget zunächst einmal vom Ende her. Bei einer beispielsweise auf vier Monate Arbeitszeit befristeten nichtexperimentellen Arbeit von 80–100 Druckseiten Umfang sollten Sie für die beiden letzten Erstellungsphasen (in Abb. 2.1 dunkelgrau unterlegt) einschließlich einer gewissen Pufferzeit etwa vier Wochen (= 25 %) vorsehen. Ungefähr den gleichen Zeitraum (weitere 25 %) setzt man für die Recherche und die Grobgliederung an, rund die Hälfte (8 Wochen) für die Datengewinnung sowie für die Rohfassung des Manuskripts (in Abb. 2.1 hellgrau unterlegt). Je nach Projektcharakter und Themenprofil ist ein solcher Zeitplan natürlich anzupassen – experimentelle Arbeiten erfordern gewöhnlich eine viel längere Praxisphase, eher theoretisch oder literaturkritisch angelegte Aufgaben einen erweiterten Zeitraum für die Recherche. Kleinere oder umfassendere Aufgaben versieht man je nach erwartetem Umfang mit einem entsprechenden Multiplikator. Prozentual verschieben sich die Zeitanteile der einzelnen Erstellungsphasen dabei jedoch kaum.

▸ **PraxisTipp Gleich durchstarten** Legen Sie mit Ihrem Schreibvorhaben nach der Themenstellung möglichst unmittelbar los und stauen Sie keine Unlust erzeugende Bugwelle vor sich an.

2.4 Take-off: Lesen, Sammeln und Verzetteln

Nach der Festlegung auf ein selbst entwickeltes oder zusammen mit dem Betreuer umrissenes bzw. schon weitgehend ausformuliertes Thema begeben Sie sich umgehend (!) auf eine orientierende, der genaueren Einstimmung dienende Warmlaufstrecke, bei der Sie sämtliche der folgenden Leitfragen beantworten:

- Was genau ist jetzt meine konkrete Aufgabe?
- Geht es um die Erhebung oder Bewertung von empirisch gewonnenem Datenmaterial?
- Sind Experimente zu planen und auszuwerten?
- Wer arbeitet mich in die benötigten Methoden und Messgeräte ein?
- Erfordert meine Aufgabe die Darlegung einer historischen (ideen- und/oder begriffsgeschichtlichen) Entwicklung?
- Ist eventuell nur der aktuelle Forschungsstand zum Thema kritisch zu sichten und zusammenfassend darzustellen?
- Worin soll der wissenschaftliche Ertrag meiner Arbeit bestehen?
- Welchen Beitrag zum Wissenschaftsprozess kann/soll sie leisten?

Vermutlich wird die ausgestaltende Themenbearbeitung in unterschiedlicher Gewichtung jeweils mehrere dieser Aspekte einschließen. Jede dieser Leitfragen führt Sie zu spezielleren Fragestellungen oder Teilschritten, deren Erledigung Ihnen wichtige Bausteine für Ihr Vorhaben liefert. Unabhängig davon, welche spezielle Aufgabe Sie nun zu bearbeiten haben und wie der Arbeitstitel Ihrer Aufgabe aussieht, folgt unmittelbar nach der Themenübernahme als erste Umsetzungsphase die Einarbeitung in den aktuellen Kenntnisstand der Dinge.

Für Exkursions-, Projekt- und Laborberichte, Seminararbeiten und Referate oder sonstige Anlässe der wissenschaftsorientierten Textproduktion (vgl. Textsortenübersicht unter Abschn. 4.5), die noch nicht im Direktzusammenhang mit einer Abschluss- bzw. Examensarbeit stehen, wird Ihnen Ihr Betreuer vermutlich (und hoffentlich) eine brauchbare Literaturliste in die Hand drücken, aus der Sie die benötigte Sachinformation zu Ihrem Thema destillieren können. Eigene Zusatzrecherchen in allen modernen Informationsapparaten (vgl. Kap. 3) sind jedoch immer nötig und nützlich.

Sitzen Sie dagegen an Ihrer Examensarbeit, erwartet man von Ihnen auch hinsichtlich der Literaturrecherche und sonstigen Vergleichsdatenfindung auf jeden Fall eine Menge Eigeninitiative, mit der Sie sich einerseits den aktuellen Kenntnisstand zu Ihrem Problem erarbeiten und andererseits die laufende Weiterentwicklung auch der Randbereiche Ihres Themensektors wahrnehmen. Sollen Sie beispielsweise in Ihrer Untersuchung die Effekte von Salzbelastung auf die Photosyntheseleistung bestimmter höherer Pflanzen entlang einer ausgewählten Bundesfernstraße analysieren, erinnern Sie sich aus dem bisherigen Studium vermutlich daran, dass Salzstress den Primärstoffwechsel fast aller jener Landpflanzen beeinträchtigt, die nicht direkt oberhalb der Gezeitenzone an der Meeresküste siedeln. Jetzt müssen Sie zu diesem besonderen ökophysiologischen Syndrom auch die genaueren Details kennenlernen. Dabei wäre zunächst einmal zu erarbeiten, was die Literatur zum benannten Problem außer standardisiertem, weil häufig wiedergekäutem Lehrbuchwissen bislang hergibt und vor allem, wo denn ganz genau die aktuelle Front der Forschung verläuft. Ihr Betreuer wird Ihnen als Starthilfe die wichtigsten Tipps zum thematischen Einstieg auch in Form relevanter Literaturstellen geben oder Sie beispielsweise anweisen, einmal genauer die neueren Veröffentlichungen der Arbeitsgruppen X, Y und Z durchzusehen. In jedem Fall besteht die Ouvertüre Ihrer Arbeit aus extensivem und intensivem Lesen – und diese Tätigkeit wird auch im weiteren Ablauf einen (sehr) großen Teil Ihrer Zeit beanspruchen. Kapitel 3 erläutert und rät Ihnen, wie und wo Sie die Informationsbeschaffung optimieren und dabei möglichst effektiv ergiebige Quellen erbohren, denn am Anfang steht immer das – in leichter Abwandlung von Genesis 1,1 (*in principio erat verbum*) bereits geschriebene bzw. gedruckte – Wort, das Sichten, das Zusammenführen und referierende Verdichten von Fakten, die irgendwann und irgendwo schriftlich niedergelegt wurden.

2.4.1 Zettelwirtschaft

Die Einarbeitung in ein Thema greift übrigens mit modernen Methoden uralte, schon in der Steinzeit erfolgreiche Kulturtechniken auf, nämlich die des Jagens und Sammelns und damit ein munter aneignendes Vorgehen. Diese spezifische Jagd richtet sich dabei auf auswertbare und womöglich auch recht entlegene oder sonst wie versteckte, aber vielversprechende Literatur, das selektive Sammeln dagegen auf wiederverwertbare, nützliche Detailangaben. Wichtige oder auch nur wichtig erscheinende Informationen, die man beim Lesen irgendwo in der Literatur aufgestöbert hat, behält man nach der ersten Lektüre erfah-

2.4 Take-off: Lesen, Sammeln und Verzetteln

rungsgemäß nicht sofort und schon gar nicht unauslöschlich in allen Details. Daher sind besondere „extracerebrale Gedächtnisse" nicht nur sinnvoll, sondern einfach notwendig. Vertrauen Sie zu keinem Zeitpunkt Ihrer Arbeit nur Ihrem Gedächtnis.

Obwohl Computer in irgendeiner Variante (Notebooks, Pads, Pods etc.) natürlich die äußerst komfortable Möglichkeit bieten, eigene Datenbanken anzulegen (vgl. Abschn. 2.4.2), ist die ehrwürdige und praktischerweise auch geräteunabhängig funktionierende Exzerptmethode keineswegs museal oder gar ausgestorben:

- Schreiben Sie sich wirklich alle wichtigen Aspekte, Stichwörter, Einzelwerte, Methoden, Laborrezepturen, Querverweise, Zitate oder sonstige „Merkwürdigkeiten", die Ihnen in der Fachliteratur unentwegt begegnen, auf Notizzettel oder (besser) Karteikarten (vorzugsweise DIN A6).
- Jede Karteikarte erhält in der Kopfzeile ein passendes Schlag- bzw. Suchwort. Gehören mehrere Karten zum gleichen Suchbegriff, nummeriert man sie einzeln durch. Das erhöht nach alphabetischer Ablage in einem Karteikasten deutlich die immer wieder beglückende Wiederfundrate.
- Organisieren Sie Ihre individuelle, auf alle Belange Ihres Projektes zugeschnittene Dokumentation auch durch Verweise auf weitere separate Karteikarten mit anderen Schlagwörtern, aber vergleichbaren Inhalten.
- Notieren Sie sich auch immer und sofort die Findstelle der exzerpierten Daten – das erspart die spätere und erfahrungsgemäß immer zeitaufwendige erneute Suchgrabung in Bergen von Büchern oder Fotokopien.
- Legen Sie schon gleich am ersten Tag Ihrer Arbeit auch in Ihrem Computer als eigene Datei ein Literaturverzeichnis zum gerade begonnenen Projekt an. Tragen Sie jeweils alle neu hinzukommenden Findstellen mit der zugehörigen Komplettbibliografie (vgl. Kap. 6) immer möglichst sofort nach. Der enorme Nutzen gerade dieser Datenhalde wird Ihnen spätestens zu Beginn der Reinschriftphase Ihrer Arbeit besonders deutlich werden.

Wenn Sie bestimmte Aussagen beim Exzerpieren von Literaturstellen wörtlich übernehmen, setzen Sie die betreffenden Passagen unbedingt und sofort in Anführungszeichen, damit diese immer sowie direkt als tatsächlich entlehnte Zitate erkennbar sind. So können sie bei der späteren Manuskripterstellung nicht versehentlich als Eigentext einfließen. Gerade in dieser Hinsicht hat die Politszene in letzter Zeit zur Genüge unrühmliche Beispiele geliefert. Ersparen Sie sich im Blick auf etwaige Argumentationsnöte alle denkbaren Annette-, Vroni- und Guttenberg-Szenarien.

Halten Sie in Ihrer Materialsammlung außer externem Fundgut immer und sofort Ihre eigenen laufenden Einfälle, Ideen oder Vorstellungen zur Themenausgestaltung, ebenfalls mit passendem Schlagwort auf Karteikarten, fest. Erfahrungsgemäß stellen sich verwertbare Gedankenblitze nicht ständig auf Abruf beim Brainstorming bzw. am Tatort Schreibtisch ein, sondern häufiger in völlig anderen Situationen – etwa beim Joggen, bei längeren

Auto-/Bahnfahrten oder gar beim Einkauf im Supermarkt. Für solche glücklichen Momente sind erfahrungsgemäß zwei zivilisatorische Errungenschaften enorm hilfreich:

- entweder ein bescheidener Vorrat an kleinen Karteikarten im Format DIN A7, die in jede Hemden- oder Jeanstasche passen und bei sich bietender Gelegenheit sofort aufnahmefähig sind und/oder
- ein kleines Handdiktiergerät; überaus hilfreich sind moderne Mobiltelefone, die ausnahmsweise diese nützliche Zusatzfunktion aufweisen. Fatalerweise sind gerade die besonders guten Gedanken hochgradig flüchtig und daher eventuell ebenso schnell auch wieder weg. Hans Magnus Enzensberger (*1929) sieht das allerdings anders: „Es gibt einen Darwinismus der Einfälle. Die Guten kommen immer wieder. Sie sind hartnäckig." Vertrauen Sie im Zweifelsfall lieber nicht auf diese Einschätzung, sondern halten Sie alles verwertbar Erscheinende schon im Moment seiner Genese schriftlich/elektronisch fest.

Da in beinahe allen Themensegmenten der modernen Naturwissenschaften die Fülle der zu verarbeitenden Information eher beängstigend als beglückend ist, selbst wenn das gerade beackerte Interessenfeld eher randständig ist, wird die Verwaltung des eigenen wissenschaftlichen Fundus schon bald zum abendfüllenden Programm. Die solchermaßen problembeladenen Karteikarten oder vergleichbaren Verzettelungen der Detailinformation zu Ihrem Themenfeld haben aber den großen Vorteil, dass Sie sie später für die Texterstellung nach irgendwelchen neuen Leitaspekten sortieren und somit sicherstellen können, nun wirklich nichts Wesentliches übersehen oder vergessen zu haben.

Um schon hier keine Missverständnisse aufkommen zu lassen: Von der flankierenden, vielleicht eher erratischen, aber in vielerlei Hinsicht äußerst hilfreichen „Zettelwirtschaft", die vor allem dem Konservieren von Ideen, Hinweisen, Literaturzitaten, Teilinformationen und anderen potenziellen Bausteinen zu Ihrem Projekt dient, ist die saubere und nachvollziehbare Dokumentation eigener wissenschaftlicher Untersuchungsergebnisse nun wirklich grundverschieden. Wenn Sie eine labor- oder geländepraktische Untersuchung durchführen, dürfen Sie die jeweils gewonnenen Einzeldaten natürlich nicht auf einzelnen Zetteln einer stürmisch wachsenden Loseblattsammlung festhalten. Tragen Sie alle Ihre neuen Daten unbedingt und zeitnah in ein akribisch zu führendes Protokollbuch ein. Dieser fallweise auch als Laborjournal, Labortagebuch oder Feldbuch bezeichnete Informationsträger ist ein für den Nachvollzug Ihres Arbeitens gänzlich unentbehrliches Dokument. In den Präsentationen der Außenstelle Bonn des Deutschen Museums kann man beispielsweise das ebenso penibel wie vorbildlich geführte Labortagebuch von Georges Köhler (1946–1995, Nobelpreis 1984) bestaunen. Das könnte eine nachahmenswerte Leitplanke für Ihr eigenes Tun sein.

- Verwenden Sie als Protokollbuch grundsätzlich eine fest eingebundene Kladde mit durchnummerierten Seiten, je nach erwartetem Datenaufkommen im Format DIN A5 oder DIN A4.

- Nummerieren Sie Ihre Beobachtungen, Befunde, Experimente, Einzelmessungen u. a. fortlaufend und konsistent durch.
- Alle Beobachtungen, Rahmenbedingungen einer Messung, Messergebnisse oder sonstigen relevanten Daten werden sofort und mit Ort, Tagesdatum sowie Uhrzeit eingetragen.
- Benennen Sie genau die jeweils angewandte Mess- oder Analysenmethode, eventuell zusammen mit einem Literaturhinweis.
- Fügen Sie – falls sinnvoll – eine genaue Skizze oder ein digitales Foto der Messvorrichtung bzw. der verwendeten Versuchsapparatur bei.
- Vermerken Sie bei chemischen Experimenten unbedingt Mengen, Konzentrationen, Reinheitsgrade, Herkunft und andere stofflichen Parameter.
- Notieren Sie bei Problemabfällen (z. B. toxische Reagenzien, radioaktives Material) für spätere Nachfragen oder Nachweise die Details zu deren Verbleib bzw. rechtmäßiger Entsorgung.
- Verlassen Sie sich bei der Notierung von Ergebnissen niemals auf Ihr Gedächtnis, sondern fügen Sie der Dokumentation immer aktuelle Druckerstreifen oder vergleichbare Printversionen von Messergebnissen bei.

▸ **PraxisTipp Einfach alles festhalten** Um spätere Peinlichkeiten zu vermeiden, halten Sie alle gewonnenen Neudaten, Ergebnisse, Beobachtungen oder Befunde schriftlich in einer eigenen Dokumentation fest.

2.4.2 Archivieren und Literaturverwaltung

Das haben Sie bestimmt schon einmal live erfahren oder sogar erlitten: So manches häusliche oder institutionelle Arbeitszimmer erinnert mit seinen deckenhohen Bücherregalen und aufgetürmten Zeitschriftenstapeln in beängstigender Schieflage immer wieder an die klassische Gelehrtenstube. Unter anderem hat der Maler Carl Spitzweg (1808–1885) solche Szenarien bemerkenswert treffsicher zum Beispiel in seinem Bild „Der Bücherwurm" festgehalten. Unhandliche Folianten, die man alleine kaum noch bedienen kann, sind zwar im heutigen Wissenschaftsbetrieb eher eine fast schon kuriose Ausnahme, aber dafür drängen und stapeln sich auf der Ablage umso mehr Aktenordner mit Fotokopien und Dokumenten, auch solchen aus der „grauen" Literatur von Firmen, Behörden, Institutionen oder sonstigen (halb)amtlichen Stellen. Der Tatort Schreibtisch wird damit zunehmend zu einer massereichen papierenen Endmoräne, die dringend einer gewissen Ordnungshygiene bedarf.

Traditionell sieht die eigene Archivgestaltung so oder so ähnlich aus: Was man für die laufende Arbeit an Einzelkopien aus Büchern oder Zeitschriften sowie an Druckerprotokollen von Downloaddatenbankmaterial sammelt und möglicherweise auch tatsächlich bearbeitet, versieht man mit einer fortlaufenden Nummer und legt das Material in Aktenordnern oder Stehsammlern ab. Die individuell vergebenen Nummern erscheinen auch auf einer parallel dazu angelegten Karteikarte, die Autor, Titel der Arbeit und genaue Findstelle sowie alternativ oder ergänzend auch in der Reihung Schlagwort, Autor, Titel und Findstelle festhält. Nach diesem Grundmuster organisierten professionell bzw. mehrjährig im Wissenschaftsbetrieb Tätige früher ihre umfangreichen Sonderdrucksammlungen mit gegebenenfalls vielen tausend Einzeldokumenten. Sonderdrucke, auch Separata genannt, sind dem Autor vom Verlag des betreffenden Publikationsorgans kostenfrei zur Verfügung gestellte Exemplare seines eigenen wissenschaftlichen Zeitschriften- oder Buchbeitrags (meist erhielt man 50–100 Stück). Interessenten, die im gleichen oder in einem ähnlichen Themenfeld arbeiten, konnten mit besonderen Vordruckkarten um die Zusendung eines Sonderdrucks bitten. Mitunter erhielt man das Separatum der frisch erschienenen Arbeit eines Kollegen auch unaufgefordert und sogar mit persönlicher Widmung (*dedicatum ab auctore* bzw. bei mehreren Verfassern *dedicatum ab auctoribus*). Diese relativ aufwendige und zudem zeitraubende Art der Wissenschaftskommunikation ist heute weitgehend Vergangenheit. Vom gewünschten oder benötigten Material fertigt man für die eigene Kollektion entweder eine Kopie an oder erhält auf Nachfrage ein elektronisches Separatum in Form einer pdf-Datei. Das Archivieren solcher Informationsträger mit der traditionellen Karteikartenmethode könnte aber immer noch funktionieren – vor allem dann, wenn bei Projekten von überschaubarer Laufzeit (wie im Fall einer Abschlussarbeit) nicht unbedingt unüberschaubare Halden zu erwarten sind.

Literaturverwaltungsprogramme Obwohl es bedenkenswerte Gründe dafür gibt, den persönlichen und eventuell mühsam zusammengetragenen Datenfundus eher nach Art von Kochrezepten mit Karteikarten zu verwalten, bieten sich heute wie selbstverständlich auch zeitgemäß effizientere Möglichkeiten der Datenbewältigung an, vor allem in Form geeigneter, d. h. genügend flexibler Literaturverwaltungsprogramme. Sie erleichtern den Überblick über die im eigenen Arbeits- oder Interessengebiet vorhandene oder laufend neu erscheinende Literatur, dienen der Verwaltung der eigenen Materialbestände und sind außerordentlich nützlich bei der Erstellung eigener Publikationen. Ein Literaturverwaltungsprogramm besteht aus einer oder mehreren Datenbanken, in der die Findstellen (Referenzen) von Originaltexten in Monographien, Sammelwerken, Zeitschriften, Webseiten und sonstigen Dokumententypen abgelegt sind.

Ob man sich ein solches Programm zulegt und sich (auch in seine anwenderbezogenen Feinverzweigungen) einarbeitet, hängt in erster Linie vom Umfang der zu erwartenden Datenlawine an. Der Zeitaufwand für die Einträge, die laufende Fortentwicklung des Fundus und das etwaige Wiederfinden und Verknüpfen ist eventuell nicht nennenswert geringer als bei der bewährten Schlagwortkartei in der konventionellen Karteikastenablage. Eine gewisse Zeitersparnis ergibt sich allerdings beim Zusammenstellen von Literaturverzeichnissen. Wenn man sich dem in der Arbeitsgruppe eingeführten Literaturverwaltungsprogramm anschließt, ist der bereits angesammelte Findstellenschatz besser zu erschließen. Auch kann man umfangreichere Literaturdatensätze in solchem Fall gegenseitig viel effizienter austauschen.

Bei vermutlich überschaubarem Datenaufkommen können Sie beispielsweise ein eventuell in Ihrem Computer bereits vorhandenes Allzweckwerkzeug wie „Works" auch auf das Verwalten von Literaturfindstellen oder sonstigen Einträgen einrichten. Man legt dazu einfach eine passende Maske sowie einige Makros für die rasche Suche und den Import/Export der Einzelverweise an. Die technischen Details dazu nennen Ihnen die begleitenden Handbücher zum Umgang mit „Works". Gebrauchsfertige Systeme, zu denen dem Vernehmen nach gute Erfahrungen vorliegen, bieten beispielsweise die beiden Windows-Programme „Litman" (basiert auf dem Datenbanksystem MS-Access) sowie das relativ einfach strukturierte und speziell für studentische Belange ausgelegte „Liman" (Shareware). Für Texteinträge im professionellen Einsatz wurde beispielsweise das Verwaltungswerkzeug „Brain" entwickelt, ein reines DOS-Programm, das eine intensivere Einarbeitung erfordert, aber vielseitig einsetzbar ist. Moderne Literaturverwaltungsprogramme sind beispielsweise „Citavi", „EndNote" oder „Zotero". Sie können auch so in Textverarbeitungsprogramme integriert werden, dass sie automatisch eine Referenzliste in einem bestimmten gewünschten Format generieren (vgl. Kap. 5). Das verringert die Gefahr, im Text zitierte Quellen in der Referenzliste zu vergessen. Über Gebrauchswert und Profile einzelner Literaturverwaltungsprogramme informieren beispielsweise die folgenden Übersichten:

- Literaturverwaltungsprogramme im Vergleich, Universitätsbibliothek der Technischen Universität München (Juli 2013, pdf-Datei),
- Literaturverwaltungsprogramme im Überblick, TU-Dresden (April 2012, pdf-Datei; 152 kB) und
- Vergleich verschiedener Literaturverwaltungsprogramme, Universitätsbibliothek Augsburg (Juli 2009, pdf-Datei; 30 kB).

2.4.3 Zwischen Inspiration und Transpiration

Unabhängig davon, ob Sie nun im Rahmen Ihres Projektes eine theoretische oder eine labor- bzw. geländepraktische Studie anfertigen, wächst das zu bewältigende Material im Arbeitsablauf beinahe täglich und gewöhnlich auch logarithmisch an. Vermeiden Sie dabei unbedingt das Auftürmen klassischer Alluvionen aus heterogenem – und schlimmer noch – unsortiertem Material. Sobald Sie einen bestimmten technisch-inhaltlichen Abschnitt Ihrer Arbeit abgewickelt haben, bringen Sie ihn am besten auch unmittelbar zu Papier bzw. auf die Festplatte. Die dabei gewählte Formulierung muss ja keineswegs schon die Endversion sein, aber die solchermaßen vorformulierten, aufbereiteten bzw. im Erstdurchgang an- oder durchfermentierten Sachverhalte liegen dann zumindest als vorgefertigte Textbausätze bzw. Module bereit. In der Start- und auch in der Mittelphase eines Projekts erinnert das Erstellen der Textbausteine daher durchaus an das Tun eines Hobbygärtners: Während das eine Beet ruht, weil dort gerade die Saat aufgeht, ist in einer anderen Gartenecke eine neue Pflanzfläche anzulegen oder ein gewisser Formschnitt erforderlich.

Abschlussarbeiten mit einer Standardgliederung entsprechend den Empfehlungen in den Kap. 4 bzw. 10 schreibt man üblicherweise nicht unbedingt linear in der Reihenfolge der Gliederungsempfehlungen herunter. Nach vorsichtigem Befragen wird Ihnen auch Ihr Betreuer eventuell freimütig gestehen, dass man zumeist mit dem Methodenteil beginnt und dann erst nach Sachzusammenhängen die einzelnen Abschnitte des Ergebnisteils (Hauptteils) erstellt.

Entwerfen Sie außerdem möglichst früh eine vorläufige Form der geplanten Tabellen (vgl. Abb. 2.1). Dabei erkennen Sie auch rechtzeitig, wo eventuell noch Einzeldaten fehlen oder bestätigende Experimente nachzuholen sind. Ähnlich verhält es sich mit den Grafiken. Sobald ein Ergebnisteil einigermaßen abgeschlossen, abgerundet und abgesichert ist, kümmert man sich möglichst zeitnah auch um dessen etwaige grafische Umsetzung. Überlegen Sie sich daher unbedingt schon im zeitlichen Vorfeld der Reinschriftphase, wie Sie die Grafiken anlegen und nach einheitlichen Gestaltungsaspekten ausführen möchten. Eventuell müssen Sie sich dazu zusätzlich in ein geeignetes Grafik- bzw. Zeichenprogramm einarbeiten (vgl. Kap. 7).

Sobald der Methoden- und der Ergebnisteil Ihrer Arbeit in klaren Konturen steht, gehen Sie an das diskutierende, kritisch bewertende Ausformulieren Ihrer Resultate – günstigenfalls unter emsiger Verwendung Ihres Ideenvorrats aus der Zettelkartei oder der persönlichen Datenbank mit den angesammelten Einzelergebnissen. Dann erst folgt mit Blick auf die bereits erstellten Ergebnis- und Diskussionsabschnitte das lockere Texten des Einleitungsteils, der somit wie maßgeschneidert die passenden Perspektiven auf das Herzstück Ihrer Arbeit eröffnet und in die bearbeitete Gesamtproblematik einführt.

2.4.4 Lesestrategien: Scanning und Skimming

Die in (natur-)wissenschaftlichem Kontext zu verarbeitenden und meist recht informationsdichten Schriftstücke sind durchweg nichtliterarische (nichtfiktionale) Sachtexte. Sie stellen überwiegend reine Lehrtexte dar, die Faktenwissen (deklaratives Wissen) vermitteln sollen und Sachverhalte, Probleme oder Theoreme beschreiben. Alternativ kann es sich auch um Persuasivtexte handeln, die argumentieren und erörtern, um beim Adressaten eine bestimmte Einstellung oder Überzeugung zu erzielen. Schließlich könnten Ihnen auch besondere Instruktivtexte vorliegen, die prozedurales Wissen (Handlungswissen, Anweisungen, Betriebsanleitungen, Versuchsvorschriften u. Ä.) transportieren. Gemeinsam ist allen Textkategorien, dass man unentwegt mit ihnen konfrontiert wird und sie schlicht lesen muss, um sich die jeweiligen Botschaften zu erarbeiten.

Schon Ende der 1960er-Jahre lamentierten besonders aufgeregte Medienphilosophen und sonstige Kulturbeflissene über das Ende des Gutenberg-Zeitalters. Sie meinten doch tatsächlich und sogar mehrheitlich, das Ende der tradierten Buchkultur und des Lesens unmittelbar vor Augen zu haben, weil mit der modernen Medienentwicklung die Schriftwelt immer mehr von (digitalen) Bilderwelten abgelöst werde. Für die Dauerkonsumenten von RTL und anderen unterschichtadressierten TV-Programmen jenseits der tieferen Tole-

2.4 Take-off: Lesen, Sammeln und Verzetteln

ranzschwellen mag das durchaus zutreffen. Insofern erhielt die Lesekompetenz angesichts der besonders für Deutschland beschämenden bis katastrophalen Ergebnisse sämtlicher PISA-Studien eine gänzlich neue bildungspolitische Positionierung. In der Wissenschaftsszene standen Buchkultur und Lesekompetenz jedoch noch nie zur Debatte. Hier geht es auch nicht um eine Schwerpunktverlagerung von den Schrift- zu irgendwelchen Bilderwelten, sondern eher um eine zeitökonomische Bewältigung von Leseaufgaben.

Die zu den diversen Themenfeldern der Naturwissenschaften vorhandene gedruckte und/oder virtuelle und nur durch das Lesen zu erschließende Information ist unterdessen so umfangreich, dass angesichts der massiven Überdosierung die Schnappatmung droht. Das kann nicht unbedingt ermutigen. Befreien Sie sich also aus dieser ungesunden Ausgangslage durch die richtigen Lesestrategien. Eventuell haben Sie diese schon während Ihrer Schulzeit eingeübt. Anderenfalls ist jetzt ein kleines Trainingslager angesagt. Die zeitgemäß mit Anglizismen (vgl. Abschn. 5.2) bezeichneten Zugangsweisen an das effizientere Lesen gedruckter oder auf dem Monitor dargestellter Information sind *Scanning* und *Skimming*.

Unter *Scanning* versteht man das rasche und damit eher grobe Überfliegen eines Textes nach Art der Telefonbuch- oder Lexikoneintragsuche. Damit erfasst man bestenfalls gesuchte Wörter, oft auch nur Buchstabengruppen oder Zahlen, die lediglich die inhaltliche Relevanz des jeweils überflogenen Dokuments für das bearbeitete Thema aufzeigen sollen. Diese Textsichtungstechnik entspricht in etwa dem früher so bezeichneten Diagonallesen: Man bearbeitet im Dokument (zunächst) nicht zeilen- und wortgenau den gesamten mitgeteilten Inhalt des Textes, sondern hält erst einmal gezielt Ausschau nach besonderen Reiz- und Schlüsselwörtern oder sonstiger für das eigene Vorhaben interessanter Basisbegriffe.

Skimming (vom englischen *to skim* = abschöpfen, absahnen) hat im wirtschaftlich-sozialökonomischen Umfeld eine eher negative Bedeutung, weil man damit alle möglichen Erscheinungsformen der Wirtschaftskriminalität bis hin zum Scheckkartenbetrug bezeichnet. In der Bildungsszene versteht man darunter jedoch eine einschätzende, selektierende, wertende Lesestrategie, die eher eine Schatzgräberei im positiven Sinne darstellt.

Mit dem *Skimming* unternimmt man im Unterschied zum *Scanning* eine stärker eingrenzende und wertende Brauchbarkeitsanalyse. Man sichtet Überschriften, Zusammenfassungen, Abbildungen und Tabellen sowie ihre Legenden und klopft auch die jeweils ersten und letzten Sätze eines Textabschnitts nach ihrer inhaltlichen Relevanz ab. Vom genaueren oder gar sinnentnehmenden Lesen ist auch dieser Zugang noch recht weit entfernt, aber er leistet immerhin eine drei- bis vierfache Zeitersparnis gegenüber der getreuen wort- und zeilengenauen Texterfassung.

Erst wenn die vorsortierende Grobsichtung (bei modernen Lesetrainern auch *Previewing* genannt) tatsächlich interessant erscheinende, irgendwie aussichtsreiche oder aktuell gesuchte Schlüsselbegriffe lokalisiert hat, setzt das genauere Lesen und Erfassen der relevanten Information ein. Diese für die Zeitökonomie überaus empfehlenswerte Lesestrategie kann man, wenn man sie noch nicht beherrscht, relativ einfach selbst trainieren. An fast allen Hochschulorten gibt es zudem entsprechende Kurse, die aktuelle Lesetechniken ein-

Tabelle 2.1 Vgl. www.techsam.de/pdf/arb_les_murder.pdf, www.textdetektive.de sowie Christmann et al. (1999)

Kürzel	Inhalte des Vorgehens und Verstehens
M	**M**ood of the study Lernbereitschaft und eine geeignete Lernatmosphäre schaffen
U	Reading for **U**nderstanding Lesen auf Textverständnis ausrichten, Wichtiges und Unwichtiges unterscheiden lernen
R	**R**ecalling the material Bedeutet die vom Text gänzlich gelöste eigene Wiedergabe von gelesenen Inhalten mit eigenen Worten; ferner Paraphrasen entwickeln
D	**D**igest the material Gewonnene Neuinformationen im eigenen Wissen einordnen und schon bekannten Sachverhalten zuordnen
E	**E**xpanding knowledge Den Lesetext mit vorhandenen oder zu recherchierenden übergreifenden Informationen strukturieren und verknüpfen
R	**R**eview Lese- und Lernergebnisse überprüfen, Schwierigkeiten oder Verständnislücken des Textes erkennen und klären

führen. Denken Sie schon im Vorfeld Ihrer Arbeit über die Nutzung solcher Möglichkeiten nach. Und noch etwas: Nur in der Relativistik ist die Zeit dehnbar.

Für das effiziente Lesen und Verstehen von Texten haben Dansereau et al. (1979) eine besondere Strategie entwickelt, die in der Fachszene als MURDER-Schema bekannt wurde. Benannt ist dieses Akronym (vgl. Abschn. 3.5) nach den tragenden Begriffen der englischsprachig formulierten Arbeitsschritte für die Primärstrategien, die einen direkten Einfluss auf das verstehende sowie merkbare Verarbeiten von Informationen haben (Tabelle 2.1).

2.4.5 Daten speichern und sichern

Gleichgültig, ob Sie nun einen 5-seitigen Exkursionsbericht oder eine über 100-seitige Bachelor- bzw. Masterarbeit zu schreiben haben, beherzigen Sie bitte unbedingt und immer die folgende Empfehlung: Sichern Sie Ihre Ergebnisse, Auswertungen, Textbausteine oder sonstige Komponenten Ihrer Arbeit nicht nur ständig auf der Festplatte Ihres PC, sondern auch ständig und ausnahmslos auf einem externen Datenspeicher. Diese Empfehlung erinnert zugegebenermaßen stark an wohlgemeinte Ratschläge aus dem Umfeld von Familie und Freunden wie mehr Sport zu treiben und den Tabakkonsum einzuschränken, aber die durchweg ungute Erfahrung lehrt, dass Vorsicht besser ist als depressionsverdächtiges Nachsehen. Hochtrainierte Fachleute können zwar mit mancherlei technischen Tricks total korrupte Dateien wieder reparieren und abgerutschte Datenbestände gleichsam aus dem Nichts nach Phoenixmanier wieder auferstehen lassen, aber es ist für die weitere psychische Gesundheit aller Beteiligten wirklich ungleich besser, den gesamten aktuellen Datenpool des laufenden Projekts nach jeder Arbeits- resp. Schreibsitzung auf einem oder mehreren externen Datenträger(n) festzuhalten. Früher nutzte man dazu die unterdessen schon wieder völlig antiquierte 3,5″-Diskette. Heute wären es eher die wiederbeschreibbare CD (CD-RW), eine externe Festplatte (u. a. auch iPod oder Vergleichbares), ein hinreichend aufnahmefähiger USB-Stick (Speicherkapazität > 10 GB) oder irgendeine als Zwischenlager geeignete „DropBox"-Funktion im Internet. Schließlich besteht erforderlichenfalls auch die Möglichkeit, die passwortgesicherten Dateien über irgendeinen Mail-Anbieter vorübergehend im weltweiten Netz zu deponieren. Besonders umfangreiche Dateien komprimiert man mithilfe eines besonderen Programms (wie beispielsweise „Seven-Zip", „Winzip" oder „Winrar").

Seien Sie im Übrigen extrem vorsichtig im aktualisierenden Überschreiben bereits bestehender Dokumente: Wenn man die so erstellte (nämlich überschriebene) Neufassung gespeichert hat, ist die schöne Ursprungsversion unwiderruflich weg. Sicherheitshalber arbeitet man zum Erproben neuer Textbausteine, die andere ersetzen sollen, immer in einer Dateikopie und verlagert das Original erst dann unwiderruflich in den virtuellen Papierkorb, wenn es als solches wirklich entbehrlich geworden ist.

Arbeitet man gleichzeitig an mehreren Textpassagen oder Manuskriptteilen, die jeweils separate Dateien mit eigener Dateibezeichnung darstellen, sollte man (a) im Dateinamen jeweils die Versionsnummer oder das Tagesdatum einsetzen und (b) eine (handschriftliche) Archivliste führen, die den jeweils letztgültigen Stand vermerkt.

▸ **PraxisTipp Daten sichern** Legen Sie nach jeder (!) Arbeitssitzung an Ihrem PC eine externe Sicherungskopie der jeweils neu erstellten Versionen Ihrer Textbausteine an.

2.5 Streckenflug: Schweigen verinselt, Reden ist viel besser

Fast alle aktuellen Beiträge in einer der tonangebenden naturwissenschaftlichen Zeitschriften wie *Nature* oder *Science* sind von mehr als drei Autoren verfasst. Häufig genug erscheint im Titelteil einer Publikation sogar eine überraschend vielköpfige Mannschaftsaufstellung. Mit anderen Worten: Die Zeit des isolierten Eremitentums mit einsamen Denkern in entlegenen Höhlen ist in den modernen Naturwissenschaften definitiv vorüber. Natürlich müssen Sie Ihre Examensarbeit als Ihre und individuell nachvollziehbare Einzelleistung auf die Beine bringen, doch bedeutet diese notwendige Einschränkung nicht, dass Sie sich ab sofort in eine gedankliche Isolierstation oder eine sonstige Quarantäne zu begeben haben. Reden und diskutieren Sie immer und unbedingt und möglichst oft mit den übrigen Mitgliedern Ihrer Arbeitsgruppe. Nutzen Sie deren Erfahrung oder Vorschläge. Dabei werden Sie mit Sicherheit erfahren, dass es auch in deren Startphase oft genug irgendwelche Klippen bzw. entnervende Frustrationsstrecken gab. Zwischen Musenkuss und Arbeitsschluss liegen auch steinige Strecken mit mancherlei Textfrust. Lassen Sie sich zu diesem

Erfahrungshintergrund aber auch berichten, wie man die beinahe routinemäßig auftretenden Schwierigkeiten beheben kann oder zunächst nicht bewältigte Probleme erfolgreich löst. In vielen Institutsarbeitsgruppen trifft man sich mindestens einmal am Tag oder auch wöchentlich zu einer Kaffee- bzw. Teerunde, bei der aktuelle Entwicklungen, aber auch etwaige experimentell-technische Schwierigkeiten besprochen werden. Den geballten *Brainpool* solcher anregender Diskussionsrunden, in denen irgendwer immer eine brauchbare Idee hat, müssen Sie auf jeden Fall nutzen. Sofern Sie eventuell nicht unter einer solchen entwicklungsfördernden Klimagunst arbeiten können, weil es gerade kein entsprechendes Team gibt, suchen Sie eben das Gespräch mit Kommilitonen in vergleichbarer Situation oder mit sonst jemandem, der in der Sache nicht einmal besonders versiert sein muss. Gespräche lockern verhakte Gedanken, und gordische Knoten verlangen nun einmal auch gänzlich unkonventionelle Lösungen.

Gezielte Trüffelsuche: unterwegs in Bibliotheken und Datenbanken 3

Referate oder Hausarbeiten zu einzelnen Lehrveranstaltungen sind eher einem akademischen Trainingslager vergleichbar, in dem Sie bestimmte Arbeitsweisen wie Recherchieren, Formulieren und Textgestaltung am Beispiel neu zusammengestellter, aber im Wesentlichen bekannter Sachverhalte einüben. In Ihrer Abschluss- bzw. Zulassungsarbeit ist solches Wiederkäuen nach Art der Weidetiere dagegen weniger gefragt. Jetzt kommt es nicht mehr darauf an, fünf Bücher zu nehmen und daraus ein sechstes zu erstellen. Primäres Ziel Ihrer Arbeit ist es vielmehr, Ihre neuen Erkenntnisse über den bearbeiteten Gegenstand in geeigneter und standardisierter Form mitzuteilen und damit die innerfachliche Diskussion zu bereichern. Zugegeben: Das Rad oder das heiße Wasser müssen Sie dabei nicht wieder neu erfinden. Wissenschaftlicher Fortschritt kann auch darin bestehen, dass Sie eine bessere, bisher so nicht wahrgenommene Blickachse oder Bewertung eines Sachverhalts erarbeiten, eine vergleichende Analyse mit neuen Handlungsstrategien für bestimmte Problemlösungen vorlegen oder irgendwo einen nennenswerten methodischen Fortschritt erreicht haben, der auch andere im Feld beträchtlich voranbringen kann. Dem leicht exzentrischen Chemiker Kary Mullis (Nobelpreis 1993), der angeblich seine studentischen Vorlesungsbesucher mit Aktfotos seiner Freundinnen am Einschlafen hinderte, gelang mit der genialen Polymerase-Kettenreaktion (PCR) ein solcher Wurf – ein Geistesblitz mit zunächst unabsehbaren Folgen während einer nächtlichen Autobahnfahrt, der ihm erst den Neid der Kollegen und dann 1993 den Nobelpreis eintrug (vgl. Hausmann 1995).

Die Bearbeitung eines Themas setzt Kompetenz voraus, d. h. Sie müssen den aktuellen Kenntnisstand (im Insiderjargon auch *state of the art* genannt) möglichst lückenlos überblicken. Solche Vorinformation vor dem eigenen Start ist nur schritt-, stufen- bzw. steinchenweise zu bekommen, denn Sie können davon ausgehen, dass manches aus Ihrer Themenstellung so ähnlich oder ansatzweise bereits irgendwo nachzulesen ist. Man kann solche Information enttäuschend oder frustrierend finden oder als unbrauchbar verwerfen, aber sie schlicht zu ignorieren, wäre absolut unredlich. Die sorgfältige thematische Umfeldrecherche hilft also in jedem Fall dabei, redundante und somit unnötige Arbeit zu vermeiden. Angesichts der kaum noch zu bewältigenden Informationslawinen, die man

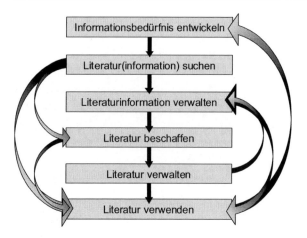

Abb. 3.1 Literaturbezogenes Arbeiten als Phasenmodell – nach aller Erfahrung ein längerfristiges Tun zwischen Dauerlauf und Marathon (verändert nach Kasperek 2009)

bei der gezielten Recherche überall und unentwegt lostritt, besteht immer die Gefahr des analogen Tuns. Mit dem zunächst möglichst umfassenden und genaueren Ausloten der Vorinformation zu Ihrem Thema können Sie Ihre Aufgabenstellung jedoch präzisieren und durch Abgrenzung auch großflächige Überlappungen mit längst bekannten Sachverhalten rechtzeitig ausschließen.

Dieser Überblick, den Sie sich schon in der Startphase Ihres Projekts erarbeiten müssen, setzt eine Menge Informationskompetenz voraus und lässt sich am besten als Gesamtprozess literaturbezogenen Arbeitens mit charakteristischen Phasen wiedergeben (Abb. 3.1). Innerhalb dieses Ablaufs stehen Ihnen grundsätzlich zwei Wege offen, die sich gegenseitig ergänzen und bei genauer Betrachtung bislang eigentlich kaum ersetzen können – der manuelle Betrieb einer Bibliothek und das digitale Herumstochern in elektronischen Datenbanken. Künftig wird das bereits jetzt mögliche Lesen in zahlreich elektronisch verfügbaren Büchern (E-Books) und Zeitschriften (E-Journals) mit etwaigem Direktzugang vom heimischen Schreibtisch aus eine noch größere Rolle spielen (vgl. Abschn. 3.3).

3.1 Stöbern in Bibliotheken

Seit dem Altertum stellen Bibliotheken eine der jeweiligen Epoche entsprechende Ansammlung des kollektiven Wissens der Menschheit dar. Früher noch einigermaßen überschaubar, zeigen sie sich heute eher als bedrohlich angewachsene Hochgebirge aus bedrucktem Papier. Dennoch führt Sie der Weg zunächst einmal in Ihre Seminar- oder Institutsbibliothek, die bestenfalls zumindest die neuere zusammenfassende Literatur zu Ihrem weiteren Themenfeld beherbergt. Sie können mit der Suche aber auch gleich in der sicherlich umfassenderen Zentralbibliothek Ihrer Hochschule ansetzen. Auch im Zeitalter

3.1 Stöbern in Bibliotheken

von Internet und Datenbanken ist die dort vorhandene Literatursammlung für die systematische Recherche ein notwendiger und nicht austauschbarer Ausgangspunkt. Ein wenig Spürsinn ist jetzt gefragt, vor allem aber Ausdauer, denn den aktuellen Kenntnisstand müssen Sie jetzt vergleichsweise mühsam und Schritt für Schritt auf- und nacharbeiten. Dieses Tun erinnert ein wenig an die Arbeit der Paläontologen oder Archäologen: Eventuell ist über längere Phasen lagen- und bergeweise nur taubes Gestein abzuräumen, bis man auf einen fossil- oder artefaktführenden Horizont stößt.

Durchsuchen Sie zunächst das Schlagwortregister oder den Sachkatalog (Systematischer Katalog) der betreffenden Bibliothek. Vermutlich werden Sie zum Suchbegriff, wenn Sie ihn nur weit genug fassen, eine Anzahl Titel von Monographien (Bücher) finden. Vielfach sind die ehrwürdigen Karteikartenkästen heute in den übergreifenden Onlinekatalog integriert und firmieren unter OPAC = Online Public Access Catalogue (vgl. Abschn. 3.3.2 und 3.3.3). Den Zugriff auf elektronische Nachschlagewerke oder elektronische Zeitschriften, die oft lizenzpflichtig sind, erhalten Sie über die Bibilothek. Dort wird man Sie auch gerne mit den notwendigen Recherchetechniken vertraut machen.

Notieren Sie die betreffenden Findstellen mit der zugehörigen Standnummer (in Fachkreisen meist auch Signatur genannt) und bestellen Sie sie zwecks genauerer Inspektion über die Ausleihe (in den Lesesaal). In vielen Bibliotheken gibt es einen sogenannten Freihandbereich, wo häufig nachgefragte Fachbücher der jeweils neuesten Auflage ohne Bestellung direkt greifbar sind. Diagonales Lesen und genaueres Nachschlagen in den Buchregistern orientieren darüber, wie ergiebig und zielgenau die Quelle nun tatsächlich ist. Im günstigen Fall finden Sie in einem oder mehreren dieser Werke Hinweise auf frühere und gewöhnlich speziellere Literatur zum Thema, beispielsweise auf Zeitschriftenartikel.

Damit sind Sie einen entscheidenden Schritt weiter: Sie kennen jetzt zumindest einige Autoren, die im betreffenden Feld publiziert haben und nach denen Sie anschließend im alphabetischen (elektronischen) Katalog fahnden sollten. Außerdem erfahren Sie auf diesem Weg die wichtigsten Zeitschriften, in denen relevante Originalbeiträge Ihres engeren Interessengebietes erschienen sind.

Diese Vorinformation lässt Sie nun weitere Kreise ziehen: Sehen Sie jetzt die am meisten zitierten und damit offenbar relevantesten Zeitschriften durch – alle wirklich bedeutenden Periodica enthalten im jeweils abgeschlossenen Band ein Autoren- und Sachwortregister. Die Trefferquote dieser im Schneeballverfahren angelegten Phase Ihrer Suchaktionen wird Sie überraschen.

In jedem relevanten Zeitschriftenbeitrag finden Sie weitere einschlägige Literaturauflistungen, die vermutlich wichtige, unverzichtbare Originaldaten enthalten. Deren Einzelsichtung kann aufwendig sein, wenn in der betreffenden Bibliothek die älteren Jahrgänge im Magazin begraben und damit nicht direkt zugänglich sind oder falls die gesuchte Literatur(stelle) nicht elektronisch verfügbar ist. Gehen Sie allen Ihren Verdachtsmomenten dennoch konsequent nach und beschaffen Sie sich Kopien der interessant erscheinenden Arbeiten.

Dieses Verfahren ist zugegebenermaßen mühselig und erinnert deutlich an Schatzgräberei, aber es ist unverzichtbar. Auch in der Archäologie oder in der Lagerstättenprospektion muss man sich gegebenenfalls längere Zeit durch mächtige Schichtenlagen unergiebigen Gesteins quälen, ehe man das Gesuchte oder Vermutete glücklich in Händen hält.

Die traditionellen Bibliothekskataloge listen meist nur auf, was im betreffenden Bestand des Hauses vorhanden ist – es sei denn, Sie suchen manuell oder virtuell in einem Verbundkatalog (z. B. HeBIS für Hessen oder GBV für Norddeutschland). Einen ersten Überblick zur sonstigen Literaturlage bietet Ihnen das Verzeichnis lieferbarer Bücher (VLB), das alle in Deutschland, Österreich und der Schweiz erhältlichen (deutschsprachigen) Buchtitel aufführt, übersichtlich sortiert in der grünen Ausgabe nach Autoren, in der roten nach Schlagwörtern. Dieses und weitere Verzeichnisse stehen gewöhnlich im Lesesaal oder Katalograum der Bibliothek. Erste Hinweise können auch die Angebotslisten von Internetbuchhandlungen (vgl. Abschn. 3.3.2) liefern.

Nutzen Sie unbedingt die Kompetenz des Fachpersonals der wissenschaftlichen Bibliotheken. Lassen Sie sich Bibliographien von Bibliographien oder Fachbibliographien benennen sowie zeigen, darunter beispielsweise die vielbändige Biologiedokumentation der deutschen Zeitschriftenveröffentlichungen zwischen 1796 und 1965.

In jedem Fall ergebnisreich ist auch die effiziente Benutzung wichtiger Referateorgane, die man Ihnen gerne erklären wird, darunter vor allem

- Biological Abstracts,
- Chemical Abstracts,
- Current Contents,
- Current Geographical Publications,
- Index Chemicus,
- Index Medicus,
- Index to Scientific Reviews und
- Science Citation Index (SCI).

Die Biological bzw. Chemical Abstracts tragen Titel, Verfasser, Kurzfassung (Abstract) und Schlagwörter (Keywords) aller wissenschaftlichen Publikationen aus den erfassten (mehreren tausend) Fachzeitschriften der jeweiligen Disziplin zusammen. Die mehrmals monatlich erscheinenden Current Contents (gedruckte Version, zeitweilig auch als CD-ROM verfügbar, heute über Datenbankdienste wie „Web of Knowledge" abrufbar) bilden jeweils die Inhaltsverzeichnisse der indizierten Fachzeitschriften (derzeit etwa 7600) ab und ermöglichen eine gezielte Suche wichtiger Neuerscheinungen der jeweiligen Interessengebiete über Schlagwörter. Sie stehen in den folgenden für Naturwissenschaftler relevanten Themenbereichen zur Verfügung:

- Agriculture, Biology & Environmental Sciences,
- Clinical Medicine,
- Engineering, Computing & Technology,
- Life Sciences und
- Physical, Chemical & Earth Sciences.

3.2 Datenbanken

Eine brauchbare Findhilfe für das stufenweise vorzunehmende Einkreisen eines Themas und das Sammeln von Umfeldinformation sind die vor dem Onlinezeitalter erschienenen und auf CD-ROM gespeicherten Bibliographien, die in den Hochschulbibliotheken eventuell noch verfügbar sind. Diese sind oft recht hilfreich beim Aufstöbern älterer Veröffentlichungen, können aber ebenso wie die Printversionen nur bedingt aktuell sein. Viele dieser digitalen Sammelwerke erscheinen daher in kürzeren, halbjährlichen oder sogar monatlichen Abständen neu. Mit verschiedenen Suchroutinen können Sie buchstäblich „scheibchenweise" nach Verfassern, Titeln oder Schlagwörtern suchen und die aussichtsreichen Bibliographien ausdrucken lassen.

Empfehlenswerte Onlinedatenbanken für Ihre Recherche sind u. a.:

- BIP (Datenbank aller im Buchhandel erhältlicher Bücher amerikanischer Verlage),
- BIOSIS (Literaturdatenbank zu Fachliteratur aus allen Bereichen der Biowissenschaften, enthält als wesentlichen Bestandteil die oben bereits genannten Biological Abstracts) und
- PubMed mit Medline (Findstellen aus der Medizin und den affinen Biowissenschaften; Literaturdatenbank der National Library of Medicine).

Außer diesen und dem bereits erwähnten Verzeichnis lieferbarer Bücher (VLB) gibt es eine Reihe weiterer CD-ROM-Publikationen, darunter beispielsweise auch die Wissenschaftsnachrichten-Archive der Frankfurter Allgemeinen Zeitung oder anderer überregionaler Presseorgane. Ferner lohnt sich gegebenenfalls die Nachsuche bei

- Deutsche Nationalbibliographie (DNB): Die bis zur Einstellung 2009 zweimonatlich aktualisierte CD-ROM enthält alle ab 1991 erschienenen Veröffentlichungen deutschsprachiger Verlage, dazu auch Hochschulschriften (Dissertationen) und Kartenwerke, online recherchierbar unter http://dnb.d-nb.de/.
- Internationale Bibliographie der Zeitschriftenliteratur (IBZ): Diese Zusammenstellung besteht seit 1965; auf CD-ROM sind die ab 1989 veröffentlichten Zeitschriftenaufsätze aus etwa 6000 Fachzeitschriften erfasst, allerdings mit deutlich geisteswissenschaftlichem Schwerpunkt.

Die entsprechenden CD-ROMs sind eventuell noch im Handel erhältlich, aber auch in den größeren Bibliotheken vorhanden. Fragen Sie die Lesesaalaufsicht oder die Fachreferenten in Ihrer Hochschulbibliothek nach den verfügbaren CD-ROM-Datenbanken für Ihr engeres Interessengebiet.

Obwohl die CD-ROM gegenüber dickleibigen und mehrbändigen Handbüchern bereits ein erheblich flexibleres Suche-und-Finde-Medium ist, steht sie in ihren Nutzungsvorteilen hinter den neueren, ungleich dynamischeren und jeweils topaktuellen Onlinedatenbanken im Internet weit zurück. Die auf Scheiben deponierten Datenbanken stellen insofern eher ein Intermezzo der zeitgemäßen Datenbeschaffung dar und werden künftig noch mehr an Bedeutung verlieren. Längst hat nämlich die Trendwende hin zu den Onlinedatenbanken eingesetzt. Die meisten der bislang auf CD-ROM publizierten Datenbanken sind unterdessen online verfügbar (siehe Abschn. 3.3). Für den Benutzer besteht allerdings kein fühlbarer Unterschied, ob sich auf dem Server der betreffenden Bibliothek eine Scheibe dreht oder eine Onlineverbindung nach Amerika eingerichtet ist. Dennoch ist die Stichwort- bzw. Themenrecherche per CD-ROM beinahe schon wieder historisch.

3.3 Onlinerecherche

Noch vor wenigen Jahren empfahlen die Betreuer einer wissenschaftlichen Arbeit ihren Kandidatinnen und Kandidaten treuherzig, „auch das Internet zu nutzen" – so als sei gerade dieses Informationsangebot eine besonders apokryphe, weil sonst kaum wahrgenommene Materialquelle. Innerhalb von nur einem halben Jahrzehnt sehen wir uns in einer gänzlich anderen Ausgangslage – das Internet hat sich längst zur weltweit größten und bedenkenswerterweise auch zunehmend barrierefreien Bibliothek gewandelt. Sie ist prinzipiell von überall zugänglich, wo es einen Computer und einen Telefonanschluss bzw. erforderlichenfalls eine Satellitenverbindung gibt – ohne mühsame Wege von A (Arbeitsplatz) nach B (Bibliotheksgebäude) und unabhängig von eventuell gewerkschaftlich geregelten und damit eher blockierenden Öffnungszeiten, aber dennoch mit gelegentlich langen Warteschlangen/-zeiten wie im realen Betrieb.

Das Internet ging aus einer ursprünglich rein militärischen Entwicklung der USA (= ARPANET) hervor und wurde zunächst nur von Behörden und Hochschulen genutzt. Es besteht heute aus zahlreichen untereinander verknüpften Netzwerken, die zur Kommunikation allesamt das TCP/IP-Protokoll benutzen (*Transmission Control Protocol* sowie *Internet Protocol*). Dieses transkontinental gespannte Netzwerk Internet ist keineswegs identisch mit dem World Wide Web (WWW), auch wenn es der allgemeine Sprachgebrauch in diesem Sinne verwendet. Das WWW stellt auch kein eigenes Netzwerk dar, sondern ist neben E-Mail (elektronischer Briefversand) oder Usenet-Newsgroups (eine Art Schwarzes Brett) einer der am meisten genutzten der zahlreichen Internetdienste. Entwickelt wurde es 1990/91 am europäischen Kernforschungszentrum CERN in Genf (Berners-Lee et al. 1999) und ist seit 1993 allgemein verfügbar. Seine Wachstumsraten sind gigantisch, die Informationsangebote geradezu galaktisch. Während man aber in einem gut sortierten Warenhaus voraussagbar die Damendessous in der einen, die Herrensocken in einer anderen und die Reisewecker wiederum in einer eigenen Abteilung findet, ist das WWW eher einem bunt und wirr beschickten Trödelmarkt auf etlichen Quadratkilometern Fläche vergleichbar. Dazu unterbreitet es Angebote jeglicher Güteklasse – ein völlig unsortiertes Chaos, in dem sich mancher in die wohlgeordnete Welt wissenschaftlicher Bibliotheken mit ihren eindeutigen Signaturen und übersichtlichen Regalreihen zurücksehnt. Der Eintritt in diese virtuelle Welt ist über die unterdessen äußerst benutzerfreundlichen Oberflächen per eigenem Computer allerdings denkbar einfach und leicht erlernbar. Fündig wird man jedoch nur durch den Einsatz spezieller Suchhilfen. Die Antworten sind dabei immer nur so gut und brauchbar wie die an das Netzwerk gerichteten Suchanfragen. Die Auswertung der Suchergebnisse muss erfahrungsgemäß jeweils eine Menge Spreu von oftmals relativ wenig Weizen trennen. In einer Bibliothek findet der Benutzer eine sorgfältig vorgefilterte Auswahl an wissenschaftlich relevanten und somit auch weitgehend qualitätsgeprüften Informationen bzw. Informationsquellen. Bei den Webangeboten weiß man auf den ersten Blick nicht, ob man auf einer Müllhalde unterwegs ist oder gerade in eine Schatzkammer eingedrungen ist. Das Web erfordert von seinem Nutzer daher viel stärker die Fähigkeit, Informationen und deren Quellen kritisch zu bewerten.

3.3.1 URL, http und html: Suchmaschinen und Verzeichnisse

Die Text- und Bildangebote im Internet sind mithilfe entsprechender und einheitlich strukturierter Adressen für Dokumente und Sites zu erschließen. Dabei treten verschiedene neue Kunstbegriffe (Kürzel bzw. Akronyme, d. h. aus den Anfangsbuchstaben mehrerer Einzelwörter neugebildete Begriffe, vgl. auch Abschn. 3.5) auf, darunter

- WWW = World Wide Web,
- URL = *Uniform Resource Locator*,
- http = *Hypertext Transfer Protocol*

Wenn man die entsprechende URL kennt, kann man sie über den auf dem eigenen Computer installierten Browser (wie Internet Explorer, Netscape Navigator, Mozilla, Opera u. a.) direkt anwählen. Das übliche und vom Browser automatisch eingesetzte Kommunikationsprotokoll des WWW lautet http, mit dem der Browser („Abgraser"; vgl. *to browse* = grasen, weiden) ein html-Dokument im WWW erkennt und auf dem Bildschirm darstellt. Das Kürzel html bezeichnet die Syntax, mit der ein Dokument zur Verwendung im WWW formatiert sein muss.

Mit wenigen Angaben ist man so beispielsweise und günstigenfalls in Sekundenschnelle in irgendeinem online verfügbaren Lexikon, beispielsweise über

- www.britannica.com (Encyclopedia Britannica mit >45 Mio. Einträgen),
- www.brockhaus.de,
- www.duden-suche.de,
- www.pons.de,
- www.encyclopedia.com (Onlineenzyklopädie),
- www.langenscheidt.de (Fremdwörterlexikon),

- www.dict.leo.org (Lexikon Deutsch/Englisch, Deutsch/Französisch und weitere Sprachen) und
- www.yourdictionary.com (Links zu ca. 800 Onlinewörterbüchern fast aller Sprachen).

Frühere Internetlexikondienste wie beispielsweise Meyers Lexikon sowie encarta.msn.com wurden 2009 eingestellt. Erforderlichenfalls kann man sich auf Nachrichtenseiten deutscher oder internationaler Zeitungen begeben, die Liedertexte irischer Folkgruppen ansehen oder sich chinesische Frühlingsgedichte vorsingen lassen. Die Bandbreite ist immens, die Zahl der Abzweigungen zu irrelevanten Seitenwegen groß, und das Gestrüpp amüsanter, aber eventuell nutzloser Information geradezu uferlos.

Kennt man die URL eines bestimmten Informationsanbieters nicht, lässt man sie über ein Suchsystem (vereinfacht Suchmaschine genannt) ermitteln. Drei Möglichkeiten stehen Ihnen dafür offen:

- Menübasierte Suchsysteme, auch Webkatalog oder Webverzeichnis genannt, beinhalten redaktionell ausgewertete Informationen, die zu Themenkatalogen nach Sachgebieten zusammengestellt sind: Ein umfangreicher Stab von Redakteuren des betreffenden Webkatalogs durchsucht das Web und ordnet die jeweiligen Fundstücke in die Verzeichnisstruktur ein (im Insiderjargon „einpflegen" genannt). Solche Themenkataloge eignen sich zwar für einen ersten Einstieg in ein Gebiet, sind aber häufig eher an den Freizeit- und sonstige Konsuminteressen des Allgemeinpublikums orientiert und daher für die Wissenschaftsrecherche nur bedingt von Wert. Tabelle 3.1 listet einige (allerdings nicht vollständig erfasste, sondern nur beispielhaft benannte) häufig genutzte Themenkataloge auf. Ein spezielles Webverzeichnis für die Biologie bietet www.vifabio.de/iqBio/browse/subject.html.
- Abfragebasierte Suchsysteme ermöglichen mit Frageformularen die gezieltere und damit enger umrissen fachspezifische Suche nach bestimmten Begriffen oder (über Boole'sche Operatoren verknüpfte) Begriffskombinationen. Manche dieser Suchdienste liefern Ansätze einer Inhaltsangabe, sodass man leichter entscheiden kann, ob ein gefundenes Dokument nun wirklich wichtig ist oder zur Kategorie Kompost gehört. Außerdem bietet die jeweilige Trefferliste eine gewisse Vorsortierung nach Begriffsgenauigkeit und Relevanz an. Wichtige Suchmaschinen dieser Kategorie sind ebenfalls in Tabelle 3.1 gelistet.
- Über Metasuchdienste startet man die Fahndung nach Dokumenten zu einem bestimmten Begriff gleichzeitig in mehreren Suchsystemen, je nach Metamaschine entweder mit einem sequenziellen oder einem parallelen Zugriff. Auch die wichtigsten Metasuchdienste finden Sie in Tabelle 3.1.
- Die Suchmaschinen durchkämmen in kürzester Zeit die Indizes, in denen gespeichert ist, in welchen Webseiten (*webpages*; umgangssprachlich häufig mit *websites* gleichgesetzt, obwohl diese eine Ansammlung von WWW-Seiten mit jeweils eigener URL sind) die zuvor eingegebenen Begriffe, Stichwörter bzw. Textteile enthalten sind. Aufbau und

Tabelle 3.1 Wichtige Suchdienste im WWW (Auswahl)

Themenkataloge (Webverzeichnisse)	Abfragebasierte Suchsysteme	Metasuchdienste
www.allesklar.de	www.alltheweb.com	www.apollo7.de
www.excite.de	search.yahoo.com	www.highway61.com
www.looksmart.com	www.google.com	www.kartoo.com
www.web.de	www.google.de	www.metacrawler.de
www.yahoo.de	www.hotbot.de	www.metager.de
	www.ixquick.com	www.metaspinner.de
	www.lycos.de	www.search.com
	www.bing.de	www.searchcode.de
	duckduckgo.com	

Aktualisierungen der Indizes beruhen darauf, dass alle dem Suchmaschinenbetreiber bekannten Webseiten automatisch von Crawlern besucht werden.

Weitere Suchdienste sind

- scholar.google.com
  Durchsucht ausschließlich wissenschaftliche Literatur, sortiert nach Relevanz entsprechend der Häufigkeit des Zitierens durch andere Autoren.
- www.scirus.com
  Anbieter Elsevier, Zugang kostenfrei, durchsucht Zeitschriftenartikel, Abstracts, Webseiten mit wissenschaftlichem Schwerpunkt.
- www.scopus.com
  Anbieter Elsevier, Zugang lizenzpflichtig, navigiert durch eine der weltweit größten Sammlungen an Abtracts, Quellenverweisen und Stichwortverzeichnissen in Natur- und Ingenieurwissenschaften, Medizin und Sozialwissenschaften, bietet Verlinkung zu Volltextartikeln und anderen bibliographischen Quellen.
- www.worldwidescience.org
  Ist ein länderübergreifendes Wissenschaftsportal zur Förderung des globalen Austauschs; wird bislang vor allem von Bibliotheksdiensten der USA und Großbritanniens (www.bl.uk) getragen, ermöglicht den Zugriff auf mehr als 200 Mio. Dokumente.
- Web of Science/Web of Knowlegde
  Wird vom Institute of Scientific Information (ISI) getragen und bietet gegenüber spezialisierten Datenportalen den Vorteil einer breiten, fächerübergreifenden Stichwortsuche. Zum Angebot gehören auch Recherchemöglichkeiten im Science Citation Index (SCI), Index Chemicus, Index to Organism Names oder Biolgy Browser. Der Zugriff ist kostenpflichtig, entweder über Pay-per-View oder über Campuslizenzen. Lizenzen für WoS/WoK besitzt die Mehrheit der deutschen Universitätsbibliotheken. Die übrigen Bibliotheken mit WoS/WoK-Lizenz kann man über DBIS abfragen.

Je nach gestartetem Begriffs- und Suchumfang wird nun eine Woge von Detailinformation auf Sie zurollen. Entsprechend stellt sich auch häufig die Frage nach der Qualität der

Suchergebnisse. Wenn die Trefferzahl den zweistelligen Bereich übersteigt und vielleicht sogar mehr als 10.000 Findstellen nachweist, ist das Suchprofil zu weit, damit zu ungenau und somit letztlich unbrauchbar. Für die sinnvollerweise stärker eingeschränkte Suche verwendet man daher tunlichst Begriffsverknüpfungen, bei den meisten Suchmaschinen nach dem verbreiteten Eingabeschema + Suchbegriff 1 + Suchbegriff 2.

- Wenn Sie nach Stichwortsequenzen suchen möchten, die Sie in den Dokumenten so vermuten, setzen Sie die Suchbegriffe durch Leerzeichen getrennt in Anführungszeichen, beispielsweise „Deutsche Botanische Gesellschaft".
- Verwendet man nur die Stammform von Suchbegriffen zusammen mit einem * (Maskierung oder Trunkierung des Suchbegriffs), werden sich unter den Treffern auch Komposita oder Flexionsformen des Suchbegriffs finden.
- Das Suchwort Pflanz* ergibt demnach Treffer, die unter anderem auch Pflanze, Pflanzen, pflanzlich sowie Pflanzenwelt usw. enthalten.
- Details zum Einsatz der maschineneigenen Syntax findet sich in der Bedienungsanleitung („Hilfe") auf der Portalseite der jeweiligen Suchdienste.
- Manche Suchsysteme (darunter auch Google) können allerdings nicht trunkieren oder unterstützen kein explizites Trunkieren, sondern suchen automatisch nach Synonymen, Komposita und Flexionsformen.
- Neben dem Aufspüren von Stichwortsequenzen ist das Suchen nach zusammengehörigen Begriffen ein häufig benötigtes Feature. Hierbei werden zwei oder mehr Stichworte gesucht, die im Text nicht zwingend direkt hintereinander stehen müssen, jedoch relativ nahe beieinander positioniert sein sollten. Daher heißt diese Suchoption auch Nachbarschaftssuche oder Proximity Search. Ob und wie die unterschiedlichen Suchdienste diese Option unterstützen, ist auf den Hilfeseiten der einzelnen Dienste nachzulesen.
- Weitere häufiger verwendete Suchoptionen sind der Ausschluss von Begriffen mit dem Negativoperator sowie die Einschränkung der Suchergebnisse auf bestimmte Webseiten. Der Negativoperator – in fast allen Suchmaschinen durch das Minuszeichen ausgedrückt – ist besonders dann hilfreich, wenn ein Suchbegriff mehrere Bedeutungen hat und man eine davon ausschließen möchte. Die Suche nach „Tempo –Taschentuch" liefert also nur Ergebnisse, die nicht das Stichwort Taschentuch enthalten.
- Über den Operator „site:#", bei dem man für # eine beliebige URL einsetzen kann, kann man nur auf Webseiten suchen, die der angegebenen URL entsprechen. Damit kann man bequem auch auf solchen Webseiten recherchieren, die keine eigene Suchfunktion anbieten.

▷ **PraxisTipp Suchhilfen** Genauere Beschreibungen vieler Suchmaschinen mit Tipps und Tricks zum effizienten Einsatz finden Sie unter www.suchfibel.de und www.searchenginewatch.com.

Fast immer legen Ihnen die Suchdienste sozusagen stapel- und schlimmstenfalls bergeweise unsortierte Blätter auf den Schreibtisch, die Ihnen nicht in jedem Fall sofort weiterhelfen. Deren genauere Sichtung kann jedoch im Einzelfall verwertbares Material zutage fördern.

Schwierig ist zudem immer die Bewertung der Suchergebnisse. Schließlich tummeln sich im World Wide Web seriöse Forschungsinstitute und Wissenschaftsdienste mit sicherlich valider Berichterstattung ebenso wie propagandistische Vereinigungen oder sonstige Dienstleistungsanbieter für jede noch so exotische Bedarfslage. Im Zweifelsfall sollte man sich deswegen die Domain oder die Top-Level-Domain einer Netzadresse genauer ansehen.

Lautet die aufgefundene URL beispielsweise http://www.awi-bremerhaven.de/presse/bah/3001htm, so bedeutet diese Angabe, dass man bereits in einer gewissen Hierarchietiefe gelandet ist – im benannten Fall bei einer Pressemitteilung vom 30. Januar des Jahres der Biologischen Anstalt Helgoland (BAH), die zum Alfred-Wegener-Institut (AWI) in Bremerhaven innerhalb der renommierten Helmholtz-Gemeinschaft der Großforschungseinrichtungen in Deutschland gehört. In diesen und analogen Fällen hangelt man sich am besten in die Domain (awi-bremerhaven.de) zurück, indem man in der Adresszeile des Browsers schrittweise den URL verkürzt, und schaut sicherheitshalber nach, was die Webseiten des betreffenden Anbieters denn sonst noch an interessanter Information aus der thematischen Peripherie des Suchbegriffs hergeben. Handelt es sich um eine professionelle Site, bietet sie eventuell eine eigene kleine Suchmaschine für die ihr untergeordneten Seiten an. Deren Nutzung kann vorteilhaft sein, weil hier eventuell auch jüngere Information enthalten ist, die den WWW-weiten Suchdiensten noch nicht bekannt sind.

Größte Vorsicht ist immer geboten bei privaten und halboffiziellen *Homepages*, deren Zuverlässigkeit und Seriosität man nicht so leicht überprüfen kann. Auch (und gerade) im WWW gilt, dass eine renommierte Institution eher für solide und valide Information steht als ein privater Hobbyanbieter oder eine sonstige halbseidene Materialquelle. Verlassen Sie sich auch nicht unbedingt auf Informationen, die Sie beispielsweise unter

- www.wikipedia.com (Universallexikon)

finden. Für eine erste Problemannäherung informiert man sich zwar hier und bekommt auch ungefähr eine Vorstellung von der Bandbreite eines Problems oder einen Eindruck der bisherigen Kenntnislage, aber die Zuverlässigkeit der Information ist trotz beachtlicher Fortschritte in den vergangenen Jahren nicht unbedingt gewährleistet. Eine gewisse Qualitätskontrolle ermöglichen zugegebenermaßen die am Ende eines Wikipedia-Beitrags benannten Originalquellen.

3.3.2 Virtuelle Bibliotheksbesuche

Vielleicht ergeht es Ihnen auch so: Das WWW dient im Wissenschaftsbetrieb in erster Linie dem Auffinden von Quellen, kann aber die gedruckten Originale oft nicht ersetzen. Außerdem ist ein Monitor je nach Lesesozialisation eben kein vollwertiger Ersatz für die haptischen Qualitäten eines Buches, in dem man – abgeschirmt in einer gemütlichen Sofaecke – genussvoll blättern und sich festlesen kann. Ein betontes Lesevergnügen stellt sich bei den zunehmend verbreiteten Onlinebüchern und Onlinezeitschriften (E-Books, E-Journals) vermutlich auch nicht ein. Dennoch sind sie nützlich, ermöglicht doch die Onlineverfügbarkeit das nahezu hemmungslose Stöbern in den elektronischen Katalogen eventuell auch weit entfernter Bibliotheken. Sie können sich beispielsweise ebenso rasch in die äußerst umfangreiche Library of Congress in Washington (www.loc.gov) einwählen wie in die Stadt- oder Universitätsbibliothek Ihres Hochschulortes (zum Beispiel www.ulb.uni-bonn.de) oder irgendeine virtuelle Fachbibliothek aufsuchen, beispielsweise ww.vifabio.de (Biologie), www.vifapharm.de (Pharmazie) sowie www.vifaphys.tib.uni-hannover.de (Physik).

Suche nach Büchern Nahezu alle wissenschaftlichen Bibliotheken haben ihre (zumindest neueren) Bestände (auch) digital katalogisiert und wickeln den Leihverkehr nur noch über die Terminals im Katalograum oder Lesesaal ab. Somit ist auch die Titelsuche im digitalen Katalog vom heimischen Rechner aus prinzipiell kein Problem. Viele der großen Bibliotheken ermöglichen über Meta-Links die Suche auch in anderen Bibliotheken oder nennen Ihnen deren URL-Adressen. Empfehlenswerte Einstiegsseiten mit vielen weiteren Zugangsmöglichkeiten für die landes-, europa- oder sogar weltweiten Suchexkursionen in Bestandskatalogen sind beispielsweise:

- www.hbz-nrw.de
  erfasst alle deutschen Bibliotheken und regionalen Bibliotheksverbünde,
- www.gbv.de
  Bibliotheksverbund mehrerer Bundesländer, bieten Möglichkeit der Begriffsverknüpfung,
- www.webis.sub.uni-hamburg.de
  Sammelschwerpunkte deutscher Bibliotheken,
- http://zdb-opac.de
  Zeitschriftendatenbank mit Besitznachweisen deutscher Bibliotheken,
- www.ubka.uni-karlsruhe.de/kv
  Der „Karlsruher virtuelle Katalog" ist gleichsam der Metakatalog der europäischen Nationalbibliotheken, Verbundkataloge und Buchhandelsverzeichnisse und
- www.ub.univie.ac.at
  Einen separaten Versuch wert für die weltweite Bibliothekssuche sind die folgenden Adressen:
- www.libdex.com (Suchmaschine für Bibliotheken weltweit),
- www.bl.uk,
- British Library, eine der größten Buch- und Dokumentensammlungen weltweit und
- www.dnb.de.

Die Deutsche Nationalbibliothek (DNB, seit 2006); führt alle seit 1913 in Deutschland erschienenen gedruckten Werke auf. Sie ging aus der früheren Deutschen Bibliothek Frankfurt (BRD) bzw. Deutschen Bücherei Leipzig (DDR) hervor und ist ein wichtiger Gateway zu vielen weiteren Informationsquellen. Die DNB sammelt nicht nur in Deutschland erschienene Titel, sondern auch ausländische Publikationen über Deutschland oder in deutscher Sprache erschienenes Material.

Wegen der wechselseitigen Verlinkung und Vernetzung der nationalen Bibliotheken ist es im Prinzip eher gleichgültig, bei welcher Adresse man seine Recherche startet. Die Suchergebnisse ähneln sich nach aller Erfahrung zumindest in den ohnehin stark globalisierten Naturwissenschaften sehr.

Der Springer-Verlag als weltgrößter Wissenschaftsverlag bietet den Onlinezugriff auf derzeit über 1000 digitalisierte im Hause erschienene Fachbücher (bzw. E-Books aus den Bereichen Naturwissenschaften, Medizin und Technik) an. Der kostenlose Zugriff ist möglich über Hochschulbibliotheken, die eine Campuslizenz besitzen. Detaillierte Information bietet

- www.springer.com/ebooks.

Für die Buchtitelrecherche ebenfalls ergiebig sind die Onlinekataloge der Buchgroßhändler (Sortimenter) und (Internet-)Buchhandlungen, darunter:

- www.buchhandel.de (Verzeichnis lieferbarer Bücher VLB),
- www.libri.de,
- www.buch.de,
- www.buchhandel.de,
- www.buchkatalog.de,
- www.amazon.de,
- www.amazon.com,
- www.bol.de,
- www.thalia.de,
- www.koeltz.com,
- www.nhbs.com und
- www.deutschesfachbuch.de (ermöglicht die Suche nach Stichworten in Inhaltsverzeichnissen, Vorworten, Registern und Klappentexten).

Vielleicht ergeht es Ihnen fallweise auch so: Ein besonders wichtiges Werk, das man mutmaßlich auch längerfristig häufig konsultiert, kann man sich nicht als Dauerleihgabe einer Bibliothek in seinen Handapparat stellen. Eventuell ist das gute Stück über den normalen Buchhandel nicht mehr zu beziehen. Aussichtsreich ist dann die gezielte Schatzsuche bei Antiquariaten, die unterdessen ebenfalls im Onlineverfahren möglich ist, beispielsweise unter

- www.zvab.de (Zentralverzeichnis antiquarischer Bücher),
- www.abebook.de

oder auch über www.ebay.de bzw. www.amazon.de.

Suche nach Zeitschriftenartikeln Die Zukunft in der Speicherung und Nutzung wissenschaftlicher Primärinformation liegt zweifellos in den Elektronischen Zeitschriftenbibliotheken (EZB). Diese nehmen im Wissenschaftsbetrieb jetzt schon einen beachtlichen Raum ein. Der gegenwärtig zu verfolgende Trend wird sich in naher Zukunft verstärken.

Die EZB ist ein Hintergrunddienst der Universitätsbibliothek Regensburg mit Angeboten aus etwa 40 Fächern, der von den meisten Hochschulbibliotheken in Deutschland (und auch vielen im mitteleuropäischen Ausland) genutzt wird. Bei allen Bibliotheken, welche die EZB nutzen, stellen sich die Zugangsdaten und die Benutzerführung zu den E-Zeitschriften ähnlich dar. Wenn man

- http://rzblx1.uni-regensburg.de/ezeit/

aufruft, erkennt das System anhand der IP-Adesse des Rechners automatisch, zu welchem Uni-Netz der Benutzer gehört. Dieses System ist auch das Rückgrat der derzeit rund 50.000 Volltextabonnements elektronischer Zeitschriften der Universitäts- und Stadtbibliothek Köln. Dieses Informationsangebot ist zugänglich über

- www.ub.uni-koeln.de/digital/elzss.

Unter der Netzadresse

- www.springerlink.com

ist eine verlagseigene Suchmaschine für die Volltextsuche in elektronischen Zeitschriften erreichbar. Sie bietet außerdem unter der Option Springer Online Journal Archive ein (im Aufbau befindliches) Archiv zahlreicher in englischer Sprache erschienener Artikel von Band 1/Heft 1 der erfassten Zeitschriften bis einschließlich 1997. Zudem ist derzeit (2013) ein elektronisches Archiv aller je bei Springer erschienenen Bücher im Aufbau.

Ein vergleichbares Angebot zur Volltextsuche, das sich allerdings nicht auf die Produkte nur eines bestimmten Verlags beschränkt, bietet Google Scholar. Für die mit Mitteln der Deutschen Forschungsgemeinschaft (DFG) finanzierten Nationallizenzen mit Zugriff auf umfangreiche Zeitschriftenpakete aller großen naturwissenschaftlich relevanten Verlage wird zurzeit eine Volltextsuchmaschine entwickelt.

Online First Für brandeilige Entwicklungen und Entdeckungen ist die Zeit zwischen Manuskripteinreichung, Drucklegung und Erscheinen des Beitrags im neuesten Heft einer spezifischen Fachzeitschrift nach heute weitverbreitetem Empfinden viel zu lang.

Vergleichbar der Vorveröffentlichungspraxis großer Nachrichtenmagazine und Tageszeitungen erscheinen wichtige wissenschaftliche Mitteilungen bzw. Artikel nach dem üblichen Begutachtungsverfahren (*Peer Reviewing*, vgl. Abschn. 4.7) zuerst zitierfähig *Online First* (OF) im Internet und damit eventuell etliche Wochen vor der Druckversion. Unter der oben als Rechercheinstrument beispielhaft benannten Adresse www.springerlink.com gelangt man auch zu den betreffenden OF-Publikationen des Springer-Verlags. Die Beiträge sind anhand ihrer individuell vergebenen DOI (*Digital Object Identifier*) auffindbar. DOI entwickelt sich derzeit zu einem flächendeckenden Instrument auch zum Auffinden von Rohdaten und Büchern.

3.3.3 Fachdatenbanken und Fachbibliografien

Die zweifellos unersprießliche und langwierig aussortierende Müllwerkertätigkeit nach einer Trefferlawine, die Ihnen eine ungenau instruierte Metasuchmaschine zu Füßen gelegt hat, könnten Sie sich im Prinzip ersparen, wenn Sie nach einigen Testphasen und Einübungsmanövern Ihre genaue Suche auf Fachbibliografien spezialisieren. Üblicherweise vermitteln Ihnen die Universitätsbibliotheken über besondere Links den Zugang auch in solche Datenbanken oder liefern umfassende Verzeichnisse der zahlreich existierenden Fachdatenbanken.

Die dafür wichtigste Einstiegsadresse ist sicherlich

- http://rzblx10.uni-regensburg.de/dbinfo,
  ein umfangreiches, übergeordnetes Datenbank-Informationssystem (DBIS); von mehr als 200 Bibliotheken genutzt, listet als Nachweisinstrument zahlreiche, nach Fach- und Interessengebieten sortierte Datenbanken auf; DBIS leitet zu deren Suchinstrumenten weiter, über die Sie die Inhalte gezielt durchsuchen können; bietet freien Zugang zu über 2600 Fachdatenbanken und die Möglichkeit zu gebührenpflichtigen Recherchen in weiteren ca. 5000 Fachdatenbanken.

Fast alle relevante neuere Literatur zu biowissenschaftlichen Fragestellungen findet man über

- www.vifabio.de,
  eine komfortable, umfassende, virtuelle und kostenlos nutzbare Fachbibliothek für jegliche biowissenschaftliche Literatur, seit Frühjahr 2007 online, integriert u. a. den Fachkatalog der UB Johann Christian Senckenberg Frankfurt, den UB-Frankfurt Retrokatalog mit älteren Schriften, Dissertationen u. a. vor 1985, die Biodiversity Heritage Library, die Datenbank BioLIS (Biologische Literatur-Information Senckenberg), weist Zeitschriftenpublikationen 1970–1996 nach), ferner die über PubMed zugängliche Datenbank Medline mit etwa 5000 ausgewerteten biomedizinischen Zeitschriften, ermöglicht den Zugang zu über 4000 biowissenschaftlichen Fachzeitschriften aus der Elektronischen

Zeitschriftenbibliothek (EZB) – mit anderen Worten: für Biowissenschaftler ein völlig unentbehrliches und leistungsfähiges Informationsportal.

Analoge Suchdienste affiner Interessengebiete sind beispielsweise

- www.vifapharm.de,
  bietet Zugang zu ausgewählten Informationsquellen für Pharmazeuten)
- www.vifavet.de,
  der Bibliothek der Tierärztlichen Hochschule Hannover, Zugang zu Internetressourcen und Fachdatenbanken der Veterinärmedizin,
- www.pubmed.de
  bietet Zugang zur medizinischen bzw. biomedizinischen Dokumentationssammlung von Medline und
- www.medpilot.de,
  ein Informationsportal mit Zugriffsmöglichkeit auf eine große Bandbreite medizinischer Fachinformation; Gemeinschaftsprojekt der Deutschen Zentralbibliothek für Medizin (ZB Med) und des deutschen Instituts für Medizinische Dokumentation und Information (DIMDI).

Ein vergleichbar empfehlenswertes und fächerübergreifendes Internetportal deutscher Bibliotheken, Forschungsinstitute und Informationseinrichtungen, nämlich

- www.vascoda.de

ermöglichte umfassende Recherchemöglichkeit wissenschaftlicher Information, auch im ingenieur- und kulturwissenschaftlichen Bereich, musste aber leider 2011 eingestellt werden.

Die bereits ziemlich unübersichtliche Vielzahl der für Naturwissenschaftler relevanten Fachdatenbanken bzw. Fachportale oder Gateways kann hier verständlicherweise nicht umfassend gelistet werden, zumal jedes spezifisch angelegte Adressenverzeichnis immer nur eine Momentaufnahme aus logarithmischen Wachstumsprozessen sein kann. Nur eine kleine Auswahl mit klarer Appetizerfunktion und als Starthilfe für die erfolgreiche Treibjagd nach interessanten Quellenhinweisen und sonstigen Materialien ist die folgende:

- www.gfbs-home.de (Aspekte der globalen Biodiversität),
- www.bfn.de (Bundesamt für Naturschutz, zahlreiche Datenbanken),
- www.bildungsserver.de (Unterrichtsmaterialien, Linklisten),
- www.botanikus.de,
- www.dhm.de/links (Verzeichnis mit Links zu Museen weltweit),
- www.dimdi.de (medizinisch-biowissenschaftliche Datenbanken),
- www.fao.org/agris,
- www.fiz-technik.de (Datenbank für Normen und Patente),

3.3 Onlinerecherche

- www.geodok.uni-erlangen.de,
- www.edoc.hu-berlin.de (elektronische Dissertationen u. a.),
- www.oaster.org (elektronische Publikationen weltweit),
- www.id-natur.de (Literaturdatenbank für Ökologie und Naturschutz),
- www.mcb.harvard.edu,
- www.medidaprix.org,
- www.medknowledge.de,
- www.destatis.de (Statistisches Bundesamt),
- www.treeoflife.com,
- www.umweltbundesamt.de/uba-datenbanken,
- www.biodiversitylibrary.org (Digitalisierungsprojekt für taxonomische Literatur),
- www.physikportal.de,
- www.vivaphys.de und
- www.chem.de

bieten neben den oben benannten Datenbankverzeichnissen Einstiegshilfen in die Fachdatenbanken der Physik und Chemie. Neueste Wissenschaftsnachrichten und jüngste Entdeckungen finden Sie übrigens unter der täglich erneuerten Seite

- www.scicentral.com.

Eine sehr gute Einführung in die Benutzung der unterdessen zahlreich vorhandenen biologischen Datenbanken zur Abfrage von Genomanalysen, Proteinsequenzen oder einzelnen Genkarten mit speziellem Codierungsprofil für bestimmte Enzyme bieten Selzer et al. (2003).

Für den geowissenschaftlichen Bereich und seine Nachbardisziplinen (beispielsweise Bodenkunde, Vegetationskunde und Landschaftsökologie) ist hinzuweisen auf die unterdessen zu beachtlichen Werkzeugen herangereiften Geoinformationssysteme (GIS), die nicht nur Behörden oder Firmen, sondern auch Privatpersonen zugänglich sind. Zu Details der Nutzung beraten die jeweiligen Landesämter für Geobasisdaten (Landesvermessungsämter). Zum Einstieg empfehlenswert sind:

- www.geomis.bund.de (Geodatensuchmaschine für die BRD) und
- www.geodatenzentrum.de (Onlinebezug von Geodaten).

Beachten Sie bitte unbedingt den folgenden Hinweis: Dieses Kapitel zeigt Ihnen lediglich die wichtigsten Möglichkeiten der Onlinerecherche nach dem Informationsstand Sommer 2013 auf. Die hier versammelten Hinweise und Listen können Ihnen folglich keine auch nur halbwegs kompletten oder gar superaktuellen Linksammlungen anbieten. Außerdem ist zu berücksichtigen, dass (manche) URLs durchaus eine beunruhigend kurze Halbwertszeit haben. Ihr PC-Monitor informiert Sie über diesen entnervenden Sachverhalt mit der lakonischen Botschaft „Diese Seite kann zurzeit nicht angezeigt werden".

Wenn Sie nun beispielsweise im Zeitschriftenbestand der Universitätsbibliothek Heidelberg, beim Institut für Pflanzengenetik und Kulturpflanzenforschung Gatersleben (IPK) oder im Sondersammelgebiet „Küsten- und Hochseefischerei" der Staats- und Universitätsbibliothek Hamburg (SUB) fündig geworden sind und nun die genaue Bibliographie eines interessanten Dokumentes kennen, halten Sie – sofern keine Onlinevolltextrecherche möglich ist, die benötigte Information natürlich noch nicht lesefertig in Händen. Für diesen wahrscheinlichen Bedarfsfall sind die (gebührenpflichtigen) Lieferdienste der deutschen Bibliotheken für Zeitschriftenaufsätze ein hilfreiches Angebot, darunter

- www.subito-doc.de.

Subito ist schnell (Lieferzeit 3 Tage), aber relativ teuer (je Aufsatz für Hochschulangehörige 5–10 €). Preiswerter, aber nicht ganz so schnell ist die traditionelle Fernleihe. Wer nicht die Zeit aufbringen kann, sich in die umfangreichen Recherchemöglichkeiten einzuarbeiten, oder die Ergebnisse der eigenen Literatursuche ergänzen oder kontrollieren möchte, kann beispielsweise die Dienste von KöBes (Kölner Bibliotheksservice für Literaturrecherchen) in Anspruch nehmen: Hier sucht man für Sie in den knapp 500 Datenbanken der Universitäts- und Stadtbibliothek Köln

- www.ub.uni-koeln.de/service/koebes/index_ger.html.

Auch an anderen Hochschulbibliotheken bieten die zuständigen Fachreferenten Recherchedienstleistungen an – informieren Sie sich auf den Webseiten Ihrer Bibliothek über die Möglichkeiten direkt vor Ort.

3.3.4 Weitere Informationsquellen

Besondere Themen erfordern spezielle Rechercheabläufe. Fallweise wird man daher auch außerhalb der offiziellen Informationsstellen nach brauchbarem Material fahnden. Während man für Themen aus der molekularen oder organismischen Biologie mit konventionellen Bibliotheken und elektronischer Datenbankabfrage zumindest die neueren Entwicklungen in den betreffenden Forschungsfeldern im Allgemeinen nahezu lückenlos erfassen kann, muss man sich bei eher ökologischen bzw. landschaftsspezifiischen Fragestellungen auch andere Informationsquellen erschließen, die in den üblichen Dokumentationssystemen oft (noch nicht) ausreichend erfasst sind. Hier helfen beispielsweise kleinere Spezialarchive weiter, darunter

- Forsteinrichtungspläne der staatlichen oder privaten Forstverwaltungen und
- Beobachtungstagebücher von Naturschutzverbänden und Privatpersonen. Behörden, Organisationen, Verbänden, Biologische Stationen oder vergleichbare Institutionen auf den verschiedenen Verwaltungsebenen (Kommune, Kreis, Regierungsbezirk, Bundesland).

Viele dieser Institutionen produzieren eine Menge Literatur, die in den wissenschaftlichen Bibliotheken allerdings kaum auffindbar oder gar nicht vertreten ist, aber zumindest eine anregende Einstiegslektüre in die eine oder andere Themenfacette hergibt. Umweltämter, Dienststellen der Wasserwirtschaft und Landwirtschaftskammern (mit ihren agrarmeteorologischen Diensten) verfügen oft über langjährige, aber nicht offiziell veröffentlichte Messreihen, die bemerkenswerte Details oder Zusammenhänge abwerfen. Bei den Geologischen Landesämtern (heute mehrheitlich Ämter für Geobasisinformation genannt) oder in den Fachmuseen ruhen ebenfalls verborgene und so nicht unbedingt im Onlineverfahren recherchierbare Schätzchen. Erfahrungsgemäß wird man also je nach Recherchenprofil auch in solchen Materialangeboten fündig oder erhält zumindest brauchbare Hinweise auf weitere „Koordinaten" oder Fixpunkte, wo sich möglicherweise Findstellen für die genauere Nachsuche lokalisieren lassen. Nicht zu unterschätzen ist übrigens – wie auch bei sonstigen Gelegenheiten – das direkte und meist ergebnisreiche Gespräch mit sachkundigen Mitmenschen von ausgewiesener Expertise, beispielsweise bei Tagungen, Messen, Seminaren oder Workshops.

3.4 Akut oder latent? Warnung vor Plagiaten

Offenbar ist das aufwendige Schreiben einer Semester- oder Examensarbeit mit eigener Materialrecherche und möglicherweise mühsamer, aber eigenständiger Materialaufbereitung nicht unbedingt jedermanns Sache. Daher könnte man wohl in Versuchung geraten, sich das Leben ein wenig zu erleichtern und nach alternativen Wegen zur Erledigung einer eigenen wissenschaftlichen Arbeit zu suchen. Wo eine offenbar drängende Nachfrage besteht, reagiert die freie Marktwirtschaft mit entsprechenden direkten Angeboten: Via Internet kann man sich tatsächlich ein reichhaltiges Sortiment vorfabrizierter und fallweise sogar hervorragend benoteter Texte ins Haus holen. Die Adresse www.kosh.de ist eine Metasuchmaschine, die gleich mehrere einschlägige Anbieter bündelt. Unter www.fundus.org und www.hausarbeiten.de findet sich ein breit gefächertes Textangebot vor allem für den schulischen Bereich, während www.diplomarbeiten.de oder www.grin.de fertige Komplettbausätze auch für wissenschaftlich anzulegende Arbeiten im Hochschulsektor anbieten. Unter www.schoolsucks.com können finanziell Unabhängige sich ihre Arbeit sogar extern schreiben lassen. In den USA soll bereits ein rundes Drittel der Hausarbeiten an Colleges und Universitäten aus solchen Schwarzmarktangeboten hervorgegangen sein. Auch für Deutschland geht man unterdessen von einer möglicherweise ähnlichen Größenordnung aus (vgl. Ihlenfeldt 2002; Wirth 2002). Andererseits bestehen über verschiedene Netzadressen wie etwa www.turnitin.com, www.plagiserve.com oder www.zum.de auch schon entsprechende Onlinetextvergleichsdienste, mit denen man im Verdachtsfall oder routinemäßig in eingereichten Arbeiten nach Übereinstimmungen mit anderen Quellen fahnden kann. Vertrauen Sie also nicht darauf, dass ein Leser Ihrer Arbeit die kritische Nadel im Heuhaufen schon nicht finden wird.

Die gezielte Vorteilnahme mithilfe von eindeutigen Plagiaten ist aber nun keineswegs ein belächelbares Kavaliersdelikt, sondern ein krimineller und möglicherweise folgenreicher Akt, vor dem man Sie nur nachdrücklich warnen kann. Auch für den Hochschulbereich gilt die von den Kultusministerien für Schulen erlassene Regelung, dass eine komplette Arbeit auch dann nicht bewertet wird, wenn nachweislich nur ein Textabsatz ein Plagiat enthält. Lassen Sie sich also unter keinen (!) Umständen auf solche dubiosen und strafbaren Beschaffungsdelikte ein – auch wenn es auf den ersten Blick so scheinen mag, dass der Ehrliche mal wieder der Dumme ist (Wickert 1996). Ziele spezieller und bedauerlicherweise auch erfolgreicher Nachrecherchen (angeblich) eigenständiger Publikationen waren in jüngerer Zeit vor allem Persönlichkeiten aus der Politszene, in der sich schon immer allerhand Paradiesvögel tummelten. Bezeichnenderweise kamen gerade aus diesem Lager diverse Versuche, das Plagiieren zu bagatellisieren. Der Deutsche Hochschullehrerverband (DHV) und der Verband Biologie, Biowissenschaften & Biotechnik in Deutschland (VBio) hat sich davon in klaren Worten distanziert (http://www.vbio.de/e26/e16497/e17162/index_ger.html). Diese eher unrühmlichen und den seriösen Wissenschaftsbetrieb bedauerlicherweise enorm diskreditierenden Beispiele sollten eine eindringliche Warnung sein. Sie mahnen aber auch in geradezu erschreckendem Maße an, wie relativ leichtfertig (angeblich) kompetente und (vermeintlich) seriöse Gutachter die eingereichten Arbeiten abnicken und aus Gefälligkeit, Desinteresse oder angeblicher Überlastung einfach durchwinken. Evidentermaßen scheint dies vor allem in den sogenannten Geisteswissenschaften eine bislang verbreitete Praxis zu sein. Hier hat das Berufsethos kläglich versagt. Die landesweit aufmerksam und kritisch begleiteten Fälle stellen der schonungslos investigativen Medienöffentlichkeit in diesen Fällen ein hervorragendes Zeugnis aus. Wer plagiiert, gehört nicht in eine leitende Regierungsfunktion, sondern bestenfalls in die Registratur.

Lassen Sie sich auf keinen Fall auf vergleichbare opportunistische Machenschaften ein! Das Wissenschaftsethos der Naturwissenschaften verbietet zu Recht strikt, unnachgiebig und eindeutig jegliche Manipulation oder illegitimen Übernahmen zum Vorteil der eigenen Person. *Caveant auctores!*

3.5 Ein paar Grundbegriffe zum Buch

Das Bibliotheks- ebenso wie das Buchhandelswesen befassen sich professionell mit der komplexen Materie „Buch", und so kann es im Prinzip natürlich nicht verwundern, wenn sich auch in diesen Tätigkeitsfeldern im Laufe der Zeit eine besondere Fachsprache entwickelt hat. Das betrifft beispielsweise die jeweiligen Formate, in denen die Bücher erschienen sind. Tabelle 3.2 listet die häufigsten Angaben auf.

Oktav ist dabei das am häufigsten verwendete Buchformat.

Siglen und Akronyme In den Onlinekatalogen der Bibliotheken oder in sonstigen Verzeichnissen, darunter auch in den Titelbeschreibungen der Internetantiquariate, tauchen nicht selten besondere Bezeichnungen auf, die nicht ohne Weiteres selbstverständlich sind.

3.5 Ein paar Grundbegriffe zum Buch

Tabelle 3.2 Wichtige Angaben zur Kennzeichnung von Büchern

Kürzel	Benennung	Maß (Buchrückenhöhe) in cm
12°	Duodez	bis 12
Kl. 8°	Klein-Oktav	bis 18,5
8°	Oktav	bis 22,5
Gr. 8°	Großoktav	bis 25
4°	Quart	bis 35
Gr. 4°	Groß-Quart	bis 40
2°	Folio	bis 45
Gr. 2°	Groß-Folio	über 45

Die Siglen (singular: das Sigel oder die Sigle) sind Kunstwörter – aus Buchstaben und/oder Zahlen zusammengesetzte Kurzbegriffe zur genaueren Bezeichnung von Titeln oder Findorten relevanter Literatur. Man findet sie beispielsweise als Kurzform für die Benennung häufig zitierter Zeitschriften, beispielsweise in der Form NR für Naturwissenschaftliche Rundschau oder VCH für den Verlag Chemie. Besondere Bibliothekssigel dienen dazu, einzelne Bibliotheken in Kurzform zu benennen, um sie etwa in Verbundkatalogen oder im Leihverkehr einfacher auflisten zu können.

Ein Akronym ist dagegen ein Kurzwort, das aus den (immer groß zu schreibenden) Anfangsbuchstaben mehrerer Wörter zusammengesetzt ist. Beispiele aus den Anwendungsfeldern der Naturwissenschaften sind ATP = Adenosintriphoshat, DOPA = Dihydroxyphenylalanin, GPS = Global Positioning System oder PCR = Polymerase Chain Reaction. Akronyme dienen auch der Bezeichnung von Institutionen oder Verbänden, beispielsweise AWI = Alfred-Wegener-Institut, BUND = Bund für Umwelt und Naturschutz Deutschland oder LVR = Landschaftsverband Rheinland. Unter einem Apronym versteht man eine Sonderform des Akronyms, das ein bereits bestehendes Wort von ganz anderer Bedeutung ergibt. Ein wunderbares Beispiel ist das von der staatlichen Finanzverwaltung eingeführte Kürzel ELSTER für ELektronische STeuerERklärung: In der öffentlichen Wahrnehmung gilt die Elster als diebischer Vogel und mancherorts auch als Unglücksbote. Angesichts der Humorlosigkeit der Finanzbehörde darf man in diesem Fall wohl von unfreiwilliger Komik ausgehen.

Buchbauteile Für den kompetenten Umgang mit dem traditionellen Informationsmedium Buch mag auch Abb. 3.2 hilfreich sein. Sie benennt alle wichtigen Bauteile eines Buchs, die in der einen oder anderen Variante oftmals Bestandteil von Katalogangaben in größeren öffentlichen Bibliotheken sind.

Satzspiegel Bei einem Druckerzeugnis (Buch, Zeitschrift u. a.) bezeichnet der Satzspiegel die vom gewöhnlichen, fortlaufenden Text (= Lauftext) eingenommene Fläche. Den Satzspiegel begrenzen seitlich sowie oben und unten die von Gedrucktem freibleibenden

Abb. 3.2 Komponenten eines gebundenen Buchs

Stege. Innerhalb des Satzspiegels stehen die Textspalten (Kolumnen), Grafiken, Bilder sowie etwaige Fußnoten. Außerhalb des Satzspiegels befinden sich der Kolumnentitel, die Seitenzahl (Pagina) und andere Angaben, beispielsweise die Bogennorm (Signatur). Ein lebender Kolumnentitel wechselt von Seite zu Seite; er benennt in Kurzform den Seiteninhalt und besteht aus der jeweils zugehörigen letzten Abschnitts- oder Kapitelüberschrift. Ein toter Kolumnentitel ist über mehrere Seiten gleichlautend und benennt nur die Hauptüberschrift des betreffenden Kapitels. Der Kolumnentitel orientiert sich stets zum Innensteg, die Seitenzahl dagegen zum Randsteg (Abb. 3.3).

3.5 Ein paar Grundbegriffe zum Buch

Abb. 3.3 Gestaltungselemente einer Buchseite

Im Allgemeinen richten Hersteller, Layouter, Typografen oder Drucker eine Buchseite so ein, dass der Satzspiegel nach Breite und Höhe in einem harmonischen Verhältnis steht und auch zum gewählten Papierformat passt. Oft verwendet man dabei als Teilungsverhältnisse die Proportionen des Goldenen Schnitts, die Villard'sche Figur mit den zugehörigen Fibonacci-Zahlen. Der Goldene Schnitt bezeichnet auch in der Natur häufig vertretene und von ihr übernommene Proportionen, bei der sich eine kürzere Strecke (Minor) zu einer längeren (Major) verhält wie die längere zur gesamten ungeteilten Strecke. In Zahlen ausgedrückt beträgt das Streckenverhältnis 1 : 1,6. Die entsprechende Zahlreihe nach Fibonacci (nach Leonardo da Pisa genannt Fibonacci, ca. 1180–1240) zur Festlegung der Seitenverhältnisse lautet 2 : 3 – 3 : 5 – 5 : 8 – 8 : 13 – 13 : 21 … Die Konstruktion eines ausgewogenen Satzspiegelformats auf einer DIN A4-Seite nach dem Villard'schen Teilungskanon (nach Villard de Honnecourt, 13. Jhdt., genaue Lebensdaten unbekannt) zeigt Abb. 3.4. Dabei fällt auf, dass der Außen- oder Randsteg jeweils breiter ist als der Bundsteg, der Kopfsteg schmaler als der Fußsteg. Das Maßverhältnis der vier Stege beträgt im Allgemeinen 2 (B) : 3 (R) : 4 (K) : 6 (F). Für die Seiteneinteilung einer Arbeit (vgl. Abschn. 10.3) verfährt man geringfügig anders.

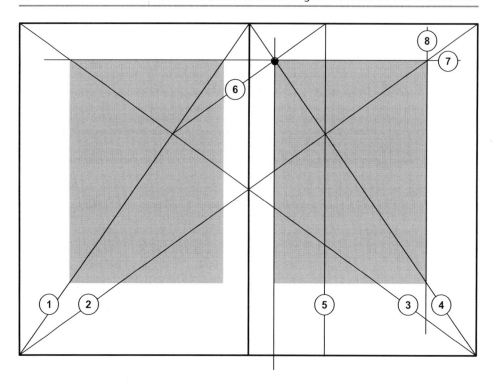

Abb. 3.4 Konstruktion des Satzspiegels nach dem Villard'schen Teilungskanon. Die *Zahlen* geben die Reihenfolge der zu ziehenden Diagonal- und Parallellinien an. Nach Eintragung von Linie 6 liegt der erste Eckpunkt des Satzspiegels für die rechte Seite fest

Der Teil und das Ganze – Textsorten und ihre Bausteine

4

Lesen ist notwendigerweise ein integraler Teil schon der Schulkarriere und später des gesamten Studiums. Im Studium der Naturwissenschaften gehören in den anfänglichen Semestern wohl vor allem die einschlägigen Lehrbücher zur Routinelektüre des Vor- und Nachbereitens, sinnvollerweise flankiert von Zeitschriften, die neue Trends vorstellen und Übersichtsberichte bringen (z. B. *Biologie* bzw. *Chemie, Pharmazie* resp. *Physik in unserer Zeit*) oder sich in ihrer Themenauswahl interdisziplinär verstehen (beispielsweise *Naturwissenschaftliche Rundschau, Spektrum der Wissenschaft, Die Naturwissenschaften, Scientific American, BioSpektrum, New Scientist* u. a.). Spätestens wenn das Studium in die Zielgerade einbiegt, gehört selbstverständlich auch die Lektüre oder Recherche von Originalbeiträgen in einer der weltweit mehreren zehntausend naturwissenschaftlichen Zeitschriften (allein in den Biowissenschaften deutlich >6000 und zunehmend überwiegend oder ausschließlich online als *Electronic Journals*) zum normalen Ablauf. In diesem wahrhaftig gigantischen Pool gedruckter Information sind nun wirklich jedes fachinterne Sachgebiet, jede nur denkbare Organismengruppe und eine Vielzahl besonderer Methoden mit Spezialperiodika reichlich vertreten. Schon allein eine Titelrevue im meist wohl nur eingeschränkten Zeitschriftenbestand einer Instituts- oder Zentralbibliothek lässt die Frage aufkommen, woher denn die aktuelle Forschung überhaupt noch ihre Themen beziehen mag.

Neben dem Lesen und Zuhören in Seminaren und Vorlesungen oder dem in den Naturwissenschaften ausgiebig praktizierten Tun in Kursen und Übungen gehört nun auch das Schreiben zum üblichen Semester- bzw. Studienablauf. Hier fühlen sich viele Studierende unnötigerweise ernsthaft ausgebremst, weil die Erfahrung oder eine brauchbare Anleitung und oft sogar beides fehlen. Die folgenden Empfehlungen sind sozusagen ein praxisorientierter Guide zum Wohlfühlen auf einer angeblichen Geisterbahn.

4.1 Schreiben im Studium ... und danach

Bei fast allen Gelegenheiten, die sich aus der Bildung und Ausbildung während der Schulzeit und im Gesamtablauf des Studiums ergeben, produziert man mit Berichten, Dokumentationen, Exzerpten, Hausarbeiten, Mitschriften, Notizen, Protokollen, Referaten oder Thesenpapieren eine Fülle unterschiedlicher Textsorten, als kontinuierliche ebenso wie auch als diskontinuierliche Texte in Form von Grafiken oder Tabellen. Dabei durchlebt man die gesamte Bandbreite zwischen Übung und Ernstfall. Die vorläufige Krönung der ständig beschäftigten eigenen Schreibwerkstatt ist die zeitlich mit dem Examen gekoppelte Abschlussarbeit, bisher je nach gewähltem Studiengang die von den Prüfungsordnungen so vorgesehene Schriftliche Hausarbeit im Zusammenhang mit dem ersten Staatsexamen, die Diplom- bzw. Magisterarbeit und neuerdings eine Bachelor- sowie Master- und gegebenenfalls eine Promotionsarbeit (Dissertation). Selbst nach dem glücklichen Studienabschluss bleibt das Aufgabenfeld „Texte erzeugen" gewöhnlich erhalten: Eventuell sind die mitteilenswerten neuen Ergebnisse der eigenen wissenschaftlichen Untersuchung als Zeitschriftenpublikation aufzubereiten und ein entsprechendes Manuskript zu erstellen. Zum zweiten Ausbildungsabschnitt der Lehramtskandidaten (Referendariat) gehört eine weitere schriftliche Arbeit mit vorwiegend didaktisch-wissenschaftlichem Anspruch. In jedem anderen wissenschaftsorientierten Beruf außerhalb von Schule und Hochschule fallen projektbedingte Analysen, Anträge, Auswertungen, Exposés, Gutachten, Jahresberichte, Präsentationen, Posterfassungen, Projektbeschreibungen, Sachstanddarstellungen, Vortragsfassungen und vielerlei weitere schriftliche Fixierungen der eigenen Auseinandersetzung mit theoretischer oder angewandter Wissenschaft an.

Buchbesprechungen, Essays, Gutachten, Interviews oder Sitzungsprotokolle kommen im Studium der Naturwissenschaften nur ausnahmsweise vor und können daher in der folgenden Gebrauchsanleitung übergangen werden. Solche speziellen Textsorten – und ebenso die verschiedenen eher journalistischen Darstellungsformen – fallen eher in der beruflichen Praxis nach abgeschlossenem Studium an. Die Allgemeinkenndaten ihrer äußeren Gestaltung lassen sich aber sehr wohl aus den folgenden Empfehlungen entnehmen. Diese sind auch dann anwendbar bzw. relevant, wenn – wie an vielen Hochschulen unterdessen praktiziert – die betreffenden Arbeiten in englischer Sprache vorzulegen sind.

Eine jede dieser verschiedenen Textsorten (vgl. Tabelle 4.1) hat zwar ihr eigenes Anforderungsprofil, aber andererseits stellen sie zumindest anteilig nur formale Varianten eingeführter, „in der Szene" üblicher Erstellungs- und Gestaltungstechniken dar. Dieses Kapitel beschränkt sich gerade auf solche Textsorten, die einen klaren Adressatenbezug haben, also für eine kleinere oder größere Leserschar aus der großen Wissenschaftsgemeinde gedacht sind, vertreten in diesem speziellen Fall vor allem durch den Betreuer, Gutachter bzw. Prüfer.

Hier geht es also zunächst um Aufbau, Gliederung und Strukturierung solcher Papiere, während die textlich-stilistische Gesamtgestaltung und das äußere Erscheinungsbild Gegenstände der beiden Folgekapitel sind. Andere betriebsbedingte Textsorten, darunter Exzerpte, Notizzettel, Laborkladden, Feld- und Beobachtungstagebücher oder Vortrags-

Tabelle 4.1 Textsorten – nach Dauerhaftigkeit und Adressatenbezug

	überwiegende Verwendung		
	nur intern	⟶	fast nur extern
Bausteine	Exzerpt Mitschrift Notiz Portfolio	Exposé Grafik Tabelle	
Zwischenlager	Auswertung Beobachtungsbuch Feldbuch Laborbuch Laborkladde Protokollheft	Exkursionsbericht Hausarbeit Laborbericht Projektbericht Protokoll Referat Teampapier Thesenpapier	Brief Nachricht
Endversionen	Manuskript Zwischenbericht	Analyse Antrag Jahresbericht Projektbeschreibung Vortragsskript	Abschlussarbeit Bachelorarbeit Dissertation Dokumentation Facharbeit Masterarbeit Präsentation Publikation Seminararbeit

manuskripte sind in erster Linie „extracerebrale Gedächtnisse" für den zunächst nur persönlichen Gebrauch. Sie werden hier ebenfalls nicht weiter zu behandeln sein. Man kann zwar ausgiebig über das empfehlenswerte Layout von Karteikarten und Notizblöckchen diskutieren (vgl. Eco 2002), aber die spezifische Natur dieser zweifellos sinnvollen Werkzeuge können wir hier sicherlich übergehen. Dagegen sind die folgenden Empfehlungen zu Form und Stil durchaus auch sinnvoll und beherzigenswert für Klausuren, die man – leicht euphemistisch – auch als „schriftliche Lernerfolgskontrollen" bezeichnet.

4.1.1 Die Form folgt der Funktion

Es ist fast so wie im richtigen Leben: Verpackung und Inhalt entsprechen sich auch im Schriftgut. Gewiss haben berühmte Zeitgenossen auch aus der Wissenschaftsszene ihre genialen Einfällen zunächst einmal auf Bierdeckel, Menükarte vom Kaffeehaus, Ansichtspostkarte oder Einkaufszettel festgehalten – die nachträgliche Legendenbildung kennt viele solcher moderner Mythen, deren Wahrheitsgehalt vielleicht einen ähnlich wahren Kern hat wie in der Geschichte von der Vogelspinne in der neu gekauften Yuccapalme. Natürlich sind die zunächst nur flüchtig hingeworfenen Notizen eine vorläufige Fassung und bekommen ebenso selbstverständlich ein etwas dauerhafteres, nach bestimmten Stilkonventionen formvollendetes Substrat, bevor sie als gezielte Botschaften mit klarem Adressatenbezug in die Öffentlichkeit gelangen dürfen.

Genauso verhält es sich mit den im Studium erzeugten Textsorten. Die ersten gedanklichen Umrisse sind vielleicht höchstens eine verschleierte Anmutung. Dann folgt meist ein handschriftliches und deswegen wörtlich zu nehmendes „Manu"skript mit heftigen Streichungen und Umstellungen (man kennt solche übrigens auch von bedeutenden Autoren anderer Branchen, beispielsweise von Thomas Mann …). Dann erst schließt sich die vorweisbare, konsistent durchgestaltete Endversion an, die „wie gedruckt" aussehen kann und soll – im Zeitalter arrivierter Textgestaltung per Computer fast schon eine Selbstverständlichkeit.

Die genaue Form der Schlussfassung ist je nach Adressatenkreis (Zielgruppe) und Verwendungszweck etwas verschieden. Die folgenden Abschnitte stellen für die häufigsten anfallenden Textsorten des Studienbetriebs eine optionale, aber vielfach erprobte und deswegen empfehlenswerte Basisgliederung und Aufmachung vor – allerdings immer unter dem leisen Vorbehalt, dass instituts- oder seminareigene Usancen fallweise ein leicht modifiziertes Grundmuster vorgeben. Manche Hochschulen bzw. Fachbereiche stellen – vor allem aus Gründen ihres jeweiligen *Corporate Designs* – differenzierte Formatvorlagen zur Verfügung. Hier wird es also zunächst nur um den äußeren, gliedernden, textsortenspezifischen Rahmen einer schriftlichen Arbeit gehen, die man als qualifizierende Ausbildungs- bzw. Studienleistung abliefern muss. Fragen des Layouts und sonstige technische Belange des Gestaltens behandeln die Folgekapitel 9 bis 11.

Übrigens: Die hier – oder später – mitgeteilten Empfehlungen gelten auch ohne Einschränkung für das Abfassen von Examensklausuren.

4.1.2 Textumfänge

Eine der ersten Fragen, die Schüler ebenso wie Studierende als Novizen der schreibenden Zunft erfahrungsgemäß stark bewegt, betrifft den anzupeilenden Umfang einer schriftlichen Arbeit. Pauschal kann man dieses Problem nur unter Hinweis darauf angehen, dass es auch in einem gut befüllten Portefeuille weniger auf die Anzahl der Banknoten ankommt, sondern eher auf deren Stückelung und Nennwert. Eine der Schlüsselpublikationen des 20. Jahrhunderts, welche die Biowissenschaften nun wirklich nachhaltig verändert haben, war die „Molecular Structure of Nucleic Acids" von J. D. Watson und F. H. C. Crick, erschienen am 25. April 1953 in Band 171/Nummer 4356 der Zeitschrift *Nature*: Diese folgenreiche Mitteilung füllte gerade je eine Spalte der Seiten 737 und 738. Otto Hahns und Fritz Straßmanns nicht minder grundlegende Mitteilung über die Spaltung von Uran nach Neutronenbeschuss umfasste die kleinformatigen Seiten 11–15 in Band 27 der Zeitschrift *Naturwissenschaften* (1939).

Von solchen bedeutsamen Weichenstellungen der Wissenschaftsgeschichte sind studentische Arbeiten vermutlich zunächst noch etwas entfernt, aber dennoch gilt auch hier die

Tabelle 4.2 Optionale bzw. übliche Umfänge für schriftliche Arbeiten

Textsorte	DIN A4-Seiten[1]	Zeichen/Anschläge[2]
Exkursionsbericht, Versuchsprotokoll, Laborreport	3–6	6500–13.000
Referat, andere Hausarbeit	12–20	25.000–50.000
Bachelorarbeit	35–50	75.000–110.000
Master-, Diplom-, Staatsexamensarbeit	60–100	130.000–220.000
Dissertation	>100	>220.000

[1] Im Seitenlayout der Empfehlungen von Kap. 10.
[2] Die Angaben berücksichtigen, dass mit Computer-Proportionalschrift erstellte Textseiten erheblich mehr Zeichen/Anschläge enthalten als die herkömmliche 1800er-Schreibmaschinenseite.

Empfehlung, den Textumfang nicht unnötig aufzublähen. Die in Tabelle 4.2 benannten Textumfänge sind daher auch keineswegs starre Vorschriften, sondern allenfalls Erfahrungsgrößen und ungefähre Richtwerte mit gewissem Spielraum. Abweichungen davon sind denkbar, erhebliche Überhänge jedoch eher ungünstig. Jeder Gutachter oder Prüfer liest einen präzise formulierten, knappen Text wesentlich lieber als ein weitschweifiges, langatmiges Opus voller Redundanzen, das über Dutzende von Seiten nicht auf den Punkt kommt.

Besprechen Sie die Umfangsfrage rechtzeitig mit Ihrem Prüfer bzw. Betreuer, der Ihnen das Thema einer abzuliefernden Ausarbeitung stellt – er könnte hinsichtlich der erwarteten Seitenzahl individuelle Vorstellungen haben oder entsprechend den jeweiligen Institutsusancen sogar strikte Unter- und Obergrenzen festlegen (vgl. Checkliste in Kap. 10).

Je nach Anlass einer Arbeit oder einer bearbeiteten Thematik fallen Materialien an, die nicht unmittelbar in den Textlauf des Hauptteils gehören. Das können im Einzelfall beispielsweise Arbeitsblätter, Fragebögen, Lagekarten, Konstruktionszeichnungen, Messprotokolle, Statistiken, Tabellen mit zahlreichen Übersichtswerten, Transkripte von Interviews, Urkundenkopien oder sonstige eventuell ziemlich umfangreiche Dokumente sein. Wenn diese einen größeren Seitenbedarf erfordern, führt man sie zur Entlastung des Hauptteils in einem als solchen gekennzeichneten Anhang zusammen. Sollte diese Dokumentation sehr umfangreich ausfallen, kann man auch die Erstellung eines eigenen Anhangbandes erwägen oder den gesamten Fundus auf einer beizufügenden CD-ROM niederlegen.

Bei Arbeiten, die nicht direkt zum Examen gehören, ist Gruppenarbeit zum Trainieren der Teamfähigkeit nicht nur möglich, sondern sogar ausdrücklich erwünscht. In solchen Fällen erhöhen sich die benannten Seitenumfänge je Teammitglied um etwa 20–40 %. Bei Examensarbeiten, die im Zweierteam angefertigt werden (was je nach Prüfungsordnung zulässig ist), sollten die jeweiligen Anteile ausgewogen sein und angenähert 50 % betragen. In der fertigen Arbeit muss der Einzelbeitrag aller Beteiligten jeweils klar erkennbar und bereits im Inhaltsverzeichnis individuell zugeordnet dokumentiert sein.

▸ **PraxisTipp Anforderungsprofil** Klären Sie den Erwartungshorizont und alle formalen Belange Ihrer schriftlichen Arbeit mit dem Themensteller bzw. Betreuer vor der Startphase ab (vgl. Abschn. 10.9).

4.1.3 Ideenbaum und Gedankenfluss

Dem französischen König Ludwig XI. (1461–1483) schreibt man die griffige Erfolgsformel *divide et impera* (teile und beherrsche) für das Regieren zu. Dieses einfache Strategierezept gilt uneingeschränkt auch für die Behandlung komplexer gedanklicher Problemfelder. Vielschichtige, zunächst unübersichtliche oder sonst wie verworrene Sachzusammenhänge werden überschau- und damit auch beherrschbar, wenn man sie in eine Anzahl von Teilaufgaben auffächert. Für die eigene Schreibpraxis bedeutet diese im Prinzip banale Einsicht, dass die anfangs vielleicht noch reichlich amorphe Gestalt eines Themas schrittweise klarere und konkrete Konturen gewinnt, sobald man seinen Gegenstand begrifflich durchgliedert. Es ist ähnlich wie in der Anatomie: Von außen ist nicht viel zu erkennen, aber nach der sezierenden Aufgliederung werden vielerlei funktionale Zusammenhänge sichtbar.

Die Naturwissenschaften bieten den großen Vorteil, dass ihre Beschreibungs- und Forschungsgegenstände grundsätzlich Systemcharakter aufweisen. Die Inhalte sind damit in Einzelkomponenten zerlegbar wie ein klassisches Uhrwerk. Ob es nun besonders große Stoffteilchen oder ihre Verbände sind, in denen sich die Interessenfelder der makromolekularen Chemie und der Molekularbiologie überschneiden, oder Ökosysteme, die aus bestimmten und zumindest ansatzweise überschaubaren Funktionsgliedern zusammengesetzt sind – immer befasst sich die analysierende, beschreibende, bewertende Darstellung mit einem Gefüge verschiedener zugeordneter Komponenten, eben mit Systemen oder Systemebenen sowie ihren Funktionsbeziehungen. Wenn man die Enzyme der mitochondrialen Matrix analysiert, die gürtelförmige Vertikalzonierung der Benthoslebensgemeinschaften einer Hartsubstrat-Gezeitenküste beschreibt oder die Form-Funktion-Entsprechungen von Blüten und bestäubenden Hymenopteren zu bearbeiten hat, gibt der zu behandelnde Gegenstand die stoffliche Gliederung zumindest im Grobgerüst vor. Bei anderen Themen, beispielsweise in der Neubearbeitung der Geschichte der Chromosomentheorie oder bei der Bearbeitung eher randständiger Problemfelder wie der Bewertung ganzheitlich-anthroposophischer Gesundheitskonzepte und deren etwaige Abhängigkeiten von den Mondphasen, mögen der innere Aufbau und die daraus abzuleitende Grobgliederung auf den ersten Blick weniger klar erkennbar sein.

Von daher erscheint es bei Texten zu naturwissenschaftlichen Themen eventuell unnötig, sich zunächst einmal auf eine gedankliche Warmlaufstrecke zu begeben und etwa eine Mindmap (auch: das mind-map) mit seinen wichtigsten Begriffsketten und Problemverästelungen als Assoziationsfächer anzulegen. Aber im Zweifelsfall lassen sich auf diese Weise zumindest die wichtigeren Schlüsselbegriffe vom letzten einfallsreichen Ideenbummel zwischenspeichern. Handschriftlich funktioniert das übrigens wesentlich effektiver oder schneller als mit einer entsprechenden Shareware aus dem Internet. Eine solche

4.1 Schreiben im Studium … und danach

Abb. 4.1 Beispiel einer Mindmap mit unvernetzten Begriffsketten und vorsortierten Stichwortclustern

Vorstrukturierung zur Conceptmap (concept-map), wie sie viele Schreibtrainingsprogramme nachdrücklich, allerdings überwiegend für den belletristischen Kreativbereich (Essay, Kurzgeschichte) empfehlen (vgl. von Werder 2002; Esselborn-Krumbiegel 2008), mag also im Einzelfall durchaus bedenkenswert und hilfreich sein. Außer Assoziationsfächern (vgl. Abb. 4.1 bis 4.3) können Sie das gedankliche Grundgerüst anhand der tragenden Begriffe auch in Assoziationsketten oder in anderen Geometrien skizzieren. Mindestens so empfehlenswert ist jedoch eine dynamische, ständig fortgeführte Stichwortsammlung zu den wichtigsten Aspekten, die man eigens herausstellen möchte. Das Ganze erinnert schon bald an die Wachstumsabläufe bei Pflanzen: Es finden sich Hauptachsen und Seitenverzweigungen in verschiedener morphologischer Abhängigkeit.

Die Aneinanderreihung inhaltlich zusammengehörender Sachbegriffe bzw. begrifflicher Assoziationen nennt man auch Clustern: Radial ausstrahlend vom tragenden Zentralbegriff des Projektes notiert man alle gedanklichen Impulse und inhaltlichen Facettierungen. Dabei ergeben sich logische Abhängigkeiten ebenso wie gedankliche Hauptstränge, thematische Sektoren, Ebenen und Hierarchien – kurz, eine bereits einigermaßen anschauliche und brauchbare Vorgliederung. Da eine solche Übersicht der zu berücksichtigenden Inhalte an das Wachstum eines Gehölzes mit schubweise fortschreitender Verzweigung erinnert, spricht man modellhaft auch von Strukturbäumen – auch dieser Begriff stammt bezeichnenderweise aus dem Erscheinungsbild der höheren Pflanzen.

Die Mindmap oder andere mit linearen Bezügen arbeitende Visualisierungen halten die tragenden Begriffe etwa so fest, wie ein langlebiges Gehölz wächst. Daher bietet sich als alternatives Modell auch der Ideenbaum (Abb. 4.4) an. Ausgehend von Aufgabe, Kernbereich oder Thema entwickelt sich aus dem Wurzelbereich das Geäst und trägt an seinen Enden die gesammelten sowie vielleicht schon vorsortierten Begriffe. Für die laufende Ideenproduktion und Materialanhäufung ist aber auch der umgekehrte Weg denkbar. Die Spontaneinfälle entsprechen dabei den Quellbereichen feiner Rinnsale, die sich zu einem

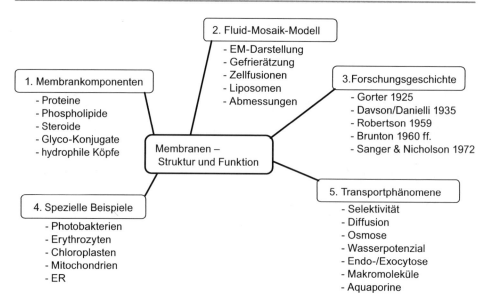

Abb. 4.2 Mit einem Spinnen-Diagramm, einer Sonderform der Mindmap, lassen sich wichtige spätere Textbausteine mit ihren Teilaspekten darstellen

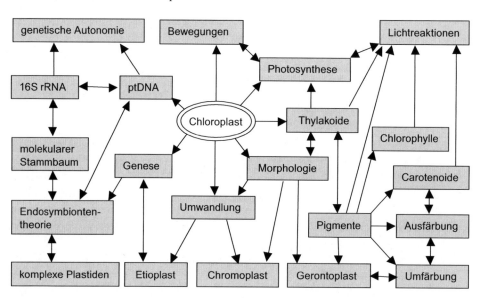

Abb. 4.3 Auch die Conceptmap, fallweise ebenfalls Spinnen-Diagramm genannt, strukturiert Thementeile oder Textabschnitte mithilfe von sachlich-logisch zusammenhängenden Begriffen vor

immer größer werdenden Fließgewässer bündeln und insofern gleichsam den Gedankenfluss abbilden. Probieren Sie alle Wege für Ihre sortierende Stichwortkollektion aus.

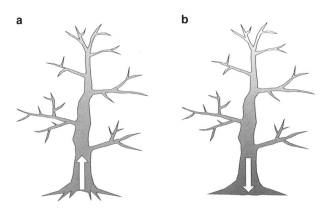

Abb. 4.4 Der Ideenbaum (*links*) folgt aus der nach dem *bottom-up*-Verfahren angelegten Stichwortsammlung. Der Gedankenfluss (*rechts*) organisiert das anfallende Begriffsgefüge im *top-down*-Ablauf nach Art eines Fließgewässers in der Landschaft

4.2 Exkursionsbericht

Exkursionen, soweit sie überhaupt noch Gegenstand der Modulinhalte in den Bachelor- und Masterstudiengängen darstellen, führen aus Hörsaal und Kursraum hinaus in den Lernort Natur mit dem Ziel, Sachverhalte beispielsweise der Biologie, Geographie oder Geologie im ökosystemaren Originalzusammenhang und möglichst ganzheitlich in bestimmen Bio- resp. Geotopen zu erleben. Außerdem sollen sie im Fall der Biologie bzw. der Geobotanik die – erfahrungsgemäß stark defizitäre – Artenkenntnis der Studierenden trainieren. Biologen, die nur noch die genetische Kontrolle der Stoffwechselkinetik von Lipiden der inneren Chloroplastenmembran kennen, aber nicht mehr die Namen ihrer potenziellen Versuchsobjekte, haben irgendwie die fachliche Bodenhaftung verloren. Analoge Anlässe treten auch in anderen Fachrichtungen auf. Mitunter beobachtet man solche Divergenzen mit wachsendem Befremden auch bei Lehrenden.

Was man nach Hören und Sehen auch noch aufgeschrieben hat, behält man erwiesenermaßen besser (messbarer Lernerfolg: Hören ca. 30 %, Sehen ca. 50 %, Hören/Sehen/Schreiben ca. 70 %). Daher sind Exkursionsprotokolle zwar nicht besonders beliebt, aber überaus nützlich. Notwendige Teile eines solchen Schriftgutes sind:

- **Titelblatt** (vgl. Kap. 10) oder Kopfteil mit Angabe von Ziel, Schwerpunktthema, Zeitpunkt der Exkursion, Verfasser des Berichtes (Semester, Anschrift), Exkursionsleiter
- **Einleitung:** kurze Erläuterung des Schwerpunktthemas, des gewählten Exkursionsgebietes und des Exkursionszeitpunktes (Warum finden Orchideen-, Flechten-, Pilz- sowie Vogelstimmenexkursionen jeweils nur zu bestimmten Jahreszeiten statt?)
- **Kennzeichnung des Exkursionsgebietes:** naturräumliche Einbettung, topographische Details, geologische oder geomorphologische Besonderheiten, kulturlandschaftliches

Umfeld, Schutzgebietskategorie (Landschafts-/Naturschutzgebiet? Natur-/Nationalpark? Biosphärenreservat?), Schutzziele etc.
- **Wegverlauf** für den eventuellen Nachvollzug zu einem späteren Zeitpunkt oder andere Interessenten; kurze Streckenbeschreibung mit markanten Orientierungspunkten.
- **Artenliste** systematisch oder chronologisch entsprechend der Abfolge auf dem Exkursionsweg sortierte Auflistung der beobachteten bzw. gefundenen Arten mit deutschem Namen (soweit vorhanden) und wissenschaftlicher Benennung (Schreibweise in Bestimmungswerken überprüfen, vgl. Kap. 8); biotische Besonderheiten einzelner Arten erwähnen (beispielsweise: *Euphorbia cyparissias* durch den Pilz *Uromyces pisi* deformiert, *Fagus sylvatica* mit Blattgallen von *Mikiola fagi*, Raupe von *Inachis io* mit Kokons der Schlupfwespe *Habrobracon* sp.); ferner besondere Beobachtungsumstände festhalten (z. B. Einsatz von Sonardetektoren bei der Heuschrecken- oder Fledermauskartierung) oder Beprobungsmethoden bei der Gewässererkundung erwähnen.
Bei geowissenschaftlich interessanten Objekten (Aufschlüssen) beobachtete Schichtenfolge, stratigraphische Zusammenhänge, strukturgeologische Besonderheiten (z. B. Faltenachsen, Überschiebungen, Schichtdiskordanz) darstellen.
- **Visualisierung:** Berichte leben ebenso wie andere Textsorten von der nachvollziehenden Anschauung und somit von Abbildungen. Sehen Sie daher eventuell Kartenausschnitte, Fotos, Skizzen von Schichtprofilen oder andere Darstellungen vor, die den jeweiligen Gegenstand der Exkursion illustrieren (vgl. Kap. 7).
- **Bewertung:** zusammenfassende Charakteristik des Exkursionsgebietes (erstaunlich artenreich und eventuell auch als Geotop besonders schutzwürdig, anthropogen stark überformt, durch Flächennutzungswandel gefährdet o. ä., Bedeutung für die Regionalgeologie, erdgeschichtlich herausragendes Naturdenkmal etc.)
- **Literatur:** Benennung regionaler Gebietsmonographien zur vertiefenden Beschäftigung, verwendete Bestimmungsliteratur oder sonstige Bestimmungshilfen (Internetquellen, CD-ROM).

4.3 Versuchsprotokoll oder Laborbericht

Ausarbeitungen dieser Art begleiten typischerweise eine Lehrveranstaltung oder ein Projekt mit Experimentalpraxis, die als Kompaktkurs oder in anderer zeitlicher Stückelung stattfinden kann. Darin erhalten Kleingruppen von zwei bis drei Studierenden die Aufgabe, einen besonders intensiv bearbeiteten Sachverhalt oder ein zeitaufwendigeres Experiment in seinen Einzelphasen genauer zu schildern.

Das daraus abgeleitete Versuchsprotokoll, auch als Laborbericht zu deklarieren, bildet alle Teilschritte des experimentellen Arbeitens ab. Es ist also nicht nur Rezeptur für einen Außenstehenden, der den betreffenden Versuch gedanklich oder auch praktisch nachvollziehen möchte, sondern hält auch den gesamten Verlauf in allen wichtigen Details fest. Ein solcher protokollierender Bericht besteht gewöhnlich aus folgenden Teilen (vgl. Abb. 4.5):

- **Titelblatt** (vgl. Kap. 10) benennt Thema der Aufgabenstellung (inkl. Versuchnummer), Verfasser des Berichts (Semester, Anschrift), Anlass, Zeit und Ort sowie den Betreuer des Praktikums.
- **Einleitung:** kurze Erläuterung der Fragestellung bzw. des Versuchshintergrundes: Warum haben Sie das betreffende Experiment durchgeführt? Welches Ergebnis haben Sie erwartet?
- **Materialliste:** Genaue Angabe aller benötigten Materialien (Glasware, Messgeräte) und Chemikalien (Mengen, Stoffmengenkonzentration der verwendeten Lösungen).
- **Versuchsorganismen:** Art (genaue Bezeichnung mit deutschem/wissenschaftlichem Namen, vgl. Kap. 8), Herkunft, Menge und Verbleib der eingesetzten Versuchsobjekte
- **Methodik:** Welche Analyse- oder Messmethode wurde eingesetzt? Wie begründet sich die vorgenommene Methodenwahl? Welche Messgenauigkeit war damit zu erreichen?
- **Versuchsdurchführung und Ablauf:** Handwerklich-technische Einzelschritte und zeitliche Abfolge der Versuchsdurchführung schildern.
- **Mess- oder Beobachtungsergebnisse:** Tabellarische Dokumentation der Rohdaten, wie man sie durch direkte Geräteablesung oder maschinell erstellte Schreibstreifen erhält, Einzelauflistung qualitativer Befunde ohne Interpretation.
- **Auswertung der Ergebnisse:** Umrechnung/Umformung der Rohdaten in Standardgrößen unter nachvollziehbarer Angabe der Rechenschritte, grafische Darstellung oder Tabelle.
- **Ergebnisdiskussion und Schlussfolgerungen:** kritische Bewertung der Versuchsergebnisse, Aussagegrenzen, Fehlerbetrachtung, etwaige methodische Unzulänglichkeiten des eingesetzten Verfahrens.
- **Literatur:** Hinweise auf benutzte Arbeitsvorschriften bzw. Versuchsanleitungen.

4.4 Referat, Portfolio, Haus- bzw. Semesterarbeit

Für einen qualifizierten (leistungsbezogenen) Studiennachweis, der nicht nur den regelmäßigen Besuch einer Seminarveranstaltung oder Vorlesung bestätigt, ist gewöhnlich aktives Tun erforderlich. In Seminaren können die Studierenden ein Referat zu einem bestimmten Thema übernehmen, dieses – eventuell unterstützt durch eine Präsentation (vgl. Abschn. 10.9) – vortragen (nicht vorlesen: „Eine Vorlesung, die nur eine Vorlesung ist, ist keine Vorlesung", merkte der Freiburger Biologe Peter Sitte, ein Meister auch des gesprochenen Wortes, einmal geradezu aphoristisch an). Eventuell ist dazu auch eine schriftliche Version vorzulegen. Mit Referat bezeichnet man dabei sowohl die Vortrags- als auch die Schriftform. Dem Referat vergleichbare Sonderaufgaben lassen sich auch aus einer Vorlesung ableiten. Solche Arbeiten greifen beispielsweise eine vertiefende Literatursichtung zu einem bestimmten thematischen Aspekt auf, die der Dozent in seiner Vorlesung oder Übung so nicht abhandelt. Die schriftliche Form eines Referates und die Haus- bzw. Semesterarbeit ist in ihrer formalen Gestaltung grundsätzlich gleichartig. Entsprechendes gilt

1. **Aufgabenstellung**
Kontrollierte Verkrustung eines stratifizierten organischen Feststoffgemisches bei vorgewählter Temperatur und Zeit

2. **Versuchsnummer**
PF-05/2013, Einzelprojekt

3. **Experimenteller Hintergrund**
Kritische Überprüfung einer aus der Literatur entnommenen Empfehlung für einen Reaktionsansatz als Basis für mögliche Modifikationen

4. **Geräte**
   - Feinwaage 1-300 g
   - Vollpipette 25 mL
   - Messzylinder 100 mL
   - Becherglas 500 mL
   - Becherglas 1000 mL
   - Petrischale 30 cm, Duran 50 oder Pyrex (Deckel oder Boden)
   - Brutschrank 35 °C
   - Rührwerk Eurostar P1
   - Alu-Folie, ca. 50 × 50 cm
   - Brennofen 220 °C
   - Spatel
   - Laborstoppuhr

5.1 Edukte A
   - Amyloplasten aus Fructus Tritici (*Triticum aestivum*), Type 405, Kaiser's, 300 g
   - Saccharose, p.a., Merck Nr. 107 687, 2 g
   - Natriumchlorid NaCl, p.a., Merck Nr.106 404, 3 g
   - *Saccharomyces cerevisiae*, trocken, Aldi Süd, 5 g
   - Wasser, Volvic, Getränkemarkt, vortemperiert auf 30 °C, 100 mL

5.2 Edukte B
   - Trioleylglycerolester aus *Olea europaea*, Bertolli, Hit, 15 mL
   - Fructus Lycopersici (*Lycopersicum esculentum*), Fertigansatz gewürfelt, Lidl, 250 g
   - *Agaricus bisporus*, Basidiokarp, frisch vom örtlichen Markt, in Scheiben, 50 g
   - *Sus scrofa domesticus* , Musculus gluteus maximus, in Scheiben, Edeka, 50 g
   - Herba Origani (*Origanum vulgare*), gepulvert, Aldi Nord, ca. 2 g
   - Caseus (Lac concretum) 'Pecorino', grob gepulvert, Spar, ca. 20 g

Abb. 4.5 Beispiel für einen Labor- bzw. Synthesebericht

> **6. Einzelschritte und Ablauf**
> 1. Edukte A in der aufgelisteten Reihenfolge mit vortemperiertem Wasser in einem PE-Becherglas (1000 mL) vermischt (ca. 2 min)
> 2. Mischung im gleichen Becherglas mit Rührwerk bei geringer Drehzahl (ca. 50 Umdrehungen min^{-1}) homogenisiert (5 min)
> 3. Homogenisat im Wärmeschrank bei 35 °C vorinkubiert (40 min)
> 4. Boden der großen Petrischale mit Alu-Folie ausgekleidet
> 5. Folie leicht mit ca. 1 mL Trioleylglycerolester bestrichen
> 6. Homogenisat aus dem Wärmeschrank entnommen und in etwa 5 mm dünner Schicht in der Petrischale ausgebreitet
> 7. Edukte B in großem Becherglas (500 mL) vorgemischt und anschließend auf das Homogenisat gleichmäßig verteilt
> 8. Gesamtansatz im vorgeheizten Ofen bei 220 °C 22 min lang inkubiert. Sichtkontrolle nach 15, 18 und 20 min
> 9. Nach der Inkubationszeit entnommen und auf Raumtemperatur (21°C) abgekühlt
> 10. Vorsichtige sensorische Prüfung vorgenommen
>
> **8. Materialverbleib**
> Das Syntheseprodukt wurde nach fotografischer Dokumentation unter der Probennummer PF-05/2013 in der Tiefkühltruhe archiviert.
>
> **9. Methodenkritik**
> Der oben geschilderte Verfahrensablauf gelingt auch mit haushaltsüblichen Geräten und Hilfsmitteln außerhalb eines chemischen Labors. In diesem Fall lässt sich das Syntheseprodukt zudem während der nächsten Betriebspause unter den Kollegen aufteilen.
>
> **10. Literaturhinweis**
> Die Versuchsanleitung wurde dem Grundlagenwerk *Die feine italienische Küche* (Basisband), München 2010, S. 178ff, entnommen.

Abb. 4.5 (Fortsetzung)

auch für die etwas umfangreicheren, oft als Portfolio bezeichneten Zusammenstellungen ausgearbeiteter und aufbereiteter Mitschriften und zugehöriger, eventuell ergänzender Recherchematerialien.

Gliederungsaspekte Vom Schulaufsatz ist Ihnen vermutlich noch die klassische Basisgliederung Einleitung – Hauptteil – Schluss vertraut. Sie wurde so, wie man bereits in den philosophischen Schriften des Kirchenvaters Augustinus (354–430) nachlesen kann, als Grundform schon von den antiken Rhetorikern entwickelt. Nach diesem also augenscheinlich durchaus bewährten Muster legt man im Prinzip auch eine Semesterarbeit im Grund- oder Hauptstudium an, jedoch mit einigen minimalen Differenzierungen. Auch die in den gymnasialen Oberstufen zunehmend geforderten Facharbeiten oder Projektberichte können dem nachstehenden Gliederungsschema folgen. Den hier als Sachanalyse bezeichneten Hauptteil organisiert man je nach Themenstellung dialektisch mit These und Antithese oder sequenziell mit einer angemessenen Anzahl von Abschnitten, die einzelne Problemfacetten gleichrangig nacheinander behandeln.

Die einzelnen Teile einer solchen Arbeit sind:

- **Titelblatt** (vgl. Kap. 10): nennt Thema der Aufgabenstellung, Verfasser des Berichts (Semester, Anschrift), Anlass (konkrete Lehrveranstaltung, Zeit und Ort, Dozent bzw. Betreuer und das Abgabedatum.
- **Inhalt:** Auflistung der abgehandelten Gliederungspunkte im Hauptteil (Sachanalyse)
- **Einleitung:** kurze Hinführung zum gestellten Thema, Ableitung des Themas aus dem unmittelbaren Anlass der Arbeit.
- **Sachanalyse** mit den folgenden Hauptaspekten: Dimension/Facetten des Problems (beispielsweise neuartige Waldschäden, historische Entwicklung des Problems, Vergleich mit früheren Beobachtungen), Ursachen des Problems (aggressive Komponenten aus Industrie, Verkehr, Siedlung, primäre und sekundäre Schadstoffe), Folgen des Problems (Symptome, Diagnosen, biotische Konsequenzen), Problemlösungen (gezielte Maßnahmen des technischen Umweltschutzes).
- **Diskussion:** abschließende Bewertungen, Feststellungen, Perspektiven zum behandelten Problem
- **Zusammenfassung:** stichwortartige Auflistung der wichtigsten Leitgedanken und Fakten
- **Literatur:** Auflistung der verwendeten oder zur Lektüre empfohlenen zusätzlichen (neuen und neuesten!) Literatur (auf keinen Fall nur Internetquellen!).

Sofern Sie das Referat nicht nur schriftlich abliefern, sondern auch im Rahmen eines Seminars mündlich vortragen, erleichtert ein vorher (!) ausgeteiltes Thesenpapier (*Handout*) mit allen wichtigen Literaturangaben den Zuhörern das gedankliche Mitvollziehen Ihres Vortrags und bietet zudem die Möglichkeit des eigenen Nachlesens wichtiger Fakten. Diese nützliche Merk- und Orientierungshilfe bietet:

- im Kopf die kompaktierten Angaben vom Titelblatt Ihres Referats sowie die wichtigsten Gliederungspunkte entsprechend der Zusammenfassung in der Schriftform Ihres Referats; vermeiden Sie dabei größere Abweichungen in Wortwahl, Begriffsrepertoire und Reihenfolge.
- thesenhafte Kurzprofile der Kernaussagen/Gedankenschritte oder stichwortartige Ausführung der Gliederungspunkte (Themenabschnitte), etwa im knappen Stil einer Nachrichtenagentur. Liefern Sie den Zuhörern alle wichtigen (eventuell komplexen) Daten, Fakten und Zahlen, auf die Sie näher eingehen werden, gerne auch als Tabellen. Vermeiden Sie längere Textpassagen und lesen Sie solche nicht wörtlich ab.
- Alle Literaturangaben aus der schriftlichen Vollversion Ihres Vortrags schließen auch das Thesenpapier ab.

Im Zusammenhang mit mündlich vorgetragenen Referaten sind häufig Overheadfolien oder andere Präsentationsmedien (z. B. *PowerPoint*) einzusetzen. Deren formale Gestaltung erläutert Ihnen Abschn. 10.9.1.

Ein **Portfolio** kann beispielsweise eine – meist mit wertvollen Credit Points zu bewertende – nachbereitende und meist chronologische Darstellung von Vorlesungs-, Praktikums- oder Seminarinhalten sein. Man reicht sie üblicherweise mit den vom Lehrenden eventuell per Inter- oder Intranet zur Verfügung gestellten Illustrationsmaterialien oder mit eigenem Rechercheergebnissen an.

4.5 Bachelorarbeit

Mit dem 1999 durch die europäischen Bildungsminister in Gang gesetzten Bologna-Prozess, der im kontinentalen Maßstab einen einheitlichen Hochschulraum schaffen soll, bislang aber eher kläglich scheiterte und bereits in die Reformphase einbiegt, änderte sich die Studienstruktur grundlegend. An die Stelle der bisherigen etablierten und weithin anerkannten Abschlüsse Diplom- bzw. (fast nur in den Geisteswissenschaften) Magister- sowie Staatsexamen als Voraussetzung für das anschließende Promotionsstudium mit abschließender Dissertation („Doktorarbeit") ist unterdessen fast überall ein europaweit vergleichbares gestuftes Studiensystem getreten. Dessen erster (angeblich) berufsqualifizierender, aber nach den bisherigen Reglements und praktischen Erfahrungen vielfach reichlich diffuser Abschluss ist der Bachelor.

Die aus dem Englischen übernommene Bezeichnung Bachelor leitet sich von der erst im mittelalterlichen Latein verbreiteten Bezeichnung *baccalaureus* = Edelknecht oder niederer Kleriker ab. Die in der Öffentlichkeit übliche und auch in Hochschulkreisen weithin kursierende Begriffsdeutung mit dem lateinischen *bacca* = Beere und *laurus* (nicht *laureus*!) = Lorbeer (auf dem man sich nach dem Examen möglicherweise ein wenig ausruhen kann ...) ist dagegen begrifflich und sprachlich nicht korrekt. In den Natur- und Ingenieurwissenschaften ist mit dem Bachelorexamen der akademische Grad Bachelor of Science (B.Sc. [ausdrücklich ohne Leerzeichen]) verbunden. In Österreich hat man die Schreibweise Bakkalaureus bzw. Bakkalaurea (Bakk. rer. nat. [immer mit Leerzeichen]) gewählt.

Zum Bachelorabschluss gehört üblicherweise eine schriftliche wissenschaftliche Arbeit, die eventuell in einem Kolloquium auch mündlich zu präsentieren ist. Während in Klausuren engere inhaltliche Vorgaben zu bearbeiten sind, erstellen die Studierenden mit der Bachelorarbeit in der Abschlussphase ihres jeweiligen Studiengangs ein selbstständiges Werk, mit dem sie nachweisen, dass sie eine ausgewählte Thematik ihres Fachgebietes innerhalb einer festgelegten Frist mit etablierter oder neuer wissenschaftlicher Methodik bearbeiten können.

Im erwarteten bzw. zulässigen Umfang sowie im inhaltlichen Anforderungsprofil unterscheiden sich die Bachelorarbeiten je nach Hochschule und Fachgebiet in gewissem Maße. Die Bachelorarbeit wird unter Einhaltung bestimmter hochschulspezifischer Fristen meist vom Betreuer beim örtlich zuständigen Prüfungsamt oder einer vergleichbaren Institution gemeldet. Dieser von seiner Natur eher bürokratische Akt begründet zwischen dem/der Studierenden und der betreuenden Person ein besonderes Betreuungsverhältnis. Die Details regeln die lokal gültigen Prüfungsordnungen, über die man sich natürlich schon im zeitlichen Vorfeld gründlich informiert.

Die formale Gestaltung folgt jedoch immer den allgemeinen Regeln für die Anfertigung einer wissenschaftlichen Arbeit. Insofern gelten die folgenden Hinweise sowie die in den Folgekapiteln erläuterten Formalia unterschiedslos für alle Typen von Examensarbeiten in den Natur- und Ingenieurwissenschaften sowie in weiteren affinen Fächern wie Medizin und Pharmazie. Die unten aufgelisteten Elemente gehen von dem wohl häufigsten Fall aus, dass – wie in den Naturwissenschaften oder in analogen Fachdisziplinen allenthalben üblich – der schriftlichen Abschlussarbeit eine praktisch-experimentelle (empirische) Untersuchung in Labor oder Freiland zugrunde liegt. Bei Themen, die eher in einer vergleichend-theoretischen Auseinandersetzung oder einer didaktischen Analyse bestehen, verfährt man hinsichtlich des inhaltlichen Aufbaus mit denjenigen Gliederungselementen, die dem jeweiligen Thementyp am ehesten entsprechen. Befragen Sie nicht nur in solchen Zweifelsfällen den für Ihre Bachelorarbeit zuständigen Betreuer, der Ihnen das Thema zugewiesen hat und somit für den weiteren Ablauf Ihres Projektes zuständig ist. Legen Sie unbedingt schon im Vorfeld und spätestens bei der informellen Einigung auf das Thema alle wichtigen Formalia fest (vgl. Abschn. 10.10). Und mindestens so wichtig: Planen Sie den Start Ihrer Bachelorarbeit so, dass Sie nach dem Einreichen und einer möglicherweise vielwöchigen Bewertungsphase die Bewerbungsfristen für einen eventuell anschließenden Masterstudiengang erreichen können.

Während man also bei rein theoretischen Arbeiten im Hauptteil eher nach den verbreiteten Sachanalyse-Gliederungsaspekten (wie unter Abschn. 4.5 dargestellt) verfährt, erhält die schriftliche Arbeit die gleiche Basisstruktur wie ein Aufsatz in einer naturwissenschaftlichen Zeitschrift mit der heute weltweit für Originalpublikationen üblicherweise praktizierten Standardgliederung in Einführung/Einleitung (*Introduction*) – Material und Methoden (*Material and Methods*) – Ergebnisse (*Results*) – Diskussion (*Discussion*).

Optionale und standardgemäß feste Bestandteile einer Bachelorarbeit ebenso wie einer Master- und Promotionsarbeit (vgl. Abschn. 4.6) sind demnach:

- **Titelblatt** (vgl. Kap. 10): nennt Thema der Untersuchung mit Haupt- und Untertitel, Typ der Arbeit, Verfasser, Institution, Jahr/Datum, eventuell Gutachter (Erst- und Zweitleser).
- **Inhaltsverzeichnis** (vgl. Kap. 10).
- **Vortexte:** sind noch kein Bestandteil der eigentlichen Ausführungen zum benannten Thema, umfassen aber wichtige, für das Verständnis der Hauptteile unentbehrliche Angaben. Mit den Vortexten beginnt die Seitenzählung. In den fast immer etwas umfangreicheren naturwissenschaftlichen Examensarbeiten sind als Vortexte sinnvoll:
    - Verzeichnis der verwendeten Abkürzungen (Formelzeichen) in alphabetischer Reihung
    - sicherheitshalber auch die allgemein verbreiteten Akronyme (wie ATP, DNA, GLC, NADPH, SDS u. a.)

4.5 Bachelorarbeit

- numerisches Verzeichnis aller Abbildungen mit Seitenzahl
- numerisches Verzeichnis aller Tabellen mit Seitenzahl
- **Zusammenfassung** (Abstract) im Umfang von etwa 2–3 % der gesamten Arbeit mit Angabe von Ziel (Fragestellung), Untersuchungsobjekt(en), verwendeten Methoden, wichtigsten Ergebnissen und Schlussfolgerungen. Die Zusammenfassung schreibt man immer erst am Ende der Fertigstellung einer Arbeit, wenn die gesamte Problemlage abschließend klar und aufbereitet ist. Eine englische Zusammenfassung ist nicht nur sinnvoll, sondern im Allgemeinen sogar vorgeschrieben, sofern nicht die gesamte Arbeit in englischer Sprache abgefasst ist.
- **Vorbemerkung/Vorwort:** optional und wenn überhaupt im Umfang von nur einer Seite, versteht sich als Brücke zwischen Verfasser und Sachteil, schildert Anlass oder Anregungen zur Arbeit, jedoch noch keine Dankesworte an Eltern, Partner, Kollegen, Betreuer oder Institutionen.
- **Einleitung** (Einführung): umreißt den thematischen Rahmen und Zusammenhang, aus dem das Thema der Arbeit entnommen ist, skizziert anhand von Literaturzitaten den Stand des Wissens im betreffenden Themenfeld, pointiert und begründet die noch offenen Fragen und welche davon die vorliegende Arbeit behandelt, stellt aktuelle Bezüge des Themas wie etwa Global-Change-Aspekte, Neuartige Waldschäden, UV-Problematik, Grenzen der Gentechnologie bzw. Gen-Ethik o. Ä. her.
- **Material und Methoden:** bilden den technischen Teil einer Arbeit und benennen ihren Gegenstand in dieser Reihenfolge:
    - untersuchte Organismenart(en) mit genauem, aktuellem (deutschem und) wissenschaftlichem Namen einschließlich Autorennennung und der taxonomisch-systematischen Einordnung (meist nur Angabe der Klasse). Beispiel: *Platymonas subcordiformis* (Wille) Hazen, *Chlorophyta: Prasinophyceae*, Stamm 162-1 der Sammlung von Algenkulturen Göttingen (SAG). Mehrere untersuchte Arten fasst man in einer Tabelle zusammen. Details zum Umgang mit den Artnamen erläutert Kap. 8.
    - Genaue Anzuchtbedingungen
    - Angaben zum Biotop oder Habitat bei Freilanduntersuchungen mit topographischer Karte; genaue Lokalität geowissenschaftlicher Projekte
    - Experimente in der Reihenfolge ihrer Durchführung mit Versuchsansätzen, Fixier- und Extraktionsverfahren, Schritte und Wege der präparatorischen Weiterverarbeitung, Rezepte einzelner Testansätze (*Assays*), weitere Detailanalysen. Fallweise ist eine Abbildung mit einem Fließschema der Arbeitsschritte hilfreich.
    - Spezielle Apparaturen, Beschreibung konstruktiver Einzelheiten bei Eigenentwicklungen
    - Auswertung und statistische Behandlung der eigenen Ergebnisse
    - Bei Freilandarbeiten ist eine genaue Beschreibung des Untersuchungsgebietes mit seinen abiotischen und biotischen Voraussetzungen erforderlich. Diese eher naturräumliche Sachanalyse kann auch Gegenstand eines eigenen Kapitels im Hauptteil Ihrer Arbeit sein.

Bedenken Sie generell: Anhand dieser eher technischen Angaben muss ein Leser Ihrer Arbeit ohne Einschränkung in der Lage sein, alle Experimente und Analysen unabhängig zu wiederholen. Das extrem wichtige Kriterium der Reproduzierbarkeit führt gelegentlich zu heftigen Irritationen (vgl. Djerassi 2002).

Und noch ein wichtiger Hinweis: Mit diesem technischen Teil beginnt man üblicherweise das Zusammenschreiben einer Arbeit, denn die Einzelschritt-Auflistungen strukturieren in gewissem Maße den nachfolgenden Ergebnisteil vor.

- **Ergebnisse:** Nach der Erläuterung der Bearbeitungsschritte oder Teilbereiche der Fragestellung folgt ein sachlogisch gegliederter Bericht mit zusammenfassender Darstellung wichtiger Daten. Präsentieren Sie hier keine etliche Seiten lange Einzelaufzählung von Werten, die ohnehin schon in Grafiken oder Tabellen enthalten sind, sondern stellen Sie lediglich auffällige oder besondere Datengruppen heraus, insbesondere solcher, die nicht in das bisherige oder erwartete Bild passen. Erstellen Sie in diesem Teil eine völlig leidenschaftslose, nüchtern-distanzierte und keinerlei Interpretationen vorwegnehmende Beschreibung Ihrer Untersuchungsergebnisse.
- **Diskussion:** Dieser Teil ist sicherlich der schwierigste Aufgabenbereich einer Arbeit, aber unter Berücksichtigung des folgenden Aufgabenprofils bravourös zu bewältigen: Er
    - erfordert eine kritische, vergleichende Sichtung der Ergebnislage ohne erneute Aufzählung der bereits benannten Einzelwerte,
    - interpretiert die vorgelegten Ergebnisse,
    - bestätigt oder widerlegt eine in der Literatur verbreitete Einschätzung oder begründet eventuell eine völlig neue Position,
    - bewertet also die in der relevanten Literatur schon vorhandenen Ergebnisse aus anderen Experimenten oder Untersuchungen vergleichbarer Zielsetzung eventuell neu,
    - erweitert somit das bisherige Wissen zum Thema,
    - muss ebenso klar und übersichtlich gegliedert sein wie der Methoden- und der Ergebnisteil und nimmt unbedingt deren inhaltliche Abfolge auf,
    - bietet in seinen einzelnen Abschnitten prägnante, kurze, aussagekräftige Zwischenüberschriften, die jeweils eine Schlagzeile für den folgenden Abschnitt darstellen,
    - bereitet durch lückenlose Argumentationsketten eine logische, übersichtliche, nachvollziehbare Schlussfolgerung vor,
    - umreißt auch die Grenzen der Übertragbarkeit der vorgelegten Ergebnisse auf andere Bereiche.

  Wichtig: Am Ende der Diskussion oder noch als eigenes Textelement stellt man thesenhaft bzw. katalogartig in höchstens einem Dutzend kurzer Sätze die wichtigsten Erkenntnisfortschritte der Arbeit zur sichernden Schnellinformation für den Leser/Gutachter zusammen.
- **Danksagung:** Dankende Erwähnung aller Personen, von denen man für die vorliegende Abschlussarbeit ideelle oder materielle Unterstützung erhalten hat, darunter auch Kollegen, die mit speziellen Apparaturen, Einarbeitung in Spezialverfahren, wichtigen Hinweisen geholfen haben oder nicht allgemein beziehbare Biochemikalien zur Verfü-

4.5 Bachelorarbeit

gung stellten, außerdem fördernde Institutionen, die das Projekt finanziell unterstützt haben. Sympathischerweise findet sich hier auch eine besondere Dankadresse an die Eltern, die das Studium finanziert haben, oder an Lebens(abschnitts)partner, die im privaten Umfeld hilfreich wirkten.

- **Literaturverzeichnis:** Die werkeinheitlich einzuhaltende Zitatstruktur im Literatur- oder Quellenverzeichnis (einschließlich Internetquellen) behandelt Kap. 6.
- **Versicherung:** Die Prüfungsordnungen der Hochschulen verlangen in meist strikt vorgeschriebenem Wortlaut eine abschließende eidesstattliche Erklärung zur Authentizität der vorgelegten Ergebnisse und Materialien. Vergessen Sie diese auf eine eigene Seite zu stellende Versicherung auf keinen Fall!

Weitere wichtige Bestandteile Je nach Projektcharakter und bearbeitetem Thema muss eine abschließende Arbeit weitere essenzielle Angaben aufweisen. Dazu gehören

- **Kartenverzeichnis:** Bei geowissenschaftlich orientierten Gelände- bzw. Freilandarbeiten ist ein separates Kartenverzeichnis überaus sinnvoll.
- **Material- bzw. Objekthinterlegung:** Ein eigener Abschnitt nach der Diskussion oder bereits im Material- und Methodenteil gibt genau an, wo das im Zuge der geschilderten Forschungsarbeit entwickelte oder entdeckte Originalmaterial hinterlegt wurde.
  Gegenstand einer als Abschlussarbeit zusammengefassten experimentellen Untersuchung können beispielsweise neu ermittelte DNA-Sequenzdaten oder bisher so nicht verfügbare Genkonstrukte (modifizierte Plasmide o. ä.) sein.
  Neue Sequenzdaten hinterlegt man üblicherweise bei einer der drei folgenden Datenbanken
  - www.ebi.ac.uk./embl
  - www.ddbj.nig.ac.jp/submission-e.html
  - www.ncbi.nlm.nih.gov/GenBank/submit.html

  Diese drei führenden Gendatenbanken kommunizieren untereinander, sodass letztlich alle hinterlegten Daten über die zuletzt genannte Institution erreichbar sind. Auf den benannten Seiten erhält man genaue Anweisungen und Optionen zur Eingabe, auf deren Basis eine „Accession Number" vergeben wird. Diese ist für das Zitieren von hinterlegten Sequenzen wichtig. Die jeweilige Accession Number für das eigene Material gibt man bereits im Material- und Methodenteil an.
  Analog ist vorzugehen, wenn im Zuge der Arbeit neue Organismenarten entdeckt und beschrieben wurden. Originalbelege (Typexemplare, Holotypen), beispielsweise von makroskopischen Pflanzen, hinterlegt man in einem wissenschaftlichen Herbarium bei einem der großen Naturkundemuseen (Senckenbergmuseum Frankfurt, Staatliches Museum für Naturkunde Stuttgart, Naturkundemuseum Berlin, Botanische oder Zoologische Staatssammlung München o. ä.). Für die Typusexemplare (Holotypen) neu beschriebener rezenter Tierarten oder von fossilem Material gilt Entsprechendes.

Bei mikroskopischen Objekten reicht ein Dauerpräparat gewöhnlich nicht aus. Hier bietet sich die Hinterlegung in einer der großen Kulturensammlungen an, beispielsweise bei
- Deutsche Sammlung von Mikroorganismen und Zellkulturen Braunschweig (DSMZ; www.dsmz.de); *International Depository Authority* (IDA) auch im patentrechtlichen Zusammenhang; hier können ferner neue Virenisolate oder in Zellen von *Escherichia coli* eingebaute neue Plasmide hinterlegt werden.
- Sammlung von Algenkulturen Göttingen (SAG; www.epsag.de).
- Culture Collection of Algae at the University of Cologne (CCAC; www.ccac-uni-koeln.de).

- **Anhang** (optional): Ungewöhnlich umfangreiche Einzelwertdokumentationen, die im Ergebnisteil keinen Platz haben wie beispielsweise die Rohtabellen pflanzensoziologischer Aufnahmen, komplette Bohrprofilprotokolle oder besondere Rechenprogramme zur statistischen Aufbereitung der Datensätze, fasst man erforderlichenfalls zu eigenen Seiten im Anhang zusammen. Hier kann man auch gefaltete, ausklappbare Materialien wie Karten, Pläne, umfassende Ablaufdiagramme, Konstruktionszeichnungen o. ä. und gegebenenfalls eine CD-ROM beilegen. Der Schreibwarenfachhandel bietet Einlegedreiecke an, die man zur Aufnahme von gefalteten Plänen oder Karten in den hinteren Einband (Umschlagseite 3 = U3) einklebt.
Alle benannten Materialien des Anhangs werden in einer vorgeschalteten Auflistung aufgeführt. Die Anhangseiten werden fortlaufend zum Hauptteil der Arbeit paginiert und sind natürlich auch Bestandteil des Inhaltsverzeichnisses.

Zunehmend werden bereits die Bachelorarbeiten in englischer Sprache geschrieben und wegen der damit verknüpften ungleich besseren Reichweite der Mitteilung möglichst umgehend – über die Webseiten der jeweiligen Hochschulbibliotheken im Internet veröffentlicht. Wenn Sie Ihre Ergebnisse (auch) auf diesem Wege in einer englischsprachigen Version ganz rasch unter die Leute bringen möchten, wofür unter anderem auch Prioritätsgründe in besonders „explosiven" oder sensiblen Forschungsfeldern sprechen, sollten Sie die Hilfe eines muttersprachlich kompetenten Mitmenschen in Anspruch nehmen. Begriffliche Probleme lassen sich mit einem fachsprachlichen Wörterbuch (beispielsweise Launert 1998 oder mit einem vertrauenswürdigen Internet-Wörterbuch, vgl. Kap. 3) noch recht gut bewältigen, idiomatische oder phraseologische aber nicht unbedingt oder häufig auch gar nicht.

Planen Sie dagegen zunächst keine fremdsprachige Fassung Ihrer Arbeit, sollten Sie im Blick auf den internationalen Leihverkehr der Bibliotheken zumindest die Bild- und Tabellenlegenden zweisprachig anlegen und eventuell zu jedem Hauptkapitel immer eine eigene englische Zusammenfassung vorsehen. Besprechen Sie Chance und Notwendigkeit einer solchen zweisprachigen Version rechtzeitig mit Ihrem Betreuer.

▸ **PraxisTipp Texterstellung** Erledigen Sie Ihre Schreibaufgabe nach der vorsortierenden Gliederung möglichst in der Reihenfolge: Technische Teile (Material/Methoden) → Ergebnisse → Diskussion → Zusammenfassung → Einleitung

4.6 Masterarbeit, Dissertation und Habilitationsschrift

Die Thematik einer Bachelorarbeit ist üblicherweise den Studieninhalten der ersten fünf Semester entnommen. Sie kann entweder eine Neuinterpretation bereits vorliegender Daten, ein zeitlich begrenztes Labor- oder Freilandprojekt unter Anwendung bekannter Methoden oder eine bewertende Erhebung (Befragung, EDV-Entwicklung und Implementierung, Erprobung, Kartierung, statistische Aufbereitung o. ä.) beinhalten und bewegt sich damit im Wesentlichen auf einigermaßen vertrautem Terrain. Mit einer Masterarbeit, die in ihren Anforderungen eher der früheren Diplom- bzw. Staatsexamensarbeit (Schriftliche Hausarbeit) entspricht, und erst recht mit einer Promotionsarbeit, starten Sie gleichsam in einer höheren Liga und betreten im gewählten Themensegment auf weiten Strecken ein der Fachwissenschaft noch unbekanntes Territorium. Die Habilitationsschrift ist traditionell sozusagen in der Königsklasse der akademischen Arbeiten angesiedelt. Im Habilitationsverfahren weisen Sie nicht nur eine glückliche Hand in der Bearbeitung interessanter Fragestellung nach, die das eigene Fachgebiet nennenswert voranbringen, sondern auch eine besondere Lehrbefähigung. Sollten sich aus Ihrer Studienerfahrung allerdings gewisse Zweifel an der didaktischen Befähigung Ihrer Hochschullehrer eingeschlichen haben, können Sie diese unter www.meinprof.de anonym und – bitte – objektiv evaluieren.

Mit der Neulanderkundung im Rahmen einer Masterarbeit oder einer Dissertation nehmen Sie mit Ihrer eigenen Forschung direkt am durchaus aufregenden Wissenschaftsprozess teil: Die Themen sind anspruchsvoller, die erwartete wissenschaftliche Leistung komplexer und damit auch schwieriger. Das Ergebnis muss in jedem Fall originär sein. Beide Typen von Abschlussarbeiten – Master- und Promotionsarbeit – unterscheiden sich in ihrem thematischen Zuschnitt nicht grundsätzlich, sondern eher im Themenumfang sowie in der Bearbeitungstiefe und damit auch in der (zulässigen bzw. förderlichen) Bearbeitungsdauer. Analoges gilt für die Habilitationsschrift, die oft den Ertrag mehrjähriger Forschung zu einem speziellen Themenkomplex zusammenfasst. Obwohl die Unterschiede zwischen einer Masterarbeit und einer anschließenden Dissertation auf den ersten Blick vielleicht eher quantitativer Natur zu sein scheinen, lassen sie sich keineswegs nur auf Maß und Zahl reduzieren. Gemeinsame Qualitätskriterien, die auch schon die Bachelorarbeit kennzeichnen müssen, sind die strikte Wissenschaftlichkeit in der Bearbeitung Ihrer Fragestellung und – notabene – die absolute, uneingeschränkte Redlichkeit in allen Phasen des Vorgehens.

Für die formale Ausgestaltung von Masterarbeit, Dissertation und Habilitationsschrift gibt es – von etwaigen hochschul- oder institutseigenen Rahmenvorgaben (beispielsweise Formatvorlagen u. Ä.) abgesehen, die man rechtzeitig vor der Reinschriftphase abklärt – keine Spezifika. Wenn Sie also hinsichtlich der Gliederung und der zu berücksichtigenden

Elemente den unter 4.5 gegebenen Empfehlungen folgen und im Darstellungsstil sowie im Umgang mit den rein formalen Belangen die Tipps der nächsten Kapitel umsetzen, sind Sie zuverlässig auf der sicheren Seite.

4.7 Formbrief

Briefliche Mitteilungen außerhalb des privaten Bereichs stehen zwar eher selten in direktem Zusammenhang mit der üblichen Textproduktion während des Studiums, aber Anlässe für eine dem Geschäftsverkehr entsprechende Briefform nach DIN 5008:2005 kommen auch im studentischen Dasein vor. Weil auch in diesem oftmals Unbeholfenheit zu beobachten ist, erläutert dieser Abschnitt einige standardisierte Layoutfragen der Textsorte Geschäftsbrief.

In einem solchen Brief haben bestimmte Informationen und Funktionsblöcke auf dem in jedem Fall zu wählenden Briefbogen im Format DIN A4 einen festen Platz (Abb. 4.6).

Die individuelle Gestaltung des Briefkopfes bleibt dem Absender (Privatperson, Firma) überlassen. Bei formalisierten Privatbriefen stehen hier üblicherweise die benötigten Kontaktdaten (Postanschrift, Telefon, Mailadresse). Wenn ein Brief in einem Umschlag mit Sichtfenster verschickt werden soll, kann die Postanschrift des Absenders in kleinem Schriftsatz so angeordnet werden, dass sie direkt oberhalb der Adresse erscheint.

Für die Belegung des 9-zeiligen Anschriftenfeldes ist zu berücksichtigen:

- In Zeile 3 kann man die Versendungsart (Einschreiben, Expresszustellung) vermerken. Anderenfalls steht hier die Angabe „Frau" oder „Herrn" als Einleitung der Folgezeile.
- Zwischen den Zeilen für Adressat, Postanschrift und Bestimmungsort setzt man keine Leerzeilen.
- Ortsnamen schreibt man in normaler Schrift, nicht halbfett oder unterstrichen.
- Orts- und Ländernamen für Auslandsbriefe sollte man in Großbuchstaben schreiben.
- Nur ausländische Bestimmungsorte gibt man möglichst in der Sprache des Bestimmungslandes an.
- Die Angabe des Bestimmungslandes wird immer deutsch geschrieben – also nicht France, sondern Frankreich.

Die Bezugzeichenzeile enthält wichtige Angaben für die Zuordnung des Briefes zu einem bestimmten Geschäftsvorgang. Die nachfolgende Betreffzeile nennt Inhalt oder Absicht des Briefes. Das Wort „Betreff:" wird nicht eingesetzt. Hinter der Anrede steht ein Komma, und man schreibt nach einer Leerzeile klein weiter. Der eventuell längere Brieftext sollte möglichst übersichtlich gegliedert sein, wobei die Einzelabschnitte durch eine Leerzeile zu trennen sind.

4.8 Und danach: Texte veröffentlichen

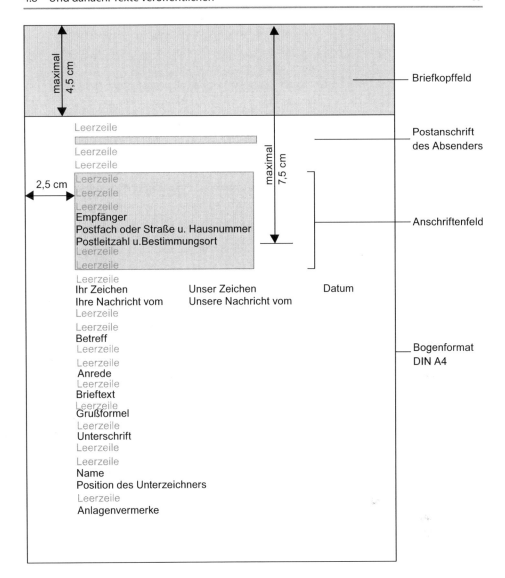

Abb. 4.6 Aufbau eines Geschäftsbriefes nach DIN 5008:2005

4.8 Und danach: Texte veröffentlichen

Der sprachliche (etymologische) Zusammenhang von „Wissenschaft" und „Wissen schaffen" ist trotz der auf den ersten Blick so hübsch glatt erscheinenden Wortfolge tatsächlich nicht gegeben, aber die darin angedeutete inhaltliche Verschränkung stimmt auf jeden Fall: Wer aktiv und nicht nur reproduzierend am Wissenschaftsprozess teilnimmt, erweitert das bisherige kollektive Wissen und steuert neue Erkenntnisse, Bewertungen, Perspektiven und Problemlagen bei. Die Essenz aus der wissenschaftlichen Forschung (ohnehin fast eine Tautologie …) hat immer eine klar definierte Adressatengruppe – außer der *Scientific Community* des betreffenden engeren oder weiteren Fachgebietes im Prinzip tatsächlich die Allgemeinheit schlechthin, die immerhin den Wissenschaftsbetrieb auch im volkswirtschaftlichen Kontext trägt. Nicht nur aus diesem Grunde haben die großen Tages- und Wochenzeitungen eigene Wissenschaftsseiten und bringen dort Berichte über aufregende Neuentdeckungen. Wissenschaft lebt also direkt von der Kommunikation. Niemand wird Verständnis für einen Wissenschaftler haben, der innovativ Umwälzendes nur seinen geheimsten Tagebüchern anvertraut. Üblicher- und glücklicherweise verspüren Wissenschaftler jedoch einen starken Impuls, nicht nur Neues entdecken zu wollen, sondern die Funde oder Befunde auch in das Gesamtwissen der Menschheit einzubringen. Mit anderen Worten: Publizieren ist also notwendigerweise eine integrale Komponente von Wissenschaft und Wissen schaffen.

Studentische Texte, die während des normalen Studienbetriebs zu generieren sind, werden im Allgemeinen noch keine völlig neuen Fenster auf zuvor nie Wahrgenommenes öffnen – aber ausschließen kann man auch das nicht: Warum sollte nicht ein studentisches Mitglied bei einer paläontologischen Exkursion in die Solnhofener Plattenkalke den elften *Archaeopteryx* entdecken? Die ältere und jüngere Wissenschaftshistorie kennt erstaunlich viele Beispiele von enormen Glücksfällen, die künftigen Wissenschaftlern bereits in jungen Jahren und praktisch schon zu Beginn ihrer eigentlichen Karriere beschieden waren. Viel wahrscheinlicher und geradezu normal ist aber der Fall, dass frühestens eine Masterarbeit und erst recht eine Dissertation oder Habilitationsschrift neue und unbedingt mitteilenswerte Ergebnisse zu bieten hat, die man möglichst umgehend in einer wissenschaftlichen Zeitschrift des entsprechenden Fachgebietes veröffentlicht sehen möchte.

Nun gibt es glücklicherweise eine besondere Ethik des wissenschaftlichen Publizierens. Etliche Organisationen, darunter die Deutsche Physikalische Gesellschaft, haben einen Ehrencodex entwickelt, der die Kultur des wissenschaftlichen Veröffentlichens sicher stellen soll (vgl. Ascherson 2007). Zu den besonderen Verpflichtungen, die als unverzichtbare Basisanforderungen die Ehrlichkeit und Redlichkeit betonen, gehören mehrere Auflagen. Veröffentlicht werden

- nur neue und wesentliche Ergebnisse,
- keine bereits zuvor publizierten Daten,
- ausschließlich wahre und bestätigte, keine verfälschten Ergebnisse.

4.8 Und danach: Texte veröffentlichen

Ferner gilt:

- Das eigene Manuskript respektiert das geistige Eigentum Dritter.
- Mitautor kann nur ein Wissenschaftler sein, der auch tatsächlich einen nennenswerten Beitrag geliefert hat. Stille Mitläufer (z. B. Institutsdirektoren oder andere Hochrangige mit Kurfürstenstatus) gehören nicht *eo ipso* in die Autorenliste.
- Alle Mitautoren tragen gemeinsam die Verantwortung für das Gesamtwerk.

Schreibung, Stilistik, Umgang mit Zitaten und anderen formalen Aspekten für das einzureichende (digitale) Manuskript können selbstverständlich die relevanten Standardempfehlungen in den Folgekapiteln dieses Buches nutzen. Für die genaue technisch-formale Ausgestaltung des einzureichenden Manuskriptes konsultiert man rechtzeitig im Vorfeld die *Instructions to the Authors* des betreffenden Publikationsorgans – sowohl für die Online-first-Ausgabe wie auch die eventuell folgende Printversion. Die konkreten Gestaltungsstile der verschiedenen *E-Journals* und Printmedien sind (immer noch) ziemlich verschieden, sodass man hinsichtlich der Text- und Illustrationskonfektionierung kaum allgemein verbindliche Empfehlungen geben kann. Die relevanten und strikt einzuhaltenden Details entnehmen die publikationswilligen Autoren daher immer den Webseiten der ins Auge gefassten Publikationsorgane.

Ernst zu nehmende wissenschaftliche Publikationsorgane drucken nicht alles und schon gar nicht unbesehen. Im Allgemeinen durchlaufen die eingereichten Manuskripte eine Art Fegefeuer, nämlich eine kritische Begutachtung durch meist zwei und fallweise auch mehr auf dem gleichen Gebiet arbeitende anerkannte Wissenschaftler. Diesen Prozess nennt man im Fachjargon *Peer Reviewing*. Erst nach einhellig positivem Bescheid der Gutachter oder nach Erledigung der von ihnen angeregten bzw. eingeforderten Nachbesserungen wird ein Manuskript zur elektronischen und/oder papierenen Publikation angenommen. Die Ablehnungsrate ist mitunter beachtlich – sie liegt beispielsweise bei den höchst renommierten Organen *Nature* bzw. *Science* im Bereich von über 90 %. Hat man dann glücklicherweise eine Veröffentlichung in einer angesehenen Zeitschrift mit Prestige und Profil platziert, punktet man mit dem daran gekoppelten *Impact Factor* natürlich mehr als beispielsweise in einer Vierteljahresschrift der Gesellschaft der Kakteenfreunde.

Unter dem Stichwort *Open Access* (OA) hat sich seit einigen Jahren eine leicht alternative Publikationsszene etabliert, bei der das *Peer-Reviewing*-Verfahren meist oder sogar generell entfällt. Wenn man ein interessant erscheinendes Ergebnis schnell und beinahe unkonventionell unter die Leute bringen möchte, sind die OA-Organe möglicherweise eine brauchbare Empfehlung. Der *Impact Factor* ist aber nach Einschätzung der etablierten Szene nahe bei Null.

Mit starken Worten – Texte stilvoll formulieren 5

Der bemerkenswert wortgewaltige Satiriker Karl Kraus (1874–1936) frotzelte schon 1927: „Es genügt nicht, keine Gedanken zu haben, man muß auch unfähig sein, sie auszudrücken". So soll es Ihnen natürlich nicht ergehen. Die folgenden Überlegungen gehen davon aus, dass Sie als Autorin oder Autor (a) richtig Deutsch sprechen und (b) auch weitgehend korrekt schreiben können. Das ist – wie die Erfahrung aus der Begutachtung von Manuskripten zeigt – durchaus keine Selbstverständlichkeit. Fast immer ist, auch bei den angeblichen Profis der Szene, dennoch die Begrifflichkeit zu schärfen, das Stilempfinden zu trainieren oder einfach der Blick dafür zu entwickeln, dass die sprachliche Qualität selbst im akademischen Umfeld häufig zu wünschen übrig lässt. In den Nachrichtenmedien ist das unterdessen leider Standard. Grammatikalisch falsche Flexionsformen von Einzelbegriffen, an denen sich sogar Lektoren und Korrektoren reiben, gehören dabei noch zu den leichteren Schreib- und Sprachsünden. Ein womöglich unfreiwilliges Beispiel einer stilistischen Schieflage liefert Esselborn-Krumbiegel (2012) bereits mit der unglücklichen Titelformulierung ihres Buches „Richtig wissenschaftlich schreiben". Meint sie damit etwa: „Nun schreiben wir mal so richtig wissenschaftlich", oder soll sich das Schreibergebnis „wissenschaftlich richtig" (was immer auch das sein mag) präsentieren? Notabene: Die Autorin bietet an der Universität zu Köln Schreibseminare an …

Ein interessanter Stolperstein, mit dem Sie auch Ihr Umfeld erbarmungslos testen können, ist der Begriff „Partikel": Sein Singular lautet definitiv nicht *der* und auch nicht *das*, sondern vielleicht etwas überraschend *die* Partikel (abgeleitet vom lateinischen Femininum *particula* = Teilchen); der Plural muss daher konsequenterweise *die* Partike*ln* heißen. Beim biologisch häufig verwendeten Begriff Tentakel liegen die Dinge anders. Es heißt korrekterweise *der* Tentakel (tolerabel ist auch *das* Tentakel) und im Plural immer *die* Tentakel (ohne n!), anders als bei Floske*ln* und Schauke*ln*.

Überhaupt nicht amüsant sind dagegen die zahlreichen stilistischen und begriffslogischen Schwächen sogar in Wissenschaftssachtexten. Kein Wunder? Immerhin bedienen „auch Funk und Presse die Öffentlichkeit mit miserablem Deutsch", notiert der als Sprach- und Stilanalytiker weithin anerkannte Wolf Schneider (1999, S. 9). Falsche Artikel (Testfälle: *das* Virus, *der* Pollen, *der* Biotop) und etliche begriffslogisch total verklemmte Komposita (wie Klimaerwärmung) sind in den Medien überaus häufig wahrzunehmen. Das lässt sich beheben. Im Übrigen ist es absolut keine Schande, in allen Zweifelsfällen eine Rechtschreib- oder lexikalische Begriffshilfe zu benutzen. Niemand kann wirklich alle der durchweg mehr als 120.000 Wörter der gehobenen Sprache kennen und richtig anwenden.

Befürchten Sie hier nun keine ausgiebigen Bodenübungen im richtigen Gebrauch von Fremdwörtern. Falls mal gerade kein entsprechendes Lexikon im Regal steht, helfen übrigens www.fremdwort.de, www.yourdictionary.de bzw. die – kostenpflichtige – Duden-Hotline weiter. Hier folgt nun auch kein Intensivkurs in Kommaregeln und Zeitengebrauch – dafür gibt es kompetente Ratgeber wie die Wörterbücher zur deutschen Rechtschreibung (Duden oder Wahrig). Vielmehr geht es nachfolgend um einige geradezu notorische Fehler, Formulierungsirrwege und sonstige häufige Einbrüche in der Darstellung, die das sprachlich-stilistische Profil Ihrer Arbeit unnötig belasten und nachhaltig beeinträchtigen. Bedenken Sie jedoch: Sprache ist mitunter schon in ihrem Wortbestand unlogisch. Ein Zitronenfalter faltet keine Zitronen, und die Windmühle mahlt keinen Wind. Sie zeigt sich fallweise auch leicht inkonsequent (Kirschtorte vs. Pflaumen*n*kuchen, Apfelwein vs. Birnen*n*saft; Schoßhund auf dem Schoß, aber Schäferhund nicht auf dem Schäfer), aber sie kann immerhin komplizierte Zusammenhänge in bewundernswert einfache, schlichte Worte kleiden. Schon aus Gründen einer wünschenswerten Flexibilität und Individualität im Ausdruck sollte man stilistische Empfehlungen also nicht allzu direktivenstur und orthodox befolgen.

5.1 Sprachebene

Wissenschaftssprache soll nach allgemeinem Konsens möglichst leidenschaftslos, sachlich distanziert und auch komprimiert sein – Sprachkürze gibt Denkweite, merkte bereits Jean Paul (1763–1825) zutreffend an. Sie darf keine saloppen Formulierungen verwenden (dieses Buch verstößt allerdings gelegentlich dagegen) und sollte jegliche Umgangssprache mit flottem Plauderton vermeiden. Ob sie aber immer so unterkühlt daherkommen muss wie ein Autopsiebericht aus der Gerichtsmedizin, mag zu überdenken sein. Kraft, Schönheit und Stärke der Sprache, die (fast) alle Autoren literarischer Texte einzusetzen versuchen, sollte man auch aus der naturwissenschaftlichen Sachschilderung nicht völlig verbannen – wenn sie etwas anderes hergeben soll als eine Komposition ohne mitreißende Musik, eine kräftig dosierte Schlaftablette oder ein sonstiges völlig bleichgesichtiges und blutleeres Etwas in der Art von juristischen Kommentaren. Immerhin sind Sprach- und Schreibstile auch ein Ausdruck von Persönlichkeit und Individualität. Einfallslose Uniform und Gleichschritt sind eher Sache des Militärs, in diesem speziellen Anwendungsbereich auch möglicherweise nützlich, aber für die lesesympathische Textproduktion nicht weiter ernst zu nehmen. Wichtig ist lediglich, dass man sich klar und unmissverständlich ausdrückt. Immerhin gehören die naturwissenschaftlichen Disziplinen nach ihrem Selbstverständnis zur früher so eigens abgegrenzten „exakten" Wissenschaft. Krause Konstruktionen und gedankliche Flickenteppiche sind für eine effiziente Kommunikation ebenso hinderlich wie eine unbekümmerte, sorglose Begriffswahl (vgl. auch Sick 2005, 2007; Schneider 2008).

5.2 Denglisch

Sprache entwickelt sich und unterliegt sogar den Gesetzmäßigkeiten der Evolution, auch wenn Sprachpuristen die Regelwerke zur Sprach- und Schreibpraxis in Raum und Zeit festzulegen versuchen. In den Naturwissenschaften vollzieht sich die internationale Kommunikation fast ausschließlich auf Englisch. Andere Sprachen sind sowohl bei Kongressen als auch im Publikationswesen nahezu nachrangig. So verwundert es durchaus nicht, dass zahlreiche angloamerikanische Begriffe und Redewendungen längst in die Wissenschaftssprache eingeflossen sind und von dort – oder auch direkt – ihren Weg in den Branchen-, Insider- oder Alltagsjargon gefunden haben. Unterdessen stellen sie vielfach bereits eine Art Soziolekt dar. Enno von Löwenstern, seinerzeit Ressortleiter in der Zentralredaktion der WELT, hat diese Entwicklung und die Neigung mancher Zeitgenossen zur ausgiebigen Sprachpanscherei in einer erfrischenden Glosse festgehalten (vgl. dazu auch Schneider 2008):

> **Beispiel**
> Ich habe den Managern ganz businesslike mein Paper presented: Wir müssen News powern und dann erst Akzent auf Layout und Design legen, auf der Front Page die Headline mehr aufjazzen. Für jede Story brauchen wir ein starkes Lead. Das Editorial muss Glamour und Style haben, unsere Top Priority bleibt: Action und Service. Der Cartoon muss best positioned sein, die Korrespondenten müssen Features kabeln, und sie müssen beim Handling ihrer Computer-Terminals fit sein, on-line und off-line, ihre Passwords nicht vergessen, mit dem Scanner umgehen können, das Register editieren, die Disks pflegen, sich mit Bits und Bytes auskennen, keineswegs Top News canceln. […] Und sie müssen auf ihre Connections achten, damit sie an Top-Secret-Informationen kommen. Mein Conference-Report betonte den High Risk eines Conflict of Interests mit der PR-Abteilung; der Creativ Director verstand die Message sofort. […] Job Application führt eben zur Success Story, und wer nicht up-to-date ist, verliert den Run.

Ohne in die Verdachtnähe von Sprachchauvinismus geraten zu wollen, darf man wohl feststellen, dass solche geballten Anhäufungen von Angloamerikanismen selbst bei zurückhaltender Dosierung in der Wissenschaftssprache (wie auch in anderen Anwendungsbereichen) unangemessen und daher zu vermeiden sind, auch wenn manchem lesenden oder schreibenden Zeitgenossen der Text dann nicht mehr *fully fashioned* vorkommen mag. Es bricht gewiss kein Zacken aus der Krone, wenn man *Brainstorming* durch Denkrunde, *Break* durch Pause, *Deadline* durch Termin und *E-Commerce* durch Netzhandel ersetzt.

Bleiben Sie aber dennoch ganz cool: Bestimmte eingeführte fachsprachliche Begriffe wie Quarks, Southern Blot oder Microbodies sind nicht ohne längere Umschreibung zu übersetzen. An Computer, PC, Laser, Laptop, TV und anderem neologistischen Importgut stört sich ohnehin schon niemand mehr. Der gelegentliche Gebrauch von Einzelbegriffen oder Wendungen kann ganz nett und auflockernd sein, nur die flächendeckende oder geballte, fast immer auch arrogant oder extrem aufgesetzt wirkende Häufung ist sprachkulturell ungesund und daher nicht akzeptabel: Jargon in einer wissenschaftlichen, sachorientierten Darstellung grenzt ab; er „begründet keine geistige Gemeinschaft, sondern stellt eine intellektuelle Hackordnung her" (Krämer 1999, S. 158). Entscheiden Sie also, ob (nach Schneider 2008) *Call Center*, *Event*, *Flatrate*, *Flyer* oder *Pole Position* nicht doch vollwertig durch deutsche Begriffe zu ersetzen sind. Und was ist mit *Blackout* (Synapsenschaden), *No-go-area* (Zoffzone), *Pay-TV* (Zasterglotze) oder *Workshop* (Schafftreff)? Umgekehrt leistet der ausgiebige Gebrauch unerklärter und vielleicht auch noch ziemlich entlegener Fachbegriffe eine zuverlässige Leserrepression. Auch solche Sprachattitüden, die nur dem Ego des Autors dienen, gehören nicht in eine auf Verständlichkeit für den/die Adressaten angelegte Arbeit.

In diesen Sachzusammenhang gehören auch etliche den IT-Sphären entnommene Neologismen, allen voran das Verb „downloaden". Die etablierten Ratgeber zur deutschen Rechtschreibung können sich vorerst noch nicht darüber verständigen, ob *downloaden* wie ein untrennbares Verb (beispielsweise *schlussfolgern*) zu konjugieren ist („er hat das Dokument gedownloadet") oder ob man damit wie bei trennbaren Verben verfährt („er hat … downgeloadet"). Kurios sehen diese hybriden Flexionsformen in jedem Fall aus. Erfinden Sie doch mal einen brauchbaren neuen Begriff, sofern man nicht gleich zum schlichten, aber eindeutigen „herunterladen" greift.

5.3 Fremdwörter und Fachbegriffe

Außenstehende empfinden die Fachsprache einer wissenschaftlichen Disziplin traditionell fast immer als aufgeblähte Geheimnistuerei. Diesem herben Vorwurf sahen sich bereits die mittelalterlichen Alchemisten genauso ausgesetzt wie moderne Fachautoren, die von ihren Lektoren gelegentlich in einfachere Sprachbahnen gelenkt werden (müssen). Das hat seine besonderen Gründe. Latein und Griechisch waren über Jahrhunderte hinweg die Gelehrtensprachen schlechthin und haben daher ganze Wissenschaftstraditionen mitgeprägt. In sämtlichen Naturwissenschaften einschließlich der Medizin und Pharmazie wären umfangreiche Begriffsregister und bis heute übliche fachsprachliche Bezeichnungen ohne die umfangreichen Anleihen bei der Altphilologie überhaupt nicht denkbar. Der übertriebene Gebrauch unerklärter oder nicht selbsterklärender Fremdwörter erinnert jedoch an das Aufstellen von Stacheldrahtzäunen bzw. unüberwindbaren Mauern. Kurt Tucholskys Hinweis, wonach Sprache eine Waffe ist, erhält hier eine neue und sicherlich bedenkenswerte Bedeutungsdimension. Sprachsoziologen sprechen sogar von Leserunterdrückung.

Vielfach geht es nicht anders. Statt Nucleus kann man natürlich Zellkern sagen, aber schon bei Dictyosomen und Mitochondrien, bei Buckminster-Fullerenen, π-Mesonen, sp^3-Hybrid-Orbitalen und Lias ε versagen die einfachen und auch der Marktfrau verständlichen Übertragungsmöglichkeiten, weil es keine geläufige Entsprechung gibt. Daher tauchen solche Begriffe folgerichtig und absolut tolerabel auch in deutschen Schulbüchern auf. Wie aber stellen sich nun die Blattgrünkörner statt der schlichten Chloroplasten oder ein Oberhäutchen statt der Epidermis dar? Solche begrifflichen Pirouetten sind einfach lächerlich und ebenso unbrauchbar wie der veraltete Ausdruck Kernschleifen für Chromosomen. Fachbegriffe fördern immer die Eindeutigkeit einer Mitteilung. Nach Mark Twain (1835–1910), einem bemerkenswerten Sprach- und Formulierungsgenie, ist der Unterschied zwischen einem zutreffenden und beinahe zutreffenden, weil schwammig umschreibenden Begriff derselbe wie der zwischen Blitzschlag und Glühwürmchen.

Wo Fachbegriffe bestimmte Sachverhalte eindeutig, kurz, funktional und ohne umschweifige Zusatzerläuterung ausdrücken, ist ihre Verwendung in einem Wissenschaftstext unstrittig und sinnvoll. Was die Cyrtopodocyten des Hartschek'schen Nephridiums sind und wo eine Deuterocerebralkommissur nun ganz genau liegt, weiß natürlich nicht jeder, aber man kann es ihm anhand eines erklärenden Schemas schnell und unmissverständlich erläutern. Zumeist ist auch davon auszugehen, dass die Textadressaten mit der facheigenen Terminologie einigermaßen vertraut sind oder sich darin rasch einleben können. Wissenschaftstexte richten sich erfahrungsgemäß nicht in erster Linie zum Beispiel an die Arbeitsgemeinschaft linksrheinischer Pfarrhaushälterinnen. Dennoch sollte ein Autor seine vermutete eigene Virtuosität im Beherrschen von Fachjargon nicht unentwegt und penetrant ausleben.

Obwohl naturwissenschaftliche Fachbegriffe herkunftsbedingt fast immer Fremdwörter sind (die „Flachkopfmusterbeutelklammer" wäre eine bürokratisch-technisch deutsche und schon allein deswegen unverständliche Begriffsprägung, zumal sie auch noch als abschreckender Silbenschleppzug daher kommt), sollte man sauber zwischen dem Gebrauch von Fach- und Fremdwörtern unterscheiden. Fachbegriffe und Fachsprache sind Werkzeuge der Informationsverdichtung, der sonst nicht oder nur schlecht zu leistenden Begriffsdifferenzierung und deswegen für eine treffgenaue Mitteilung unentbehrlich. In den Text fröhlich und unbekümmert eingestreute (sonstige) Fremdwörter sind dagegen viel seltener eine wirkliche Hilfe und oft überhaupt nicht notwendig.

Für viele dieser Wörter gibt es eine schlichte, allgemein verständliche und oft auch ehrlichere Wortwahl. Bei Wörtern wie aktuell, intensiv, normalisieren, Phase, relativieren, Station oder subjektiv mag man vielleicht noch vergeblich um brauchbare Ersatzbegriffe ringen, aber elaboriert, explizit, interdependent, liiert oder rekurrieren lassen sich vermeiden und vollwertig ersetzen. Solche verbalen Verrenkungen bzw. Mogelpackungen, die womöglich eine besondere Gelehrsamkeit oder einen nie zuvor wahrgenommenen gedanklichen Tiefgang unterstellen sollen, kommen beim Leser nicht gut an – der Adressat erkennt sie bald ähnlich wie bei den flotten Werbesprüchen für eine neue Zahncreme als „verpackte Luft" und empfindet sie dann erst recht als störend. Ausschließlich tropfenweise verabreicht fördern fremdsprachliche Floskeln eventuell ganz wirksam die Verdauung. Nur bei Überdosierung wirken sie erfahrungsgemäß als zuverlässige Brechmittel (pardon: Emetica).

▶ **PraxisTipp Fachsprache** Fachbegriffe sind nützlich, Fremdwörter meist nicht. Texte rechtzeitig auf ihr notwendiges Begriffsrepertoire durchforsten.

5.4 Satzbau

Ein guter Schreibstil zeichnet sich durch mehrere Merkmale aus. Eines der wichtigsten Qualitätsziele sind einfache, im Aufbau durchschaubare Sätze (Schneider 1996, 1999) – auch hier gilt der Zusammenhang von Sprachkürze und Denktiefe. Nur in einer solchen schriftlichen Verpackung fließt die mitteilenswerte Information vom Autor ohne nennenswerte Reibungsverluste zum Leser. Von Begriff zu Begriff spannt sich – ohne weiteres mitvollziehbar – der Gedankenbogen, ohne dass man ständig Blockaden aus begrifflichem oder konstruktivem Steinschlag aus dem Weg zu räumen hätte. Selbst wenn ein mitgeteilter Sachverhalt dem Leser völlig neu sein sollte, erschließt er ihn beim satzweise verarbeitenden Durchgang nicht allein durch die Bedeutungsreihung der einzelnen Wörter, sondern vor allem in größeren Wortzusammenhängen. Gut trainierte Schnellleser nehmen fast keine Einzelbegriffe mehr wahr. Umso verheerender wirkt es dann, wenn die Satzkonstruktion ständig auf Nebengeleise führt oder mit Einschüben von Nebensatzkaskaden bis zur dritten oder schlimmstenfalls noch höheren Abhängigkeit unentwegt Hürden aufstellt. In den Meldungen der Deutschen Presse-Agentur (dpa) liegt die erwünschte bis tolerierte Obergrenze bei etwa 20 Wörtern im Satz. In der BILD-Zeitung beträgt die Wortanzahl je Satz etwa 12, oft jedoch unter 6. Die Duden-Stilfibel empfiehlt 10–15 Wörter. Zählen Sie daraufhin die durchschnittliche Wortzahl pro Satz in Ihrer Zeitung nach.

Nur selten ziehen lange Sätze – wie Mark Twain es ausdrückte – am Leser so glanzvoll vorbei „wie eine Prozession mit einer Kerze nach der anderen". Unstrittig und anerkannt große Meister der Sprache wie Franz Kafka, Heinrich von Kleist oder Thomas Mann (gibt es solche auch aus dem 21. Jahrhundert?) durften das Gebot der kurzen Botschaft uneingeschränkt übergehen, denn sie lieferten mit ihren Werken schließlich keine naturwissenschaftlichen Sachberichte ab, sondern beeindruckende Sprachkunstwerke. In den meisten Fällen dokumentieren überbordende Satzgefüge entweder sprachliches Unvermögen, unausgereifte Denkprozesse oder begriffliche Arroganz. Stilistisches Herumstolzieren mit Schachtelsätzen produziert immer Unerfreuliches. Innerhalb fließender Grenzen sind auch unpassender Wortgebrauch, falsche Syntax und mangelnde Logik der Grund für missratene Satzgefüge.

Das Gebot einer förderlichen Satzlänge hat jedoch seine Grenzen. Kurzsätze sind nicht immer gut. Sie langweilen. Die Sparversion wirkt öde. Sie schläfert ein. Ihr Stil wirkt hölzern. Nichts kommt herüber. Der Mix macht's. Die Empfehlung geht daher in Richtung mäßige Satzlänge mit sympathischen Übergängen. Nur gut Proportioniertes wirkt „sexy" und vereinnahmt den Leser. Das heftige Stakkato der Beispielsätze dieses Abschnitts passt eher zu einem Groschenroman.

Eine schriftliche Botschaft verliert nichts von ihrem besonderen Charme, wenn man auf unnötiges Verbrämen und ausufernde verbale Blähungen verzichtet. Manche Autoren

5.4 Satzbau

scheinen indessen sprachliche Verständlichkeit mit gedanklicher Armut zu verwechseln und breiten vor ihren Lesern geradezu Labyrinthe mit zahlreichen Abwegen aus. Darin geradlinig zum Ziel zu gelangen, ist fast oder sogar völlig unmöglich. „Genießen" Sie dazu einmal die folgenden Kostproben:

> „… hingegen möchte mit der Unterscheidung von Kognition und Vernunft, von ratiomorphem Apparat als Ausdruck unbewußter Trieberwartungen und dem Bewußtsein, zwischen denen funktionale Analogien, aber keine Identitäten bestehen, die Integration der evolutionären in eine philosophische Erkenntnistheorie vorantreiben." Ach so! (aus Irrgang 1993, S. 122).

Verdächtig nahe an heftigem Imponiergehabe bewegt sich auch diese Mitteilung:

> Die Aufgabe besteht in der empirischen Untersuchung individueller Lernvoraussetzungen, die die Zuschreibung von mentalen Werkzeugen bzw. gedanklichen Konstrukten (Vorstellungen) gestatten. Gegenstände der Untersuchung können kognitive, affektive und psychomotorische Komponenten ebenso wie die zeitliche Dynamik der Lernperspektiven sein (Kattmann in Krüger und Vogt 2007, S. 95).

Selbst dieser Stil ist noch zu steigern und endet dann im definitiv Grässlichen. Der folgende Textauszug richtet sich nach Angaben seiner Autorin ausdrücklich nicht an Fachleute, sondern explizit an die wissenschaftlich interessierte Allgemeinheit:

> Die Synthese des hedgehog-Proteins wird von engrailed aktiviert, es diffundiert und wird von den Zellen der angrenzenden Reihe aufgenommen. Diese produzieren daraufhin den Transkriptionsfaktor Ci, der wiederum die Synthese von wingless-Protein anregt. Wingless wirkt zurück auf die engrailed-Produktion. Diese Wechselwirkungen bilden eine positive Rückkopplung (Nüßlein-Vollhard [Nobelpreis 1995] 2004, S. 99).

Nun ja.

Eine weit verbreitete und geradezu notorische Stilsünde (oder mangelnde Formulierungsdisziplin?) ist es, den gewichtigen Teil einer Botschaft in Nebensätze zu verlagern:

Unbrauchbar
Es zeigte sich bei diesen Versuchen, dass die Einwirkungszeit des Aktivators, weil die Rezeptoren in der betreffenden Partikelfraktion des Zellhomogenisats vermutlich ungleichförmig verteilt waren, mindestens um den Faktor 3,5 erhöht werden musste.

Aus „kommunikationstherapeutischen" Gründen ist in diesem Beispiel ein Zerlegen und Neuorganisieren der Sinnblöcke dringend angeraten. Nach konstruktiver Entknitterung könnte sich die obige Mitteilung auch so lesen:

Deutlich besser
Die Einwirkungszeit des Aktivators musste mindestens um den Faktor 3,5 erhöht werden, weil die Rezeptoren in der betreffenden Partikelfraktion des Zellhomogenisats vermutlich ungleichförmig verteilt waren.

Ein gut verständlicher Satz reiht seine tragenden Begriffe nacheinander auf und nicht verschnörkelt wie ein barockes Schnitzwerk. Klopfen Sie Ihre Texte ein paar Tage, nachdem Sie sie geschrieben haben, jeweils noch einmal kritisch auf Zumutbarkeit ab.

Ausgeprägt leistungsschwache, weil ziemlich verwässerte Aussagen ergeben sich häufig durch eine verschachtelte Satzkonstruktion, die dem Leser die Kernaussage lange vorenthält und ihn damit kommunikationstechnisch wirkungsvoll ausbremst. Die deutsche Grammatik lässt einen solchen komplexen Stopfstil durchaus zu: Der (hoffentlich) abschreckende und fiktive Beispielsatz im folgenden Beispiel ist zwar völlig korrekt durchformuliert, aber dennoch eher verwirrend als mitteilsam. Die Sinnentnahme der Botschaft ist in solchen Fällen auch aus folgendem Grund nicht besonders einfach: Das wichtige, Sinn tragende Subjekt als Aufhänger der Mitteilung tritt mit hinhaltender Boshaftigkeit irgendwo im Nebensatz auf, und das Prädikat erlöst den Leser tatsächlich erst am Satzschluss nach eventuell zwei Dutzend zwischengeschalteten Wörtern und noch mehr Silben.

Unbrauchbar
Wissenschaftshistorisch von besonderem Interesse erscheint, dass unter anderem auch der später so berühmte und mit dem Nobelpreis dekorierte James D. Watson, einer der erfolg- und einflussreichsten Biologen der Neuzeit, bei einem schon im Sommer 1948 im kleinen Labor Cold Spring Harbor auf Long Island im Staat New York stattgefundenen und von Max Delbrück eingerichteten Kurs lernte, dass man Genetik nicht nur mit Mendels Erbsen und Morgans Taufliegen betreibt, sondern wie man experimentell mit Bacteriophagen umgeht.

Die notwendige Umrüstung und Neuverteilung der Teilaussagen ergibt eine wesentlich besser und auch schneller durchschaubare Information:

Deutlich besser
Max Dellbrück hatte im kleinen Labor Cold Spring Harbor auf Long Island im Staat New York seinen legendären Phagenkurs eingerichtet. Hier erlernte unter anderem auch der später so berühmte und mit dem Nobelpreis dekorierte James D. Watson, wie man experimentell mit Bacteriophagen umgeht. Genetik betrieb man schon im Sommer 1948 nicht mehr nur mit Mendels Erbsen und Morgans Taufliegen. Wissenschaftshistorisch erscheint dieses Datum von besonderem Interesse.

Die deutsche Sprache lässt nicht nur zu, sondern erfordert sogar, dass man zusammengesetzte Verben trennt und die Wortteile an verschiedenen Stellen positioniert:

Unbrauchbar
Der 1928 in Chicago geborene, aufgrund seiner bahnbrechenden Arbeiten äußerst einflussreiche und später mit dem Nobelpreis ausgezeichnete Biologe *James D. Watson* nahm bereits im Sommer 1948 im kleinen Labor Cold Spring Harbor auf Long Island im

Tabelle 5.1 Kraftlose Aussagen und Pseudoargumente

Statt:	formulieren Sie:
Im Widerspruch dazu steht, dass …	Im Gegensatz dazu …
Daraus ergibt sich die Schlussfolgerung, dass …	Daraus folgt …
So besteht kein Zweifel mehr daran, dass …	Zweifellos …
Es wurde offensichtlich, dass die Werte …	Offensichtlich …
Der Verdacht drängte sich auf, dass …	Vermutlich …
Es ist bekannt, dass …	Bekanntlich …

Staat New York an einem von Max Dellbrück eingerichteten Phagenkurs zum Erlernen neuer genetischer Forschungsmethoden *teil*.

An dieser inhaltlich durchaus interessanten Mitteilung fällt Folgendes auf:

- Das Subjekt des Hauptsatzes (*James D. Watson*) erscheint erst nach 18(!) Wörtern bzw. 49(!) Silben (einschließlich der gesprochenen Jahreszahl).
- Der zweite Teil des Prädikats (*teil*) steht am Satzende nach insgesamt 51 Wörtern und 114 Silben.

Wesentlich fasslicher wird sie nach Umformulierung und Verteilung auf mehrere Sätze (Tabelle 5.1).

Deutlich besser

Der Biologe *James D. Watson* wurde 1928 in Chicago geboren. Aufgrund seiner bahnbrechenden Arbeiten äußerst einflussreich, wurde er später mit dem Nobelpreis ausgezeichnet. Bereits im Sommer 1948 nahm er an einem Phagenkurs teil, um neue genetische Forschungsmethoden zu erlernen. Max Dellbrück hatte den Kurs im kleinen Labor Cold Spring Harbor auf Long Island im Staat New York eingerichtet.

Durchforsten Sie daher Ihre Sätze erbarmungslos nach solchen sperrigen Vorreitern, welche die kernige Hauptsache in den immer deutlich schwächelnden Nebensatz abdrängen und damit unnötigerweise die Sinn tragenden Kraftzentren verlagern.

▸ **PraxisTipp Haupt- und Nebensätze** Hauptaussagen kommen immer in Hauptsätze. Nachgestellte Nebensätze ergänzen oder erläutern.

5.5 Darstellungsperspektive

Die auktoriale Form, bei der ein Autor aus der Ich-Perspektive berichtet, mag für den Schulaufsatz („Mein schönstes Ferienerlebnis") oder sonstige Gebrauchsprosa durchaus sinnvoll sein. Für einen Wissenschaftstext ist diese plaudernde Erzählform im Allgemeinen kein angemessenes Mittel. Ausnahmen sind allerdings möglich. An manchen Arbeiten sind mehrere Autoren beteiligt. In diesem Fall können sie den distanzierten Außenstandpunkt des scheinbar unbeteiligten Berichterstatters gegen eine persönliche Sicht eintauschen: „Auf diesem Hintergrund kommen wir zu dem Ergebnis …", „Wir schließen aus diesen Befunden …" oder „Die Daten bestätigen unsere bisherige Auffassung …". Analog begannen auch D. Watson und F. H. C. Crick (1953) (vgl. Abschn. 4.3) ihre berühmte Mitteilung über den molekularen Aufbau der DNA: „We wish to suggest a structure for the salt of desoxyribose nucleic acid (D.N.A.)."

Von Einzelfällen abgesehen, nimmt sich der Einzelautor eines naturwissenschaftlichen Textes in angemessener Bescheidenheit besser zurück, obwohl hinter der Wissenschaft und ihren Ergebnissen immer eine handelnde Person steht. Vermeiden Sie als Ausweg unbedingt die Flucht in die feudalistisch-großspurige wir-Form: „Wie wir des Weiteren darzulegen gedenken …" klingt genauso unerträglich wie „Nun gehen wir zu einem anderen wichtigen Experiment über", eine gruppendynamische Aufmunterung, die eher an eine motivationslahme Lerngruppe an einem unerträglich heißen Sommernachmittag gerichtet sein könnte. Dieser klassische Plüschsofastil war gestern. Geradezu unappetitlich aufgedunsen ist die vorgebliche Pseudodistanz in Formulierungen wie „Nach Ansicht des Autors ist …" oder „… was der Autor schon bei früherer Gelegenheit [Eigenzitat(e)] überzeugend dargelegt hat".

Annehmbare Wendungen sind dagegen „Daraus folgen …", „Diesem Sachverhalt ist hinzuzufügen", „Aus dem Gesagten lässt sich schließen …" oder „Zu fragen ist jedoch, ob …". Leicht angestaubt wirken dagegen konjunktivische Konstruktionen wie „Erwähnt seien …" oder „Es sei ausdrücklich hervorgehoben …". Überaus heftige Antikörperreaktionen rufen betont leisetreterische Einleitungen hervor: „Ich könnte mir denken …", „Ich möchte behaupten …", „Ich würde meinen …" oder vergleichbare Ausflüchte, die allesamt aus dem Munde eines Politikers stammen könnten. Meint er nun oder meint er nicht? Solcher Stilmurks liegt ganz sicher voll daneben.

5.6 Alles hat seine richtige Zeit

Die in den Naturwissenschaften oder in affinen Forschungsgebieten zu erstellenden Textsorten haben vom Projektprotokoll bis zur Dissertation zumindest in großen Teilen den Charakter einer Reportage – sie stellen Berichte und Bewertungen von Erkundungen, Erfahrungen und Ergebnissen dar. Die übliche Zeitform für das jeweils Dargestellte ist das Imperfekt (Präteritum): „Die vergleichende Messung der Chlorophyllgehalte der Planktonproben *ergab* Werte zwischen …" oder „Im abgesteckten Aufnahmefeld *waren* 15 Individuen der Spezies A nachzuweisen". Vermeiden Sie dabei unbedingt das immer ein wenig sperrige Plusquamperfekt und formulieren Sie also möglichst nicht „Die Sauerstoffbestimmung hatte ergeben …" oder „Der Verdacht hatte sich verdichtet …".

Nur beim Direktverweis auf eine Abbildung oder Tabelle wechselt man ins Präsens: „Abbildung 1.5 *zeigt* die Kinetik der PEP-Carboxykinase, während Tabelle 1.2 die in verschiedenen Reaktionsansätzen verwendeten Cofaktoren *dokumentiert*". Auch bei Zitaten verwendet man die Präsensform: „… wie Meyer (2007) zu diesem Problem *anmerkt*" oder „… wie der Diskussion bei Adolphi et al. (2013) zu entnehmen *ist*".

Mit der korrekten Zeitwahl ist oft ein anderes Problemfeld verknüpft, nämlich der kompetente Einsatz des Konjunktivs. Eine bemerkenswerte Leistung von Sprache ist es, bestimmte Sachverhalte in eine eigene Verbform zu kleiden, die so gar nicht bestehen, sondern nur vorstellbar sind. Der Konjunktiv, als noch vorstellbarer Potenzialis oder gesteigert zum nahezu unmöglichen Irrealis, hat seine großen Auftritte meist in der indirekten Rede der Literaten und Bühnenautoren, bei den Verfassern von Sachtexten aber nur wenige Freunde. Dafür mögen mehrere Gründe vorliegen: Zum einen existiert er nicht einmal für alle Verben, zum anderen ist der Gebrauch schwierig und die Wirkung auf Leser (oder Zuhörer) eher abschreckend bis belustigend: „Kröche die Eidechse ein wenig weiter in die Mauerfuge, hinge ihre Schwanzspitze nicht so verräterisch heraus" (vgl. auch Schneider 2009).

Die folgenden sprachlichen Schnitzer findet man besonders häufig:

- Konjunktiv-Phobie
  „Er kündigte an, die Versuchsreihe zu wiederholen, falls das bisherige Ergebnis anderweitig nicht bestätigt *wird*." Richtig muss es heißen „… *bestätigt werde*".
  „Einige Kritiker der Methode behaupten, dass deren Resultate noch nie besonders überzeugend *waren*." Sprachlich korrekt ist: „… *gewesen seien*" (nicht: „gewesen wären").
- Problematischer Infinitiv im Nebensatz
  „Das Ergebnis legt nahe, hier *muss* eine Neuinterpretation der bisherigen Lehrmeinung erfolgen, wonach das Richtungswachstum ausschließlich durch die Gravitation *bestimmt wird*." Richtig muss es lauten: „… *müsse* …" sowie „… *bestimmt werde*."
- Fluchtkonstruktion mit „würde"
  „Tabelle 5.3 lässt den Verdacht aufkeimen, dass die Faktorengruppe a–c zu einer neuen Sichtweise Anlass geben würde." Korrekt ist „… gäbe"

Auch wenn Sprachpuristen jetzt in der Manier des Rumpelstilzchens heftig auf und ab hüpfen sollten: Als Modus für einen naturwissenschaftlichen Sachtext ist der Konjunktiv eher nicht zu empfehlen. Der so wunderbar lineare Indikativ verhilft einem Text zu größerer Klarheit und formuliert transparente Aussagen ohne jegliche Winkelzüge.

▶ **PraxisTipp Zeitwahl** Beschreibende, ergebnisorientierte Texte formuliert man im Indikativ Imperfekt.

5.7 Texte mit Leidensdruck: Das unselige Passiv

Der für naturwissenschaftliche Sachverhalte gewählte unpersönliche, distanziert-objektivierende Darstellungsstil ist normalerweise von jeglicher Emotion denkbar weit weg. Ein solcher Text fasziniert sicherlich überwiegend mit seinem Inhalt und nicht primär als Sprachkunstwerk, was zugebenermaßen in diesem Zusammenhang nicht seine Hauptaufgabe ist. Er degeneriert aber vollends zur Behördenprosa, wenn die Botschaften überwiegend oder ausschließlich im Passiv stehen, „eine künstliche, entmenschlichte Form des Verbs, in Dialekten selten oder unbekannt, Kindern spät zugänglich und bei jedem Verständlichkeitstest im Hintertreffen" (Schneider 1991, S. 50). „Es werden 25 Grad erreicht" (häufige An- und Aussagenorm in den TV-Wetternachrichten) hat die gleiche sprachliche Qualität wie die betont einfühlsame Aufforderung der Finanzbehörde an die Steuer zahlenden Untertanen („Sie werden dringendst ersucht …"). Das Passiv ist eben die denkbar übelste Form, mit einem Verb zu verfahren, weil es nicht klar benennt, sondern nur versteckt bzw. eine Menge Theaternebel verbreitet. Passiv ist nur dann gerechtfertigt, wenn es tatsächlich eine Leideform ausdrücken soll („Der Postbote wurde schon mehrfach vom Hofhund gebissen"). Schlimmer noch als die ohnehin schon geschraubte Leideform und deswegen absolut unerträglich ist gehäuftes Passiv in jedem von mehreren aufeinander folgenden Sätzen. Es bringt geradezu grauenhafte Satzgebilde hervor.

> **Unbrauchbar**
> Die Auftragung der Einzelfraktionen der vorgereinigten Extrakte bzw. ihrer Präzipitate nach Behandlung mit schwach konzentrierter Ammoniumsulfatlösung, die normalerweise entsprechend der Versuchsanleitung von Meyer (1998) mit Mikrokanülen vorgenommen wird, wurde von der Arbeitsgruppe um Müller (2001) als unzureichend kritisiert und wird daher hier nicht mehr eingesetzt.

Der Leser kämpft sich wiederum durch eine Güterzuglänge gereihter (fachbegrifflicher) Substantive und gelangt erst mit den erlösenden Verben im letzten Satzfünftel zur eigentlichen Kernaussage. Das (fiktive) Beispiel ist bereits fatal genug, aber anhand von Literaturstellen leicht zu übertreffen. Bei Ihren ausgedehnten Literaturrecherchen werden Sie mengenweise abschreckende Beispiele finden. Daraus folgt die dringende Empfehlung, in der Aktivform zu schreiben. Formulieren Sie also möglichst nicht „Es wird nachgewiesen, dass …", sondern „Dieser Abschnitt weist nach …".

> **Deutlich besser**
> Die Einzelfraktionen der vorgereinigten Extrakte bzw. ihrer Präzipitate trugen wir mit Mikrokanülen auf. Die Versuchsanleitung von Meyer (1998), die eine Vorbehandlung mit schwach konzentrierter Ammoniumsulfatlösung vorsieht, hat die Arbeitsgruppe um Müller (2001) als unzureichend kritisiert. Die Auftragung erfolgte daher ohne diesen Schritt.

Im Passiv formulierte Sätze erscheinen zwar auf den ersten Blick objektiver, sachbezogener oder distanzierter und daher einem naturwissenschaftlichen Text durchaus angemessen. Das genauere Hinsehen entlarvt sie jedoch sofort als umständlich, geschraubt, zudem bürokratisch und für das Verständnis geradezu kontraproduktiv. Weil das Passivprädikat im Satz erst ganz weit hinten oder gar am fernen Ende folgt (siehe Abschn. 5.4), ist nämlich erst einmal eine größere begriffliche Bugwelle abzuarbeiten, die leicht zur gedanklichen Atemnot führt. Passivsätze knarren, knirschen und klemmen also vernehmlich. Es geht wirklich einfacher und eleganter. Autoren, die Kapitelüberschriften wie „Ein Thema wird bearbeitbar gemacht" oder „Wenn mit dem Computer gearbeitet wird" formulierten (Peterßen 1999), muss man geradezu dankbar dafür sein, dass sie so herrlich abschreckende Beispiele liefern. „*Nullus est liber tam malus, ut non aliqua parte prosit*" – diese wunderbare Sentenz verdanken wir Plinius d. Ä. (23–79): Kein Werk ist so nutzlos, dass es nicht zumindest noch als abschreckendes Beispiel dienen kann. So ist es.

▸ **PraxisTipp Aktiv vs. Passiv** Wo immer es geht, alle Sätze unbedingt im Aktiv formulieren.

5.8 Sichere Kandidaten für den Rotstift

Die aus dem Japanischen über das Englische ins Deutsche übersetzte Gebrauchsanleitung für die neue Küchenmaschine überrascht fast immer mit vielerlei erheiternden Formulierungsschwächen. Nicht allein solche Alltagstexte, sondern eben auch Manuskripte zu wissenschaftlichen Inhalten weisen mancherlei stilistische Schwachstellen und Schnitzer auf. „Das Gute, dieser Satz steht fest, ist stets das Böse, das man lässt", merkte Wilhelm Busch (1832–1908) zwar nicht ausdrücklich im Blick auf einen die beabsichtige Botschaft nachhaltig schädigenden Textstil an, aber sie könnte damit durchaus gemeint sein. Gelegentliche bis häufige, aber vermeidbare Problemzonen sind:

5.8.1 Abkürzungen

Seltenere oder sehr spezielle Abkürzungen bzw. Akronyme belasten die Verständlichkeit eines Textes beträchtlich, auch wenn sie in einem gesonderten Abkürzungsverzeichnis am Anfang der Arbeit aufgelöst sind. Vermeiden Sie daher von der Einleitung bis zur Diskussion Textpassagen, die mit vielerlei Abkürzungen gespickt sind.

Auch die unschön abgekürzten Standardfloskeln wie u. A., d. h., i. d. R., u. v. a. m. oder ähnliche Ausflüchte lassen sich vermeiden, wenn man die betreffenden Sätze aus- oder umformuliert.

5.8.2 Bekanntlich

In den Texten mancher Autoren schwingt – sicherlich meist unabsichtlich – eine gewisse Arroganz oder Hochnäsigkeit mit, wenn sie wie selbstverständlich betonen, dass dies oder jenes *bekanntlich* so oder so funktioniert. Den Leser, der den angesprochenen Sachverhalt aber partout noch nicht kennt, ist folgerichtig enorm frustriert und droht eventuell in tiefe Depressionen abzugleiten. Ersparen Sie ihm solche zerknirschenden Momente sowie das Gefühl, dass er selbst die Schuld daran trägt, wenn er die verquaste Botschaft des Textes nicht versteht.

5.8.3 Bisexuelle Verrenkungen

Verbale Sexismen, die aber meist gar nicht so gemeint sind, lassen sich nicht immer vermeiden. Wenn man nicht in den befreienden und unverdächtigen Plural ausweichen kann, schreibt man eben *er/sie, jede/jeder* oder *sein/ihr*.

Das feminalisierende Binnenmorphem, eventuell noch dargestellt mit eingeklammerter Pluraladresse wie in BürgerIn(nen) oder LehrerIn(nen), sind zwar juristisch einwandfrei, aber formal unschön und zudem oftmals unnötig. Manchmal funktionieren sie nur extrem umständlich wie bei *Kolleg(e)In*. Indessen: *Lehrerin* schreibt man wirklich nur, wenn diese Bezeichnung tatsächlich als genau markierter Begriff stehen soll, weil es im betreffenden Kontext exakt auf das Geschlecht ankommt. Die Form *Lehrer* als nichtmarkierte Form steht völlig korrekt für beide Geschlechter und erübrigt auch die Flucht in die Formulierung *die Lehrenden*. Wenn man schon nicht bei der geschlechtsneutralen Maskulinform Kollegen und Lehrer bleiben möchte, darf man eventuell durchaus den geringen Schreibmehraufwand für Kolleginnen und Kollegen oder Lehrerinnen und Lehrer riskieren.

Von beachtlicher sprachlicher Unbedarftheit zeugt die leider zunehmend verwendete Form *man/frau*.

5.8.4 Fall-Gruben

Bastian Sick (2004, 2005, 2007) gebührt das große Verdienst, auf vielerlei Stolperanlässe in der deutschen Sprache aufmerksam gemacht zu haben. Häufige Steine des Anstoßes sind der umgangssprachliche Gebrauch der beiden Kasus Genitiv und Dativ nach bestimmten Präpositionen. Vielfach ist dabei „der Dativ dem Genitiv sein Tod" (Sick 2004). Tabelle 5.2 versammelt einige häufigere „Fall"-Beispiele bzw. -gruben.

Tabelle 5.2 Präposition und richtiger Kasus

die Präposition	erfordert den	wie im Fallbeispiel
aufgrund	Genitiv	Aufgrund des Klimawandels steigt der Meeresspiegel.
einschließlich	Genitiv	Einschließlich der benannten Zusatzwerte ergibt sich folgender Sachverhalt:
gemäß	Dativ	Gemäß dem Protokoll der letzten Arbeitsgruppensitzung
infolge	Genitiv	Infolge verknappter Ressourcen ist eine Steigerung kaum möglich.
nahe	Dativ	Im Dünengelände nahe dem Strand finden sich kleinflächige Moore.
statt	Genitiv	Statt einer kompletten Messwertfolge zeigt die Abbildung ausgewählte Einzelpunkte.
unweit	Genitiv	Unweit der Straße befindet sich ein fossilführender Aufschluss.
während	Genitiv	Während des Messvorgangs war keine Kalibrierung mehr möglich.
wegen	Genitiv	Wegen eines technischen Defekts ergaben sich am GPS-Gerät falsche Ablesungen

5.8.5 Falsche Freunde

Bei der Übersetzung aus anderen Sprachen oder umgekehrt drohen erfahrungsgemäß mancherlei Fallgruben. In beiden betreffenden Sprachen ähnliche oder sogar gleich lautende Wörter bezeichnen nicht selten völlig verschiedene Sachverhalte. Im Englischen nennt man sie daher zutreffend „false friends". Einige (von sehr vielen) englischen Wortbeispielen sind *actual* (eigentlich, wirklich), *apart* (abseits, abgesondert), *brave* (mutig), *fatal* (tödlich), *genial* (freundlich, heiter), *concept* (Begriff), *menu* (Speisekarte), *probe* (Sondierung, auch als Verb *to probe* = untersuchen), *rate* (Maß, Kurs) oder *sensible* (vernünftig). Sollten Sie das englische *pregnant* (schwanger) tatsächlich mit *prägnant* übersetzen, lösen Sie garantiert heftige Heiterkeit aus. Peinlich berührt könnten die Betroffenen reagieren, wenn sie ihre *hall* (Landsitz) mit Halle übersetzt finden.

5.8.6 Falsches Attribut

Die „biologische Abbaubarkeit", die „geologischen Schichten" oder die „psychologische Verfassung" sind aufgeplustert und begrifflich ebenso falsch wie eine „ökologische Verantwortung" oder die verfemten „chemischen Substanzen": Sie werden auch durch häufigen alltags- resp. umgangssprachlichen, inhaltlich verschleifenden Gebrauch nicht besser. Hüten Sie sich vor Präfixen wie Bio-, Geo-, Öko- und Psycho- auch bei Substantiven. Die Umgangssprache ist meist ein schlechter Ratgeber.

Tabelle 5.3 Häufige Fremdwörter und ihr korrekter Plural

Singular	Plural	Singular	Plural
Agenda[1]	Agenden	Kasus	Kasus
Atlas	Atlanten	Komma	Kommata
Datum	Daten	Opus	Opera
Forum	Foren	Praktikum	Praktika
Genus	Genera	Status	Status

[1] Das als Singular gebrauchte Wort Agenda ist vom Ursprung her eindeutig der Neutrumplural des lateinischen Gerundiums *agendum*, aber nach Duden und Wahrig in der Einzahlform zulässig.

5.8.7 Farbiges

Die grüne Wiese mit gelbem Löwenzahn, die weißen Wolken über blauen Bergen sind meist unproblematisch zu handhaben. Fallweise lässt sich der noch grauere Himmel gar zum schwärzesten Tag steigern (Sick 2005). Daneben gibt es eine Anzahl von Farbadjektiven, die sich von Substantiven ableiten wie *olive* von der Steinfrucht des Ölbaums, *orange* von der durchaus schmackhaften Zitrusfrucht, *lila* von der französischen Bezeichnung für Flieder oder *rosa* von der zart errötenden Rose. Solche buchstäblich nuancierenden Farbangaben sind nach den gültigen Schreib- und Sprachregeln absolut stocksteif – man kann sie nämlich partout nicht deklinieren: „Die rosane Befiederung des Flamingos" ist ebenso unzulässig wie „die orangene Unterseite einer Gelbbauchunke" oder „die noch lilaneren Kronblätter der Moschus-Malve". Es bleibt schlicht bei der rosa Befiederung, der orange Unterseite und den lila Kronblättern. Wem das zu sperrig klingt, kann die erläuternden Suffixe -farben oder -farbig verwenden und von rosafarbenen Flamingos, orangefarbigen Unkenbäuchen oder lilafarbenen Malven schwärmen.

5.8.8 Fremdwörtliches

Fremdwörter sind ebenso wie viele Fachbegriffe gewöhnlich einer der antiken Hochsprachen Latein oder Altgriechisch entlehnt. Da diese so gut wie absolut tot und auch als Lernstoff weitgehend ausgestorben sind (vgl. dagegen Meier-Brook 2008), wird der korrekte Gebrauch mitunter zur heftigen Problemzone. Dazu gehört auch die richtige Bildung der Flexionsformen. Das Plural-s an *Kommas* schmerzt ebenso nachhaltig wie bei den *Praktikas* und ist mindestens so fatal unerträglich wie bei *Gnocchis* und *Zucchinis*. Tabelle 5.3 (nach Sick 2004) listet auswahlweise einige häufiger auftretenden Plural-Klippen auf.

5.8.9 Fülliges

Die Umgangssprache verwendet gerne und ausgiebig Füllwörter, die eine Aussage aufblähen und in den meisten Fällen sogar relativieren. In einem Wissenschaftstext haben sie keinen Platz, denn hier ist die klare, kompakte und pointierte Aussage gefordert. Unter Dauerverschluss im Giftschrank kommen daher *eigentlich, ganz, gewissermaßen, insgesamt, irgendwie, ja, natürlich, regelrecht, sehr, so, wirklich, weitgehend, wohl* und ähnlich watteweiche Artverwandte. „Wenn es möglich ist, ein Wort zu streichen, dann streiche es", riet einst der britische Schriftsteller George Orwell (1903–1950). Tun Sie es!

Außer entbehrlichen Füllwörtern verirren sich gelegentlich auch inhaltsleere Füllsätze in einen Text. Sie bieten bei genauerem Hinsehen keine eigene Aussage, sondern kündigen lediglich eine solche an. Verpönte Beispiele sind: „Wir kommen jetzt zu einem sehr wichtigen Unterpunkt", „Hieran schließt sich eine ganz entscheidende Frage an", „Jetzt muss ein weiterer Sachverhalt zur Sprache kommen" oder „Im Folgenden wird gezeigt, welchen Einfluss die verwendete Pipettengröße auf die Genauigkeit der erhaltenen Einzelwerte hatte". Wenn der Folgetext tatsächlich einen argumentativ entscheidenden Aspekt mitteilt, können Sie diesen Ihrem Leser wesentlich wirksamer durch eine Direktformulierung mitteilen. Dazu ist jedoch meist eine größere Umrüstung der betreffenden Textpassage erforderlich.

5.8.10 Gebeugtes Unbeugsames

Die Mitteilung auf der Sportseite der Tageszeitung, wonach der Aufstieg des 1. FC Köln in die Erste Bundesliga trotz *teilweiser* guter Leistungen schon wieder gefährdet ist, zermürbt nicht nur die Seelen der FC-Fans. Von der Tragik dieser Ausgangslage abgesehen, ist ein weiterer zu Tränen rührender Befund das Wort *teilweiser* und sein Gebrauch als dekliniertes Adjektiv. So geht das eben nicht. „Teilweise" ist ein geradezu klassisches Adverb, das man nicht attributiv dekliniert in Verbindung mit einem Nomen verwenden kann. Die *paar-, fall-, schritt-* und *zeitweisen* Maßnahmen zur Erhöhung der Geburtenrate sind also (auch) formal nur dann in Ordnung, wenn es sich um *paar-, fall-, schritt-* und *zeitweise* eingeleitete Maßnahmen handelt.

5.8.11 Genitiv-s

Immer häufiger findet man in den Printmedien, dass Flexionsformen völlig verschleifen. Auf der beklagenswerten Verluststrecke steht das Genitiv-s, vor allem bei geographischen Namen: „Die Küsten des südlichen Europa" oder „An den Ufern des Rhein" mag in manchen Kreisen zwar gerade noch akzeptabel erscheinen, ist aber absolut nicht korrekt. Richtig muss es auch heißen „Die Waldgesellschaften des Allgäus", „Die Feinstratigraphie im Unterdevon des Westerwaldes" oder „Das Eruptionsalter des Petersberges". Allerdings sollte man den Genitivgebrauch auch nicht übertreiben: „Chantals Gürtels Schnalle" (Konrad Beikircher) klingt reichlich gespreizt.

5.8.12 Metaphern

Eine Müllhalde lässt sich auch in der Wortverkleidung des Entsorgungsparks nicht richtig schön reden, und wenn jemand das Zeitliche gesegnet hat, ist er wohl unwiderruflich tot. Der Umgang mit schönfärberischen Ausdrücken (Euphemismen) oder anderen bildhaften Vergleichen (Metaphern) lockt gelegentlich auf spiegelglattes Eis und lässt Unerfahrene erbarmungslos straucheln. In der Prosaliteratur wirkt eine gekonnte, wenngleich fallweise auch gewagt erscheinende Metaphorik wie gut dosierte Pfefferkörner in der Speise („Sie lächelte nicht besonders boticcellimäßig, sondern eher wie ein leicht verkatertes Girl aus der Werbung für Margarine"). In der Wissenschaftssprache ist dieser besondere Sprachstil dagegen weitgehend unangebracht.

Geradezu grotesk wirken ähnliche Vergleiche, wenn sie zum schiefen Bild missraten („Der Schokoladenhase ist das Zugpferd der Osterartikel", „Das Motiv durchzog wie ein rotes Tuch den gesamten Text" oder „Er ließ die Argumente einfach unter den Teppich fallen").

5.8.13 Negatives

Bei Formulierungen mit „nicht" ist das Aufeinandertreffen von Partikel (nicht) und zugehörigem Adjektiv nicht immer eindeutig interpretierbar. Auch die aktuellen etablierten Wörterbücher zur deutschen Sprache bleiben in diesem Punkt bemerkenswert unentschlossen. Nach § 36 (Absatz 2.3) der Amtlichen Regelungen zur deutschen Rechtschreibung bleibt es mal wieder dem Schreibenden überlassen, eine entsprechende begriffliche Akzentplatzierung vorzunehmen, die aber werkeinheitlich ausfallen muss. Beispiele aus wissenschaftlichen Formulierungsfeldern sind

- nichtlinear vs. nicht linear
- nichtkompetitiv vs. nicht kompetitiv
- nichtreduzierend vs. nicht reduzierend

Würfeln Sie. Nicht zu empfehlen ist immer die Schreibweise

- nicht-linear etc.

Tabelle 5.4 Vermeiden aufdringlicher Nominalfolgen

Statt:	formulieren Sie:
in Ansatz bringen	ansetzen
zur Ausführung gelangen	ausführen
unter Beweis stellen	beweisen
einer Verwendung zuführen	verwenden
für die Entsorgung vorsehen	entsorgen

5.8.14 Nichtzählbare

Die meisten Nomina existieren in einer Singular- und einer davon abweichenden Pluralform: Blatt, Blume, Feder, Hund, Vogel werden im Nominativ zu Blätter, Blumen, Federn, Hunde, Vögel. Nur *der Käfer* behält auch als Kollektiv *die Käfer* seine Form.

Daneben gibt es nicht wenige nichtzählbare Nomina, für die es konsequenterweise auch keinen korrekten Plural gibt. Beispiele sind Beton, Blut, Milch, Politik, Verkehr oder Zukunft. Möchte man in fachsprachlichem Zusammenhang eine Pluralform verwenden, bleiben elegante Umschreibungen wie *Milchprodukte, Sorten von Beton, politische Fehlentscheidungen* oder *Zukunftsentwürfe*. Eine häufig falsche Pluralbildung betrifft auch den in der Biologie üblichen Begriff *der Pollen* – er bezeichnet schon in der Singularform eine Menge (*plurale tantum*), weswegen die Form *die Pollen* begrifflich und grammatisch falsch ist. Eine genauere Unterscheidung zwischen Singular und Plural leistet die Wortzusammensetzung *das Pollenkorn* vs. *die Pollenkörner*.

5.8.15 Nominalfolgen

Das Gebot der kompakten Formulierung, dem nach vieljährigem Lesetraining oder entsprechenden redaktionellen Frustrationsstrecken auch die gehorsamst eingeknickten Autoren wissenschaftlicher Texte folgen, verleitet oft zu ungesund zusammengeleimten Hauptwörtern. Die Flachkopfmusterbeutelklammer oder der Gesundheitswiederherstellungsmittelzusammenmischungsverhältniskundige (= Apotheker) sind zwar begrifflich logisch, eindeutig und mitunter praktisch-funktional, wirken aber dennoch für das Textverständnis total verstopfend. Sie sind daher reichlich ungesund und nur im extremen Notfall zu verwenden.

Scheinobjektive Nominalkonstruktionen, auch Streckformen genannt, erinnern immer stark an die üblicherweise unliebsame Behördenprosa („Beibringung der Steuererklärung als Voraussetzung der Notwendigkeit zur Veranlagung zur Einkommensteuer"). Solche Reihen lassen sich leicht vermeiden, wenn man statt der bürokratisch aufgebeulten Substantiv-/Verb-Kombinationen das viel einfachere und schlichte Verb setzt. Beispiele zeigt Tabelle 5.4.

5.8.16 Pleonasmen

Bei Schulaufsätzen drangsalierte man uns früher, die jeweiligen Schilderungen möglichst üppig mit „schmückenden Adjektiven" anzureichern. Adjektive (nach der lateinischen Wortherkunft die „Drangeworfenen") sind häufiger entbehrlich, als man glaubt. In Tautologien wie „alter Greis", „weißer Schimmel", „schwarzer Rabe" oder gar „tote Leiche" ist ihre Nutzlosigkeit offensichtlich. Und wie stellt sich eine deskriptive Beschreibung einer verheerenden Katastrophe mit schlimmen Verwüstungen einer transparenten Glasvitrine auf der fundierten Grundlage eines direkten Augenzeugenberichtes dar, von der Sie durch einen telefonischen Anruf erfuhren? Klar, dass nach einem solchen bedauerlichen Geschehnis mit zwingender Notwendigkeit eine komplette Neurenovierung (übrigens auch dieser Mitteilung selbst ...) erforderlich ist.

Haben Sie je Testversuche mit chemischen Stoffen oder Farbpigmenten unternommen und davon Rückantworten oder quantitative Zahlenangaben erwartet? Und was darf man sich unter einem strukturierten System vorstellen? Sprachlogik ist ein wunderbares Instrument jeglicher Mitteilung, aber begrifflicher Wildwuchs führt den Leser unnötigerweise in Verständnisdickichte.

5.8.17 Präpositionalismus

Behörden bemühen sich mit beachtlichem Erfolg darum, unverständliche Texte zu verfassen und damit ihre Adressaten zu quälen. Eines ihrer vielen beliebten Stilmittel sind Reihungen von Präpositionen und Adverbien, mit denen sich tatsächlich geradezu granitharte Kompaktsätze formulieren lassen. Mitunter finden sich solche stilistischen Einbrüche auch in Wissenschaftstexten. Die folgenden Mitteilungen sind Kostproben:

Unbrauchbar

Nach von uns schon lange vor 1990 durchgeführten Analysen über unter sich vernetzte Proteine ...

Wegen einer aus uns immer noch nicht nachvollziehbaren Gründen gegenüber einer gestern erfolgten Überhitzung ...

Sie lassen sich nur dann verdauen, wenn man die blockierenden Verkettungen zerlegt und sortiert:

Deutlich besser

Analysen über vernetzte Proteine, die wir schon vor 1990 durchgeführt haben, zeigten ...

Aus noch nicht nachvollziehbaren Gründen erhitzte sich ...

5.8 Sichere Kandidaten für den Rotstift

Tabelle 5.5 Hier ist die Steigerung ausgeschlossen!

Nur im Positiv erscheinen (Auswahl):		
einmalig	ideal	verschieden
einzig	minimal	verstärkt
entsetzlich	maximal	verwirrend
frei	optimal	voll
gleich	perfekt	weitgehend
gleichmäßig	unterschiedlich	zerstreut

5.8.18 Steigerung – problematisch bis verboten

Komparative wirken häufig ziemlich penetrant, Superlative oft sogar unerträglich anmaßend. Setzen Sie Begriffssteigerungen daher unbedingt zurückhaltend und sozusagen homöopathisch dosiert ein.

In vielen Fällen ist eine Steigerung logischerweise überhaupt nicht möglich (beispielsweise von einfallslos, schwanger, schwarz, vgl. Tabelle 5.5) oder sie ist zumindest fragwürdig wie bei *verschieden* sowie bei allen mit dem Präfix „un-" beginnenden Adjektiven. Wenn der „perfekteste Augenblick" den „totalsten Wahnsinn" verspricht, liegt eine brutalstmöglichste Steigerungsform vor, die standardsprachlich einfach nicht mehr hinnehmbar ist.

5.8.19 Verneinung – schlimmstenfalls gleich mehrfach

Keineswegs nicht immer unlogisch, nicht grundsätzlich unvermeidbar, eine zunehmende Schrumpfung durch negatives Wachstum – solche und andere hirnverzwirnende Mehrfachverneinungen blockieren beim Lesen hochwirksam den Gedankenfluss. Die Krönung solcher Umständlichkeit liefert – wie so oft bei juristischen Texten – in diesem Fall der § 118 des Bürgerlichen Gesetzbuches (BGB) mit gleich fünf Verneinungen in Serie: „Eine nicht ernstlich gemeinte Willenserklärung, die in der Erwartung abgegeben wird, der Mangel der Ernstlichkeit werde nicht verkannt werden, ist nichtig". Das erkennbare Bemühen um eine objektive und eindeutige Formulierung, endet wegen ungenügenden Sprachtrainings im Kommunikationschaos.

(Siehe auch Stichwort „Negatives" in diesem Kapitel!)

5.8.20 Weichmacher

Mit einem Scanner und der entsprechenden Texterkennungssoftware (OCR) kann man fertige Vorlagen einlesen, die später wie selbst geschriebene Texte weiterverarbeitet werden können (Peterßen 1999, S. 103).

Solche enorm praktischen Hinweise sind natürlich immer dann besonders erfreulich, wenn sie dem Leser wortreich ausmalen, was er sonst noch alles anstellen kann: Im zitierten Fall tänzelt die schriftliche Verpackung der Botschaft um die einfache Kernaussage, dass (a) ein OCR-unterstützter Scanner üblicherweise Vorlagen einliest und man (b) diese wie Eigenschriftliches weiter verarbeitet. Wozu sonst liest man Textvorlagen ein? Verwenden Sie keine Umschreibungen potenzieller Sachverhalte, wenn ein konkreter Fakt gemeint ist.

Analoge Formulierungen („Ich würde meinen wollen …") sind beim genaueren Hinsehen fast immer begriffliche Weichspüler. „Es könnte durchaus die Gefahr bestehen …" – besteht diese nun tatsächlich oder nicht? „Man könnte sich eventuell vorstellen …" – ist mit einer solchen Ansage die Imagination zu beflügeln oder bleiben wir auf dem Teppich?

5.8.21 Wortgeklingel

Variatio delectat (die Abwechslung erfreut) – diese bewährte lateinische Sentenz (vgl. Reichert o. J.) gilt auch für das Durchformulieren von Wissenschaftstexten. Nicht grundsätzlich verboten, aber bedenklich unschön ist die Wiederholung von Sinn tragenden Begriffe im gleichen Satz oder in direkt aufeinanderfolgenden Sätzen:

> … ließ den Kern der heutigen Park*anlage anlegen*.

> Diese Spezies *bildet* im Sommerplankton große Bestände. Dabei *bilden* sich wolkig verteilte Zellansammlungen ….

Diese Probleme sind durch einfaches Umformulieren rasch zu beheben. Notfalls hilft ein Synonymen-Lexikon.

5.8.22 Zeugma

Unfreiwillige Komik erzeugen Gespanne aus einem passenden und einem unpassenden Wort beim selben Verb. Ein nettes Beispiel findet sich bezeichnenderweise (weil von Juristen formuliert) in § 919 Absatz 1 des Bürgerlichen Gesetzbuches:

> …, wenn ein Grenzstein verrückt oder unkenntlich geworden ist, ….

Weitere verbotene Formulierungen und Stilschwächen nennt Ihnen Kap. 11.

▸ **PraxisTipp Textaussagen** Einfach und treffend statt wortreich und geschraubt.

5.9 Neue deutsche Rechtschreibung

Bis weit in das 18. Jahrhundert existierte keine allgemein verbindliche Rechtschreibung. Jeder Autor schrieb gerade so, wie er es persönlich für korrekt hielt. Orientierungshilfen waren entweder die eigene Schulbildung oder sonstige Vorbilder, beispielsweise amtliche Bekanntmachungen. Ausgehend von den staatlichen Kanzleien entwickelten sich fast überall regionale Unterschiede. Nach der Reichsgründung 1871 bestand jedoch rasch Konsens darüber, dass ein verbindliches und einheitlich praktiziertes Regelwerk zur Schriftform einer Kultursprache nur Vorteile hat. Ein besonders wirksamer Impuls ging von dem Gymnasiallehrer und Schulleiter Konrad Duden (1829–1911) aus, der seinem 1880 erschienenen Werk „Vollständiges Orthographisches Wörterbuch der deutschen Sprache – Nach den neuen preußischen und bayerischen Regeln" die bis dahin vorliegenden einzelstaatlichen (insbesondere preußischen und bayerischen) Schulvorschriften harmonisierte.

Weil nun die deutsche Schriftsprache auf besonders komplizierten, fallweise spitzfindigen und nicht selten unlogischen Regeln fußt, sah man Ende des 20. Jahrhunderts die Notwendigkeit, die Rechtschreibung im deutschsprachigen Raum zu vereinfachen. Im Jahre 1987 erteilte die deutsche Kultusministerkonferenz (KMK) dem Institut für Deutsche Sprache (Mannheim) sowie der Gesellschaft für deutsche Sprache (Wiesbaden) den Auftrag, ein neues Regelwerk zu erarbeiten. Einen 1988 unterbreiteten Vorschlag wiesen die KMK und große Teile der Öffentlichkeit zu Recht als unannehmbar zurück. Eine stark modifizierte Fassung sollte 1998 in Kraft treten, löste aber in der öffentlichen Diskussion wiederum heftige Kontroversen aus, in deren Folge Verlage und Zeitungsredaktion ankündigten, zur alten Rechtschreibung zurückzukehren. Erst eine erneut in großen Teilen überarbeitete Version ist seit dem 1. August 2006 verbindlich. Sie hat jedoch nur im schulischen bzw. behördlichen Bereich amtlichen Charakter, aber darüber hinaus keine rechtliche Verbindlichkeit, wie sogar der Bundesgerichtshof (BGH) ausdrücklich feststellte.

Tatsächlich wird die neue Rechtschreibung nicht überall einheitlich praktiziert. Mehrere größere Verlage und Zeitschriftenredaktionen wenden seit 2007 eigene Hausorthographien an, die sich mehrheitlich am neuen Regelwerk von 2006 orientieren, jedoch etliche Abweichungen aufweisen. Auch die Arbeitsgemeinschaft der deutschsprachigen Nachrichtenagenturen nähert sich in manchen Empfehlungen an die traditionelle Rechtschreibung an und verwirft damit die Neuregelungen.

Die amtlichen, von der KMK und vom Rat für deutsche Rechtschreibung verabschiedeten Regeln liegen den beiden am weitesten verbreiteten Standardwerken „Die deutsche Rechtschreibung" (Duden bzw. Wahrig) zugrunde. Für das Abfassen einer schriftlichen Arbeit im Hochschulrahmen ist es daher ratsam, einheitlich den Empfehlungen eines dieser Basiswerke zu folgen, dieses ausdrücklich zu deklarieren und keine weitere Individualorthographie zu entwickeln, auch wenn manche der in den Standardwerken vorgeschlagenen Schreibweisen inkonsequent, unlogisch oder zumindest sperrig erscheinen.

In der Wissenschaftspraxis etablierte oder generell übliche Schreibweisen nennt Ihnen Kap. 11 mit seinen verschiedenen Spezialeinträgen.

Auf den Schultern der Riesen: Zitate und Zitieren   6

In der Wissenschaft ist es generell üblich, bei der Abfassung einer Arbeit den Stand der Forschung zu einem speziellen Sachverhalt zu kennen und diese Ausgangslage für die eigene Darstellung einer Problembehandlung angemessen zu berücksichtigen. Durch Literaturzitate, die man in den Lauftext oder an anderen sich anbietenden Stellen einbringt, beispielsweise im Zusammenhang mit Abbildungen und Tabellen, weist man Art und Umfang der eigenen Auseinandersetzung mit der fachinternen Diskussion eines Themenfeldes überzeugend nach. Rein definitorisch gilt:

- Ein Zitat in diesem Sinne ist eine wörtlich (direkt) oder sinngemäß (indirekt) übernommene geistige Leistung Dritter, beispielsweise deren Auffassungen, Daten, Deutungen, Ergebnisse, Gedanken, Meinungen oder Schlussfolgerungen.
- Der Verweis in Form eines Kurzbelegs schafft die eindeutige Verbindung zum Quellenverzeichnis.
- Eine Quelle (auch Referenz genannt) ist die Findstelle eines Zitats, d. h. die Originalveröffentlichung, aus der man Textteile, Textaussagen oder andere Dokumentationsmittel (Bilder, Grafiken) entlehnt.

Weil beim Zitieren ausdrücklich Fremdmaterial in die eigene Arbeit übernommen wird und auch ausdrücklich übernommen werden soll, sind Zitate ein Gegenstand des Urheberrechtsgesetzes (UrhG, in Deutschand: Gesetz über Urheberrechte und verwandte Schutzrechte, zuletzt geändert am 2. Juli 2013). In § 51 regelt das UrhG den Ausnahmefall, wonach geschützte Werke oder Werkteile ohne Genehmigung des Urhebers vervielfältigt werden dürfen, wenn dies durch den besonderen Zitatzweck gerechtfertigt ist. Diesen erkennt das UrhG ausdrücklich in der wissenschaftlichen Auseinandersetzung und Diskussion eines Sachhaltes.

Daraus ergeben sich bemerkenswerte Konsequenzen: Textzitate aus einem anderen Werk dürfen demnach ohne Genehmigung in ein eigenes, selbstständig erstelltes und somit schutzfähiges Sprachwerk übernommen werden. Wenn das Zitat darin als Grundlage eines Diskurses oder als Beleg dient, ist ein ausreichender Zitatzweck gegeben. Wichtig ist nur die korrekte, vollständige und somit in allen Belangen nachvollziehbare Quellenangabe. Im professionellen Bereich überwacht die Verwertungsgesellschaft Wort (VG WORT, Abt. Wissenschaft, München) die Einhaltung der Autorenrechte.

Auch Abbildungen sind im juristischen Sinne Werke und fallen somit wie Texte unter das Zitatrecht des UrhG. Dennoch darf man auch Abbildungen nicht uneingeschränkt frei verwenden, weil eventuell nicht nur der Bildinhalt selbst geschützt ist, sondern auch noch weitere Rechte berührt sein könnten – beispielsweise diejenigen des Museums, in dem sich das betreffende Werk befindet, oder der Fotograf, der die konkrete Bildvorlage geliefert hat. Die Zitatfreiheit gerade von Bildern ist somit nicht immer eindeutig erkennbar, weshalb man sich vor deren Verwendung entsprechend absichern sollte. Im Allgemeinen gilt folgende Regelung: Wenn eine Abbildung nur in den wenigen Exemplaren einer Bachelor-, Master- oder Promotionsarbeit verwendet wird, die dem hochschulinternen Prüfungsverfahren dienen, ist eine gesonderte Verwendungsgenehmigung nicht erforderlich. Erscheint die betreffende Arbeit allerdings nach Abschluss des Verfahrens in größerer Anzahl in einem Verlag, so wird sie in diesem Augenblick zum Handelsprodukt. In diesem Fall ist die Verwendungsgenehmigung durch die Rechteinhaber absolut unumgänglich. Mögliche Anlaufstellen sind die Verlage, in deren Druckerzeugnissen die benötigte Abbildung erschienen ist, oder im Falle von Darstellungen aus der bildenden Kunst die Verwertungsgesellschaft Bild und Kunst Bonn (VG Bild-Kunst).

6.1 Aufgaben des Zitierens

Angesichts der weithin anerkannten und enormen Komplexität der Natur ist es je nach Aufgabenstellung und Problemlage durchaus möglich (wenngleich unwahrscheinlich), dass sich noch nie zuvor jemand mit einer vergleichbaren Fragestellung befasst hat. Folglich gibt die verfügbare Literatur trotz intensiver Recherche keine unmittelbar zu nutzenden Orientierungspunkte her. Ein (fiktives!) Beispiel wäre etwa die Frage, ob sich weidende Megaherbivoren wie Rinder und Pferde im Grünland nach den Anomalien des Erdschwere- oder eher nach den Feldlinien des Magnetfeldes ausrichten oder nicht. In solchen Fällen betritt eine empirische Untersuchung ein bislang nicht beackertes Neuland und kann somit auf keine analoge Befundlage zurückgreifen. Wenn aber jemand beispielsweise zur Wirkung von UV-Strahlen auf textilfreie Körperpartien höherer Säugetiere lediglich die Firmenschriften zweier Anbieter von Sonnenschutzcremes zitiert, hat er offensichtlich schlampig, oberflächlich oder überhaupt nicht recherchiert.

Obwohl Literaturzitate auf den ersten Blick ein wenig nach Ideenrecycling und Wiederkäuen aussehen, erfüllen sie tatsächlich gleich mehrere wichtige Funktionen. Die nachfolgenden Erläuterungen hätten so manche in Sachen Plagiat unangenehm Aufgefallene schon im Vorfeld beherzigen sollen:

6.1.1 Sicherung der Kontinuität

Für den Leser der Ergebnisse und Schlussfolgerungen der eigenen Arbeit bündeln Literaturhinweise die zuvor verfügbaren Informationen und stellen sicher, dass die relevanten neueren oder auch älteren Veröffentlichungen zum betreffenden Themengebiet weder in Vergessenheit geraten noch allein deswegen totgeschwiegen werden, weil sie zuvor niemand wahrgenommen und gleichsam in das kollektive Gedächtnis der *Scientific Community* übernommen hat. Die rückschreitende Dokumentation anhand von Literaturstellen erfordert jedoch ein gewisses Augenmaß. In Arbeiten zu bestimmten strukturellen oder funktionellen Neubefunden an der DNA eines beliebigen Organismus wird man gewiss nicht immer auf Friedrich Miescher (1844–1895) zurückgreifen, der das von ihm so benannte phosphathaltige Nuclein erstmals 1869 aus vereiterten Wundverbänden einer Tübinger Klinik isolierte und ab 1870 aus dem Sperma Baseler Rheinlachse gewann. Im Unterschied zu Philosophen, die für ihre Traktate je nach Problemlage tatsächlich die Mystiker des Mittelalters bemühen müssen und hier eventuell neue, für heutige Verhältnisse relevante Erkenntnisse zutage fördern, gibt es für den schreibenden und dokumentierenden Naturwissenschaftler die enorm praktische Einrichtung von Reviews und Übersichtsartikeln in besonderen Referateorganen (vgl. Abschn. 3.1). Zudem erfreut die Szene auch mit Lehrbüchern, die alle bekannte Literatur eines Themensegments bis zum Zeitschnitt des jeweiligen Redaktionsschlusses zusammentragen. Diese bilden damit eine nahezu ideale Startlinie für die eigene rückwärtige Literaturdokumentation.

6.1.2 Zielvorgabe Objektivität

Natürlich ist es für das Ego eines Autors außerordentlich schmeichelhaft, wenn er die eigenen Gedanken oder Schlussfolgerungen per Literaturzitat von Fachgenossen oder gar Nobelpreisträgern bestätigen lässt. Abgesehen von solchen verbreiteten Eitelkeiten haben Verweise auf frühere Darstellungen und Untersuchungen tatsächlich vor allem die Aufgabe, die eigene Position in einer bestimmten Frage abzusichern.

Ein passendes Zitat bietet sich immer dann an, wenn eine gegenteilige These bzw. kontroverse Ergebnisse zu diskutieren sind und man klar belegen möchte, dass diese keineswegs so ungewöhnlich sind. Über Zitate kann man zudem unterschiedliche Meinungen oder besondere Interpretationsfacetten mehrerer Autoren zusammenführen.

Somit sind Literaturzitate gleichzeitig ein notwendiges und sinnvolles Mittel der Dokumentation. Sie belegen Argumente, Befunde, Daten und Fakten oder sonstiges gesichertes Wissen, auf das sich das eigene analytische Denken und Bewerten bezieht. Zur Objektivität und Reliabilität der eigenen Äußerungen tragen die mit Sorgfalt zusammengestellten Zeugnisse von dritter Seite auch insofern bei, als sie Argumentationsketten nachvollziehen lassen und insgesamt in einem umfassenderen Kontext überprüfbar machen. Es ist also nicht nur völlig legitim, sondern geradezu unnötig, dass ein Autor jedes Mal das warme Wasser neu erfindet und diese angebliche Innovation ausführlich begründet. Also nutzt man themenbezogene Aussagen oder Überzeugungen für die eigene Fortentwicklung einer Problemlösung.

6.1.3 Dokumente intellektueller Redlichkeit

Die aus der vorhandenen Literatur übernommenen Anregungen, Entdeckungen, Daten oder sonstigen Sachverhalte sind ausnahmslos entsprechend zu kennzeichnen. Zu Recht gelten Ideenpiraterie, geistiger Diebstahl oder Plagiate in der Wissenschaft als ein ebenso unverzeihliches Delikt wie wissentliche Fälschungen oder Verbiegungen von Ergebnissen. Die am Ende einer jeden Examensarbeit zu leistende eidesstattliche Erklärung (Versicherung), wonach alle aus fremden Quellen übernommenen Textstellen, Lösungsansätze, Ergebnisse oder sonstigen tragenden Konstruktionsteile der eigenen Darstellung ordnungsgemäß gekennzeichnet sind, ist daher aus gutem Grunde ein zwingender Bestandteil mit entsprechenden rechtlichen Konsequenzen, denn immerhin ist geistiges Eigentum durch das Urheberrechtsgesetz (UrhG) geschützt. Im Fall der Unterlassung kennt die Rechtssprechung folglich kein Erbarmen. Bitte immer im Auge behalten: Nicht nur in jüngerer Zeit wurde ein akademischer Titel aberkannt, weil in der zugrunde liegenden Arbeit mehrere abgeschriebene und als solche nicht gekennzeichnete Textseiten nachzuweisen waren. Korrektes Zitieren und der ehrliche Umgang mit Zitaten ist somit ohne jede Einschränkung eine Frage der Wissenschaftsethik (vgl. Abschn. 4.8).

Daraus ergeben sich die beiden wichtigsten Grundregeln des Zitierens:

- Alle übernommenen und in die eigene wissenschaftliche Arbeit eingearbeiteten Materialien sind als Herkünfte aus anderen Quellen klar und eindeutig zu kennzeichnen.
- Die Herkunft eines Zitats ist vollständig und damit nachprüfbar zu belegen.

Die in Lauftext, Abbildungen oder Tabellen verwendeten Zitate werden grundsätzlich kontextnah mit einem Kurzbeleg versehen, d. h. im direkten Zusammenhang mit einem Begriff, einem Satz oder Textabschnitt. Es ist also nicht nur falsch, sondern schlicht unzulässig, erst am Ende eines Kapitels einen „Club der toten Dichter" mit mehrzeiliger Ansammlung von Verweisen zu gründen. Der in allen Examensarbeiten zu unterschreibenden Erklärung, dass nur die erwähnten Hilfsmittel benutzt wurden, ist keineswegs Genüge getan, wenn man eine Quelle nur in der abschließenden Literaturübersicht aufführt.

Ein weiterer wichtiger Grundsatz legt fest, dass man die per Kurzform und im Vollbeleg zitierten Quellen alle im benannten Original selbst eingesehen haben muss. Zweit- oder gar Drittzitate, die man in anderen Werken im Zitatenschatz der betreffenden Autoren aufgespürt hat (etwa in der Form: Meyer 1995, zitiert nach Müller 1997, erwähnt bei Schulze 1995), sind nichts als eine unbekümmerte Einladung zur Schnitzeljagd und daher so nicht tolerabel. Sie sind höchstens als absolute Ausnahme und Notlösung vertretbar – wenn etwa das betreffende Originalwerk selbst mit größter Mühe nicht beschaffbar war. Solche Zweitzitate sieht man beispielsweise einem Historiker nach, der eine Äußerung zitieren muss, die nur als Kopie eines Handschriftenfragmentes in einer unterdessen abgebrannten Klosterbibliothek bekannt war.

In den Naturwissenschaften gelten generell nur solche Beiträge als zitierbar, die in einer regulären Zeitschrift mit einer ISSN oder einem Buch mit einer ISBN erschienen sind. Das Akronym ISSN steht für *International Standard Serial Number* und bezeichnet den achtstelligen (in zwei Vierergruppen mit Bindestrich) identifizierenden Code von Periodica. Für Deutschland vergibt die Deutsche Nationalbibliothek (www.dnb.de) in Frankfurt/Main die ISSN.

Die ISBN von Büchern bezeichnet dagegen die *International Standard Book Number*, welche die ISBN-Agentur in Frankfurt/Main in Abstimmung mit den Verlagen vergibt. Sie beginnt mit dem Sprachgebiet des betreffenden Verlags (0 und 1 für den englischsprachigen Raum, 2 für den französisch-, 3 für den deutschsprachigen Raum), der Verlagsidentifikation (beispielsweise 540 für Springer), der individuellen Buchnummer innerhalb der Verlagsproduktion und einer abschließenden Prüfziffer. Bis 2006 war die Standardbuchnummer nur 10-stellig (ISBN-10); seit 2007 muss sie aber 13-stellig angelegt sein: Die ISBN-13 erhält je nach Sprachgebiet das Präfix 978 oder 979.

6.2 Technik des Zitierens

Weil das Zitieren ein ebenso unentbehrlicher wie nützlicher Bestandteil von wissenschaftlicher Dokumentation ist, hat sich mit der Zeit eine regelrechte und in beachtlichem Maße differenzierte Zitierkultur herausgebildet. In manchen Branchen des akademischen Lehr- und Schreibbetriebes werden Detailfragen des richtigen Zitierens allerdings fast bis zur Unerträglichkeit ausdiskutiert. Umberto Eco widmet den Problemen des Literaturbelegs in seiner Anleitung mehr als 20 eng bedruckte Seiten, wobei der Leser nach manch weitschweifigem Slalom über falsche oder eventuell irreführende Zitierweisen nach dieser Informationsstrecke immer noch kein brauchbares Rezept in den Händen hält, wie ein Zitat in der Ära von Computern und Textverarbeitungsprogrammen denn tatsächlich kompetent zu handhaben ist (vgl. Eco 2002).

In den in dieser Hinsicht ungleich konsistenteren Naturwissenschaften bestehen für die eindeutige, allen Erfordernissen genügende Dokumentation von Zitaten und Quellen recht pragmatische und daher hervorragend funktionierende Lösungen, wie der Blick in aktuelle Lehrbücher oder angesehene Zeitschriften wie *Nature* oder *Science* zeigt. Für das richtige und kompetente Zitieren ist zu unterscheiden

- die Technik des Zitierens im laufenden Text sowie
- die bibliographisch korrekte Benennung der betreffenden Quellen (Referenzen) im Literaturverzeichnis am Ende einer Arbeit.

6.3 Zitate im Lauftext

Obwohl Normen sonst gut und nützlich sind, erweisen sich nach mancherlei Einschätzung aus Fachkreisen die in DIN 1505 (Teil 2) auf fast 20 Druckseiten codifizierten Festlegungen oder die analogen Vorgaben von ISO 690 für das Zitieren aus allen denkbaren Quellen für die Praxis als wenig hilfreich, weil sie zu umständlich (bzw. miserabel formuliert) sind bzw. für den rein naturwissenschaftlichen Gebrauch nicht unbedingt greifen. Eine brauchbare und deswegen einfache Regieanweisung lässt sich nämlich fast immer auf das ergreifend schlichte Prinzip reduzieren, dass ein in den Lauftext eingebauter Verweis (Kurzzitat) den Autor und das Jahr der betreffenden Veröffentlichung angeben muss. Dabei sind folgende, aber jeweils werkeinheitlich zu praktizierende Lösungen möglich:

- (Frankenstein 2002)
- (Frankenstein 2002, S. 18)
- (Frankenstein, 2002, S. 18)
- (Frankenstein 2002: 18)

Diese Zitierweise nennt man in Fachkreisen Autor-Jahr-System, Kurzbeleg oder Harvard-Notation. Sie bietet im Lauftext alle nötigen Angaben, um im Literatur- bzw. Quellenverzeichnis eine eindeutige Verbindung zu den Vollzitaten mit den genauen Findstellen herzustellen. Im Übrigen entspricht sie den Empfehlungen des *CBE Style Manual* (Council of Biology Editors, Rockville Pike, Bethesda/USA) sowie in Teilen der Vancouver-Konvention (1987) (vgl. Abschn. 6.3.3), die weltweit in die Zitierpraxis von mehreren tausend naturwissenschaftlichen Zeitschriften übernommen wurden.

> **PraxisTipp Grundregel der Zitiertechnik** Wörtliche oder indirekte Zitate belegt man im Text nach der Harvard-Notation mit Autor(en), Jahreszahl und gegebenenfalls Seitenangabe.

6.3.1 Wörtliches Zitat

Mit der wörtlichen Zitatform bemüht man einen Autor oder eine Autorengruppe in Form einer direkten, wörtlich übernommenen Aussage (quellengetreue Wiedergabe, *Quotation*). Obwohl diese Zitatform in naturwissenschaftlichen Texten eher selten vorkommt, ist sie hier zu berücksichtigen:

> **Beispiel**
> „In globaler Perspektive gelten biologische Invasionen zusammen mit anderen Faktoren, wie der Veränderung von Landnutzungen, dem Klimawandel und der Eutrophierung von Lebensräumen, als ein wesentlicher Gefährdungsfaktor der biologischen Vielfalt" (Kowarik 2010, S. 29).

6.3 Zitate im Lauftext

Bei dieser Zitatform wird der wörtlich und damit bis ins Detail völlig unverändert übernommene Textausschnitt in (typographisch korrekte, vgl. Kap. 9) Anführungszeichen gesetzt. Der Autor der Äußerung und das Jahr der Veröffentlichung der Originalquelle folgen in runden Klammern, sicherheitshalber ergänzt um die genaue Seitenangabe. Angegeben wird jeweils nur der Nachname. Die ausgeschriebene Vornamennennung oder zusätzliche Initialen sind in naturwissenschaftlichen Texten unüblich.

Zulässig ist auch die folgende Wiedergabe eines wörtlichen Zitats:

Beispiel
Nach Kowarik (2010, S. 29) gelten „in globaler Perspektive [...] biologische Invasionen zusammen mit anderen Faktoren, wie der Veränderung von Landnutzungen, dem Klimawandel und der Eutrophierung von Lebensräumen, als ein wesentlicher Gefährdungsfaktor der biologischen Vielfalt".

Der zitierte Autor ist jetzt Satzbestandteil, der in runden Klammern folgende Zusatz benennt nur noch das Jahr der Veröffentlichung und die Seitenangabe. Der Einschub [...] deutet an, dass der zitierende Textautor gegenüber dem Original aus syntaktischen Gründen ein Wort ausgelassen hat. Solche [...]-Einschübe verwendet man auch dann, wenn mehrere Wörter oder größere Textteile ausgelassen werden:

Beispiel
Nach Kowarik (2010, S. 29) gelten „in globaler Perspektive [...] biologische Invasionen zusammen mit anderen Faktoren [...] als ein wesentlicher Gefährdungsfaktor der biologischen Vielfalt".

In eckigen Klammern gibt man mit besonderem Hinweis auch die eigenen Einfügungen in den Zitattext an:

Beispiel
Nach Kowarik (2010, S. 29) gelten „in globaler Perspektive [...] biologische Invasionen [d. h. die Ausbreitung ursprünglich gebietsfremder Arten aus anderen biogeographischen Region, Anmerkung d. Verf.] zusammen mit anderen Faktoren [...] als wesentlicher Gefährdungsfaktor der biologischen Vielfalt".

Ebenso verfährt man bei Hervorhebungen, die so im Original nicht vorhanden waren:

Beispiel
Nach Kowarik (2010, S. 29) gelten „in globaler Perspektive [...] biologische Invasionen als **wesentlicher Gefährdungsfaktor** [Hervorhebung d. d. Verf.] der biologischen Vielfalt".

Die satztechnische Behandlung längerer direkter Zitate erläutert Kap. 10 an einem Textbeispiel.

6.3.2 Indirektes Zitat

Da es in naturwissenschaftlichen Texten gewöhnlich auf die mitgeteilten Fakten und weniger auf den buchstabengenauen Wortlaut einer Formulierung ankommt, wie er beispielsweise einen Juristen beschäftigen mag, sind indirekte Zitate oder solche mit verweisendem Charakter nicht nur zulässig, sondern in seriösen Werken allenthalben üblich. Dennoch brandmarken Empfehlungen aus „anderen Lagern" diese gängige Praxis als Ausdruck wachsender Bequemlichkeit zulasten des interessierten Lesers und lehnen sie sogar gänzlich ab (vgl. Rossig und Prätsch 2002, S. 133).

Das unter Abschn. 6.3.1 verwendete Textzitat würde bei dieser den Kerngedanken des zitierten Autors und in dessen Begriffswahl wiedergebenden (paraphrasierenden) Zitierweise folgende Gestalt annehmen:

Beispiel
Biologische Invasionen sind ein bedeutender Gefährdungsfaktor der biologischen Vielfalt, ähnlich wie die Veränderungen der Landnutzung, der Klimawandel sowie die Eutrophierung von Lebensräumen (Kowarik 2010, S. 29).

Dieses eng an die Originalquelle angelehnte indirekte Zitat wäre als solches mit Sicherheit ein Plagiat und somit nicht vertretbar, wenn der unentbehrliche Kurzbeleg in runden Klammern weggelassen würde. Entsprechend verfährt man auch bei übernommenen Abbildungsteilen (Beispiel: Nach Schopfer und Brennicke 1999, Abb. 12.10) und bei Tabellen (Beispiel: Zahlen aus Townsend et al. 2013, Tabelle 7.2).

Natürlich kann sich ein indirektes Textzitat auch völlig vom Wortlaut des Originals lösen und benötigt dann als inhaltlichen Rückverweis keine genaue Seitenangabe mehr:

Beispiel
Die biologische Vielfalt, seit wenigen Jahrzehnten auch zunehmend unter den Begriff Biodiversität gefasst, ist durch verschiedene Faktoren stark gefährdet. Eine der Ursachen sind flächenwirksame anthropogene Eingriffe, beispielsweise im Zusammenhang mit der agrarischen und forstlichen Landnutzung oder durch Versiegelung in Siedlungs- und Industrieregionen. Ein anderer, bisher so nicht wahrgenommener Ursachenkomplex sind biologische Invasionen (vgl. Kowarik 2010).

Ein indirektes Textzitat leitet man oft mit besonderen Formulierungen ein. Möglichkeiten dazu sind:

- … Der folgende Gedankengang stützt sich auf Kowarik (2010) …
- … wie von Kowarik (2010) ausgeführt …
- … nach Auffassung von Kowarik (2010) …
- … wie auch Kowarik (2010) betont …
- … basierend auf der Darstellung bei Kowarik (2010) …

Immer sind folgende technische Hinweise und Gepflogenheiten zu beachten:

- Zitiert man ein Werk mehrerer Autoren, muss dies entsprechend zu erkennen sein. Bei zwei Autoren werden auch beide im Kurzbeleg benannt (Kowarik und Sukopp 2000), oft auch in der Form (Kowarik & Sukopp 2000).
- Bei Werken von drei oder mehr Autoren zitiert man nur den Erstautor, allerdings mit einem Zusatz: (Kowarik u. a. 2001) oder (Kowarik et al. 2001). Das Kürzel *et al.* steht für das lateinische *et alii* (= und die anderen [Mitautoren]).
- Die früher häufiger verwendete Formulierung „XYZ und Mitarbeiter" wählt man heute nicht mehr, weil sie international kaum verstanden wird und die übrigen Mitautoren eventuell zu Laborknechten degradiert.
- Vor der Jahresangabe in der Klammer erscheint im Allgemeinen kein Komma. Ausdrücklich mit Komma trennt man allerdings mehrere verschiedene Kurzbelege: (Kowarik 2003, Kowarik und Sukopp 2000, Sukopp 1990).
- Zwischen den Veröffentlichungsjahren mehrerer Publikationen des gleichen Autors steht ein Komma, die Kurzbelege weiterer Autoren folgen nach einem Semikolon: (Kowarik 1989, 2003; Sukopp 1990, 2000).
- Die alphabetische Reihenfolge der zu zitierenden Autoren hat immer den Vorrang vor der Chronologie ihrer Veröffentlichungen, wie das obige Beispiel zeigt – also nicht: (Kowarik 1989, Sukopp 1990, 2000; Kowarik 2003).
- Hat ein Autor allein und zusammen mit anderen veröffentlicht, führt der Kurzbeleg zunächst die Arbeiten in chronologischer Reihenfolge auf, die er allein publiziert hat. Dann folgen die Arbeiten mit einem Zweitautor, entsprechend der alphabetischen Reihenfolge der Zweitautornamen: (Kowarik 1989, 1993, 1995; Kowarik und Böcker 1984, Kowarik und Langer 1994, Kowarik und Schepker 1997, Kowarik und Sukopp 1989).
- Arbeiten mit mehr als zwei Mitautoren werden nur chronologisch zitiert: (Kowarik et al. 1998, 2002).
- Ist auf mehrere Veröffentlichungen eines Autors oder Autorenteams aus dem gleichen Jahr zu verweisen, unterscheidet man diese mit einem Kleinbuchstaben: (Kowarik 1996a, 1996b, 1996c).
- Den Umgang mit Autorennamen, die besondere Namenszusätze aufweisen wie de, di, van, von oder andere Attribute erläutert Abschn. 6.5.
- Die Autorennamen im Kurzbeleg kann man ebenso wie im Literaturverzeichnis in Kapitälchen setzen (vgl. Abschn. 8.1): (Kowarik 1989, 2003; Sukopp 1990, 2000). Diese Auszeichnung ist allerdings im gesamten Werk einheitlich durchzuführen.

Auch Zitate nicht veröffentlichter eigener Befunde sind denkbar: „Die im benannten Beispiel empirisch gefundene Umwandlung kältegestresster Maiskörner in Popcorn ist beträchtlich steigerungsfähig (H. Potter, unveröffentlichte Daten)." Solche Zitate werden im Literaturverzeichnis allerdings nicht aufgeführt.

Übernimmt man unveröffentlichte Daten von Kollegen, zitiert man diese folgendermaßen: „... erstaunliche Atmungsraten, wie sie zuvor nur bei den Hobbits beobachtet wurden (Tolkien, persönliche Mitteilung)". Auch diese Zitate werden im Literaturverzeichnis nicht eigens aufgeführt. Üblich ist es jedoch, dem zitierten Autor in der Danksagung für die Bereitstellung seiner unveröffentlichten Beobachtungen bzw. Befunde ausdrücklich zu danken.

6.3.3 Andere Kurzbelegformen

Trotz DIN- oder ISO-Regelwerken ist in vielen Bereichen keine allgemein verbindliche Einheits- oder Standardlösung zu erreichen. Der vergleichende Blick in die aktuelle Lehrbuch- oder Zeitschriftenliteratur ortet sofort eine Anzahl weiterer, hier nur kurz und nachrichtlich zu erwähnender Belegtechniken, die für eine Abschlussarbeit im Studium weniger zu empfehlen sind – es sei denn, der jeweilige Betreuer eines Projektes hat für eine der spezifischen eine besondere Vorliebe, die man natürlich schon allein aus psychologischen bzw. sozialtherapeutischen Gründen beachten sollte.

Enorm ökonomisch ist ein schlicht in eckige Klammern gesetzter Zahlenverweis als einzige Verbindung zum Vollbeleg im Literaturverzeichnis, wie sie die Vancouver-Konvention vorsieht:

> **Beispiel**
> Die quantitative Bestimmung des Proteingehaltes erfolgte nach [15]. Die Anreicherung der Gal-4-P-Epimerase aus dem Zellrohextrakt folgte der Vorschrift nach [28], während Linearität und Proportionalität der Enzymreaktion nach [32] getestet wurden. Einwände gegen diese Form der Aktivitätsbestimmung auch der TCC-Enzyme haben [16], [19] sowie [23–25] erhoben, während [10] sowie [12–14] diese Methode routinemäßig einsetzen.

Diese Verweise sind eindeutig und mithilfe eines korrekten und vollständigen Literatur- bzw. Quellenverzeichnisses auch lückenlos aufzulösen. Dennoch möchte der Leser insbesondere bei dem diskutierenden Hinweis auf etwaige methodische Unzulänglichkeiten des zitierten Messverfahrens lieber sofort wissen, wer [10] und [12–14] im Gegensatz zu [19] und [23–25] eigentlich sind. Textredaktionell sind solche Belege besonders aufwendig, weil man im alphabetisch sortierten Literaturverzeichnis die Nummern erst dann zuteilen kann, wenn die gesamte zu zitierende Autorenschar feststeht. Diese in vielen anerkannten Zeitschriften übliche Kurzbelegform ist nicht grundsätzlich abzulehnen, aber für studentische Arbeiten kaum empfehlenswert.

In Veröffentlichungen aus dem sogenannten geisteswissenschaftlichen Bereich findet sich fast als Zitationsroutine der Beleg in Fußnoten.

6.4 Quellenangaben im Literaturverzeichnis

(abschreckendes) Beispiel

„Jetzt bin ich soweit, daß mir die Beschäftigung mit einem eingehenderen und neueren Nachschlagewerk ergiebiger erscheint, und ich nehme mir die *Storia della Letteratura Italiana*, herausgegeben von Cecchi e Sapegna, erschienen bei Garzanti, vor."[1]

Die zugehörige Fußnote teilt mit:

[1] Umberto Eco, Wie man eine wissenschaftliche Abschlußarbeit schreibt. UTB 1512, C. F. Müller, Heidelberg 2002, S. 116

Der klare Vorteil dieser Verweistechnik liegt darin, dass man auf der Textseite der Zitat-Ersterwähnung auch gleich die passende Findstelle dazu benannt sieht. Nachteilig ist der Platzbedarf beim wiederholten Zitieren der gleichen Quelle oder zahlreicher Quellen, deren Vollzitate einen Großteil des Fließtextraumes einnehmen könnten.

Die zunächst Raum sparenden Kurzangaben bei – eventuell häufigeren – Wiederholungszitaten wie

- „[2] Vgl. ders. S. ..." [ders. = derselbe]
- „[3] Vgl. ebd." [ebd. = ebendort, auch ib. vom gleichbedeutenden lateinischen *ibidem*] oder
- „[4] A. a .O. S. 147" [a. a. O. = am angegebenen Ort, mitunter auch angegeben als loc. cit. = *loco citato*]

stellen sich in der Summe aber ebenfalls als Zumutung dar. Die früher unvermeidliche Mühsal der Fußnotenverwaltung von Hand bei der Texterstellung meistern die modernen Textverarbeitungsprogramme zwar bravourös und vor allem automatisch, aber wenn man auf S. 125 einen Rückverweis auf den möglicherweise bereits auf S. 18 „angegebenen Ort" findet, nimmt das suchende Herumblättern zunächst kein Ende. Sind Fußnoten also doch eher ein Austesten der Frustrationstoleranz des Lesers? Auch wenn es in philologischen Kreisen einen kollektiven Aufschrei auslösen sollte: Von der weit verbreiteten, aber wenig erfreulichen Fußnotentechnik ist nicht nur für studentische Arbeiten generell und ganz grundsätzlich abzuraten (vgl. Kap. 4).

▸ **PraxisTipp Zum Thema Fußnote** Auch üppig wuchernde Fußnotentechnik macht einen Wissenschaftstext nicht noch wissenschaftlicher. Sie entfällt daher grundsätzlich.

6.4 Quellenangaben im Literaturverzeichnis

Die in Lauftext, Abbildungen oder Tabellen eingefügten Kurzbelege für Zitate sind im Prinzip nur Stellvertreter für die ausführlichen und eindeutigen Vollzitate am Ende einer

Arbeit, die dem Leser den Zugang zu schon vorliegenden Darstellungen, Daten und Deutungen ermöglichen. Sie müssen damit das Kriterium der Nachprüfbarkeit aller Angaben erfüllen. Nur so werden Zitate auch tatsächlich zu einer Quelle der erweiterten Erkenntnis. Den Kurzbeleg, hier generell nach der in der Wissenschaftsszene üblichen Harvard-Notation empfohlen wird (vgl. Abschn. 6.3), muss also notwendigerweise ein ausführliches Literaturverzeichnis ergänzen. Diese Komplettauflistung, die alle bibliographischen Angaben zum sicheren Auffinden bietet, nennt man fallweise auch Bibliographie, Literaturübersicht, Quellenverzeichnis, Referenzen (nach dem englischen *references*), Schriftenverzeichnis, Schrifttum oder Zitierte Werke. Unabhängig von ihrer Benennung erfüllen alle diese Zusammenstellungen die gleiche Funktion.

In einer Semester- oder Abschlussarbeit überschreibt man diese Zusammenstellung einfach mit „Literaturverzeichnis". Dieses muss die folgenden Voraussetzungen erfüllen:

- Textteil und Literaturverzeichnis einer Arbeit müssen hinsichtlich der eingearbeiteten Zitate unbedingt abgeglichen und widerspruchsfrei sein.
- Im Literaturverzeichnis führt man nur solche Werke auf, die in der Arbeit an irgendeiner Stelle mindestens einmal erwähnt wurden.
- Wenn der Autor einer wissenschaftlichen Arbeit bei seinen eingehenden Recherchen weitere bemerkenswerte Werke aufgespürt haben sollte, die zwar in den Kontext seiner Darstellung passen, aber nicht für die eigene Problemlösung benutzt wurden, kann er sie in der Schlussbibliographie dennoch aufführen. Aus Gründen der Klarheit eröffnet man dafür jedoch ein eigenes Verzeichnis mit der Überschrift „Ergänzende Literatur" oder eine ähnliche Kennzeichnung.
- In den Naturwissenschaften ist es nicht üblich, das Literaturverzeichnis nach Buchzitaten und Zeitschriftenbeiträgen oder, wie bei den Sprachwissenschaften, in Primär- und Sekundärliteratur zu trennen. Somit werden alle Verweise im Text des Hauptteils in nur einem einheitlichen Verzeichnis aufgelöst.

Zu jeder genauen Quellenangabe gehören bestimmte bibliographische Bestandteile, die verständlich oder in nachvollziehbarer Weise nur soweit abgekürzt werden, dass die damit benannte Findstelle immer noch wirklich eindeutig und ohne Anschlussrecherche identifizierbar ist. Das übliche Zitierprofil umfasst (in dieser Reihenfolge):

- **Nachname(n)** des Autors (der Autoren)
- **Vorname(n)** des Autors (der Autoren), im naturwissenschaftlichen Zitierbetrieb generell einbuchstabig abgekürzt
- **Erscheinungsjahr** der Veröffentlichung
- **Titel** der Veröffentlichung in voller Länge (nicht nur die Schlagworte)
- **Findstelle** der Veröffentlichung (Zeitschrift, Buch, Sammelwerk u. a.)
- **Bandnummer**, (eventuell) Ausgabe/Heft (nur bei Zeitschriften oder anderen Periodica)
- **Seitenangabe**
- **Verlag und Verlagsstandort** (bei Büchern oder anderen umfangreichen Monographien)

6.4 Quellenangaben im Literaturverzeichnis

Alle benötigten bibliographischen Angaben sind bei Zeitschriften der Titelseite zu entnehmen. Gewöhnlich tragen in naturwissenschaftlichen Zeitschriften auch die Einzelbeiträge im Kopf- oder Fußleistenbereich die jeweilige Band- und Heftnummer. Anderenfalls ist es wichtig, sich beim Kopieren einzelner Artikel die benötigten Angaben aus dem Original zu notieren. Bei Büchern stehen die entsprechenden Daten auf der Impressumseite, in kompakter Form auch in der CIP-Titelaufnahme der Deutschen Nationalbibliographie (vgl. auch www.dnb.de).

Für das oben verwendete Beispiel (vgl. Abschn. 6.3) könnten die Angaben im Literaturverzeichnis folgendermaßen aussehen:

Frankenstein, H.: Nachts allein auf dem Friedhof, Berlin 2002
Frankenstein, H.: Nachts allein auf dem Friedhof, Berlin, 2002, S. 18
Frankenstein, H.: Nachts allein auf dem Friedhof, Beispielverlag, Berlin 2002
Frankenstein, H.: Nachts allein auf dem Friedhof, Beispielverlag: Berlin 2002
Frankenstein, H. (2002) Nachts allein auf dem Friedhof. Berlin: Beispielverlag
Frankenstein H (2002) Nachts allein auf dem Friedhof. Berlin, Beispielverlag

Bedauerlicherweise gehören viele werkspezifische Angaben gerade in der Bibliothekspraxis eher in die Kategorie Geheimsprache und legen dem Fachfremden damit unnötige Hürden bzw. Stolpersteine in den Weg. Ist es denn gar so unschicklich, unzumutbar oder unwissenschaftlich, die Findstelle für Rabanus Maurus, *De universo*, für die sich eventuell auch ein wissenschaftshistorisch arbeitender Naturwissenschaftler interessieren könnte, mit VIII, vi (*PL*, CIX, 248) zu verschlüsseln und nicht direkt im Klartext nach üblichen Gepflogenheiten (Migne, J.P., Patrologia Latina, Band 59, S. 248) zu benennen?

6.4.1 Zitate aus Zeitschriften

Eine kurze Umschau in einer beliebigen Zeitschriftenauswahl ergibt weite Grenzen der genauen Ausgestaltung einer Bibliographie, aber alle Quellenverzeichnisse in seriösen Publikationsorganen halten sich an das oben benannte Minimalprofil. Die folgenden Beispiele für die Gestaltung von Quellenangaben stammen aus der aktuellen Praxis etablierter naturwissenschaftlicher Zeitschriften:

- Biologie in unserer Zeit:
  I. Sherameti, S. K. Sopory, A. Trebicka, T. Pfannschmidt, R. Oelmüller, Photosynthetic electron transport determines nitrate reductase gene expression and activity in higher plants. J. Biol. Chem. 2002, 277, 46594–46600.
- Endocytobiology and Cell Research:
  Storey CC, Lusher M, Richmond SJ, Bacon J, 1989. Further characterization of a bacteriophage recovered from an avian strain of *Chlamydia psittaci*. J gen Virol 70: 1321–1327.

- European Journal of Phycology:
  KEATS, D. W. & MANEVELDT, G. (1994). *Leptophytum foveatum* (Rhodophyta, Corallinales) retaliates against competitive overgrowth by other encrusting algae. *J. Exp. Mar. Biol. Ecol.* 175, 24–251.
- Die Naturwissenschaften:
  Aitken, MJ (1992) Optical dating using infrared diodes: young samples. Quaternary Science Reviews 11: 147–152
- Naturwissenschaftliche Rundschau:
  K.-U. Hinrichs et al., Nature 398, 802 (1999).
- Phycologia:
  Turner, S. 1997. Molecular systematics of oxygenic photosynthetic bacteria. *Plant Syst. Evol.* 11: 13–52.
- Plant Biology:
  Groover, A., DeWitt, N., Heidel, A., and Jones, A. (1997): Programmed cell death of plant tracheary elements differentiating in vitro. Protoplasma 196, 197–211.
- Spektrum der Wissenschaft:
  Gene Silencing in Mammals by Short Interfering RNAs. Von Michael T. McManus und Philip A. Sharp in: Nature Reviews Genetics, Bd. 3, S. 737, Oktober 2002.
- Zeitschrift der deutschen Gesellschaft für Geowissenschaften:
  Siedel, H. & Klemm, W. (2000): Sulphate salt efflorescence at the surface of sandstone bedrock in outcrops – natural or anthropogenic? – Geologica Saxonica 46/47: 203–208, Dresden.

Der Direktvergleich zeigt: Jede der angeführten Zeitschriften kultiviert für den Einsatz von Satzzeichen und Typographie ihr jeweils eigenes Ritual, aber die notwendigen Basisangaben zum Auffinden der benannten Literaturstelle bieten alle diese Zitatformen unterschiedslos. Diesen Sachverhalt werden wir hier für eine praktikable Lösung nutzen.

Da die Kurzbelege im Lauftext nach den oben erläuterten Empfehlungen die Grundform (Hinz 1998) oder (Hinz und Kunz 1999) haben, baut man zur deutlichen Steigerung der Wiederfundrate auch die Vollbelege im Literaturverzeichnis entsprechend auf und fügt alle übrigen Profildaten an. Für die Quellenangaben in einer studentischen Semester- oder Abschlussarbeit empfiehlt sich das folgende, im Werk überall einheitlich einzuhaltende Profil:

Beispiel 1
Zeitschriftenbeitrag mit einem Autor

Kasperek, G. (2001): Landschaftsökologische Aspekte von Braunkohlentagebau und Rekultivierung im Rheinischen Revier. Geographische Rundschau 9(1), 28–33.

Beispiel 2
Zeitschriftenbeitrag mit zwei Autoren

Mundry, M., Stützel, T. (2003): Morphogenesis of male sporangiophores of *Zamia amblyphyllida* D.W. Stev. Plant Biology 5, 297–310.

Beispiel 3
Zeitschriftenbeitrag mit mehr als zwei Autoren und Heftzählung

Selbitschka, W., Keller, J. M., Tebbe, C. C., Pühler, A. (2003): Freisetzung gentechnisch veränderter Bakterien. Biologie in unserer Zeit 33 (3), 162–175.

Unterschiedliche Zeitschriften handhaben die typographische Behandlung der Vornamenkürzel unterschiedlich: Jung, C.G. unterscheidet sich von Jung, C. G. lediglich durch einen Leerraum (Spacer) zwischen den beiden Initialen. Welcher Form man zuneigt ist letztlich Ansichtssache, nur muss sie werkeinheitlich sein. Die Sache stellt sich aber generell anders dar, wenn man ein Manuskript zur Veröffentlichung in einer bestimmten Zeitschrift vorbereitet und einreicht. Dann müssen die Kurzzitate nach der Harvard-Konvention und die Vollbelege im Literaturverzeichnis exakt den Usancen des betreffenden Publikationsorgans entsprechen. Die Details dazu erfährt man aus den Autorenrichtlinien bzw. *Instructions for Authors*, die in jedem Einzelheft der ins Auge gefassten Zeitschriften am Ende des redaktionellen Teils abgedruckt sind. Sollte ein Manuskript zur Veröffentlichung bei einer Zeitschrift eingereicht werden, muss sich dessen formale Gestaltung ohnehin auch den übrigen Konventionen des betreffenden Blattes anpassen, die man ebenfalls den jeweiligen Autorenrichtlinien entnimmt. Das gilt auch für die zunehmend übliche Publikation in nur noch elektronisch erscheinenden Zeitschriften (*E-Journals*).

▸ **PraxisTipp Zeitschriftenzitat** Empfohlenes Format:
Autor, V[orname(n) als Initiale(n) mit Punkt und einfachem Zwischenraum]. (Erscheinungsjahr): Genauer Titel mit Beachtung der Schreibweise für wissenschaftliche Namen und Eigennamen. Zeitschriftentitel im Wortlaut, Bandnummer (Heftnummer), Seitenzahlen.

Bei der Literaturrecherche werden immer wieder die Abkürzungen (Siglen, vgl. Abschn. 3.5) für Zeitschriften oder Serientitel auffallen, die sich möglicherweise nicht direkt, aber nach minimalem Training rasch erschließen, wie die folgenden Beispiele zeigen: Annu Rev Pl Physiol = Annual Review of Plant Physiology, BBA = Biochimica & Biophysica Acta, Biochem J = Biochemical Journal, J Exp Bot = Journal of Experimental Botany, Mar Ecol = Marine Ecology, Pl Physiol = Plant Physiology oder Proc Natl Acad Sci NY = Proceedings of the National Academy of Sciences New York. Die Praxis der Abkürzung erfolgt natürlich nicht willkürlich, sondern im Konsens mit der *World List of Scientific Periodicals* (in jeder Hochschulbibliothek einzusehen) oder bedeutenden Referierorganen (*Biological Abstracts*,

Chemical Abstracts, Index Medicus). In vielen anderen Fällen zitiert man Zeitschriftentitel, besonders wenn sie nur aus einem Begriff bestehen, im vollen Wortlaut. Beispiele sind Biochemistry, Decheniana, Mycorrhiza, Nature, Naturwissenschaften, Phycologia, Planta, Protistology, Protoplasma, Science, Tuexenia oder Willdenowia.

Die im Bibliothekswesen weit verbreitete Praxis, Serientitel nur noch mit den Anfangsbuchstaben der tragenden Begriffe und mit Siglen zu benennen (Beispiel: BPP = Beiträge zur Physiologie der Pflanzen) bringt eine gewisse Platzökonomie, muss aber auch für einen in anderen Subsegmenten des eigenen Faches trainierten Leser wie die Schwelle zu einem verbotenen Paradies vorkommen. Siglen bzw. Akronyme schaffen oft nur Ärgernisse und sind deswegen nicht generell zu empfehlen. Im Bedarfsfall empfiehlt sich jedoch vor der Literaturauflistung ein eigenes Siglenverzeichnis.

Um den Problemen mit den möglicherweise befremdend wirkenden oder nicht mehr zu rekonstruierenden Kurzformen der Zeitschriftentitel aus dem Wege zu gehen, führen Sie sie in Ihren studentischen Arbeiten sicherheitshalber immer im vollen Wortlaut auf.

6.4.2 Zitate aus Büchern

Der Kurzbeleg im Lauftext der Arbeit lässt mit der Angabe (Hinz 1997) nicht erkennen, ob es sich um einen zitierten Zeitschriftenbeitrag oder ein Buch handelt. Erst das Literaturverzeichnis lässt die genauere Natur der betreffenden Quelle erkennen. In Buchform publizierte Autorenwerke gibt man analog der Zeitschriftenbelege an, aber generell ohne Wiederholung einer Seitenzahl, dafür aber mit der Nennung von Verlag (in dessen Selbstzitation; vgl. die folgenden Beispiele) und Verlags(stand)ort. Außer bei Akademie- und Universitätsverlagen (Beispiel: Oxford University Press) lässt man den Zusatz „Verlag" üblicherweise weg.

Beispiel 4
Buchzitat mit einem Autor

Nybakken, J. W. (2006): Marine Biology. An Ecological Approach. HarperCollins College Publishers, New York.

Beispiel 5
Buch mit einem Autor, Untertitel und Auflagenangabe

Larcher, W. (1994): Ökophysiologie der Pflanzen. Leben, Leistung und Streßbewältigung der Pflanzen in ihrer Umwelt. 5. Aufl., Eugen Ulmer, Stuttgart.

6.4 Quellenangaben im Literaturverzeichnis

Beispiel 6
Buch mit zwei Autoren

Lecointre, G., Le Guyader, H. (2006): Biosystematik. Alle Organismen im Überblick. Springer, Heidelberg.

Beispiel 7
Buch mit körperschaftlichem Urheber

[BfN] Bundesamt für Naturschutz (2012): Daten zur Natur 2012. Bonn-Bad Godesberg.

Beispiel 8
Buch ohne personifizierten Autor

Lexikon der Biologie, Band 11 (2003): Stichwort „positional cloning". Spektrum Akademischer Verlag, Heidelberg.

Auch für Buchzitate bestehen also einfache, klar strukturierte und eindeutige Zitierformen. Generell gilt demnach die Empfehlung:

▸ **PraxisTipp Buchzitat** Empfohlenes Format:
Autor, V[orname(n) als Anfangsbuchstabe(n) mit Punkt und einfachem Zwischenraum]. (Erscheinungsjahr): Genauer Titel mit Beachtung der Schreibweisen. Aufl[age], Verlag, Verlagsort.

Überwiegend nur buchhändlerisch relevante Angaben wie die ISBN-Nummer (Internationale Standard-Buchnummer), die Gesamtseitenzahl des zitierten Werkes oder die Bindungsart (broschiert, gebunden, laminiert, Hardcover, Leinen, Leder mit Goldschnitt u. a.), Art und Umfang von Beilagen, das Buchformat (Taschenbuch, Quarto, Folio u. ä., vgl. Abschn. 3.5) oder Preisangaben sind entbehrlich – man verwendet solche für eine etwaige Kaufentscheidung wichtigen Mitteilungen nur in Besprechungen oder Fachkatalogen. Zu beachten ist dagegen noch Folgendes:

Bei englischsprachigen Buchtiteln werden alle Nomina groß geschrieben, im Zitat englischsprachiger Zeitschriftentitel jedoch nicht. Einige Verlage schreiben die Titel-Nomina allerdings grundsätzlich klein.

Bei Büchern werden im Literaturverzeichnis alle beteiligten Autoren aufgeführt, auch wenn der Kurzbeleg im Lauftext nur den Erstautor in der Form Meyer et al. (2010) benannte.

6.4.3 Zitate aus Sammelwerken

Häufig werden in naturwissenschaftlichen Arbeiten auch die Quellenbelege für Einzelbeiträge aus Sammelwerken aufzulösen sein, worunter man beispielsweise Festschriften, Kongressberichte oder Sonderausgaben versteht. Der Kurzverweis Mosbrugger (2003) erscheint im Literaturverzeichnis in der folgenden relativ komplexen Form:

Beispiel 9
Beitrag eines Einzelautors aus einem Sammelwerk

Mosbrugger, V. (2003): Die Erde im Wandel – die Rolle der Biosphäre. In: Emmermann, R., Balling, R., Hasinger, G., Heiker, F. R., Schütt, C., Walther, D., Donner, W. (Hrsg.), An den Fronten der Forschung. Kosmos – Erde – Leben. Verhandlungen der Gesellschaft Deutscher Naturforscher und Ärzte (GDNÄ), 122. Versammlung 21.–24. September 2002 Halle/Saale. S. Hirzel, Stuttgart, S. 137–147.

▸ **PraxisTipp Sammelwerkzitat** Empfohlenes Format:
Autor, V[orname(n) als Anfangsbuchstabe mit Punkt]. (Erscheinungsjahr): Genauer Titel des Einzelbeitrags mit Punkt. In: Herausgeber, V[orname mit Punkt]., Sachtitel des Sammelwerkes, Angabe der Serie. Verlag, Verlagsort, Seitenzahl des zitierten Einzelbeitrags im Sammelwerk.

Sammelwerke, die man im Lauftext als Ganzes und nicht nur mit einem bestimmten Beitrag zitiert hat, behandelt man im Literaturverzeichnis wie Bücher. In diesem Fall wird der Herausgebername mit dem Zusatz (Hrsg.) versehen.

Da die Mitteilungssprache in einer studentischen Arbeit im Allgemeinen Deutsch ist, gibt man für den/die Herausgeber die deutsche Abkürzung (Hrsg.) an und nicht die englische ed./eds. (von editor), auch wenn das zitierte Sammelwerk in englischer Sprache erschienen ist.

6.4.4 Zitate aus wissenschaftlichen (unveröffentlichten) Arbeiten

Wissenschaftliche Arbeiten wie Dissertationen und Habilitationsschriften, dazu auch Bachelor-, Master-, Diplom-, und Staatsexamensarbeiten, die in einer Hochschulbibliothek eingestellt und katalogisiert sind, kann man selbstverständlich nutzen und daraus Sachverhalte zitieren, auch wenn sie nicht in anderer Form (beispielsweise in den Serien *Dissertationes Botanicae* oder *Bibliotheca Phycologica* bzw. bei einem spezialisierten Hochschulschriftenverlag wie etwa Lang/Frankfurt, Shaker/Aachen oder Kovacs/Hamburg) erschienen sind. Sie werden im Prinzip nach dem gleichen Muster zitiert wie Bücher, allerdings unter Angabe des Charakters der Arbeit und der betreffenden Hochschule.

> **Beispiel 10**
> Zitat einer wissenschaftlichen Einzelarbeit
>
> Kanz, B. (1998): Konzipierung eines Bewertungsschlüssels zur ökologischen Flächenbewertung auf der Grundlage floristisch-vegetationskundlicher und faunistischer Erhebungen und seine Anwendung. Dissertation, Math.-Naturwiss. Fakultät, Universität zu Köln.

6.4.5 Zitate aus der „grauen Literatur"

Die sogenannte Graue Literatur ist in naturwissenschaftlichen Arbeiten im Allgemeinen nicht zitierfähig. Dazu gehören Meldungen aus der Presse (Bild, Brigitte, Focus, PM, Spiegel, Süddeutsche Zeitung, Stern u. a.). Journalistische Arbeit in Ehren – aber als Primärquelle eines wissenschaftlichen Sachverhaltes taugen die in den Publikumszeitungen oder -zeitschriften erschienenen Nachrichten nach häufiger Erfahrung wenig bis nichts. Oftmals haben sie bereits eine stationenreiche Kaskade hinter sich, bevor sie im Blatt erscheinen, wurden dabei redaktionell bearbeitet und meist stark vereinfacht (entstellt) und entsprechen damit gegebenenfalls nicht mehr der Originalinformation.

Solche Mitteilungen in Pressediensten oder in der Presse selbst können jedoch unter Umständen ihrerseits Untersuchungsgegenstand sein und müssen dann auch ordnungsgemäß zitiert werden. In diesem Fall behandelt man sie zitiertechnisch wie Zeitschriftenbeiträge. Ähnlich verfährt man auch bei Informationen aus Verbandsmitteilungen (z. B. der Naturschutzverbände), behördlichen oder anderen institutionellen Broschüren (beispielsweise von Nationalparkämtern), Ausstellungskatalogen oder „Denk"schriften.

Grundsätzlich nicht zitierfähig sind Vorlesungsskripte, Praktikumsberichte, Vortragsmanuskripte oder andere „nicht flüchtige" Dokumente auf dem Weg zwischen dem gesprochenen und dem zielgenau für die Öffentlichkeit geschriebenen Wort.

6.4.6 Weitere Quellenangaben

Im Zusammenhang mit floristischen, faunistischen oder landschaftsökologischen Untersuchungen, aber auch in der Gentechnik und Reproduktionsmedizin verzahnen sich biologische Fragestellungen und rechtliche Vorschriften im nationalen oder sogar im EU-Rahmen. Im Bedarfsfall sind daher auch die entsprechenden Gesetzeswerke wie das Bundesnaturschutzgesetz, verschiedene Umweltgesetze (etwa Wasserhaushaltsgesetz, Trinkwasserverordnung) oder das Gentechnikgesetz ordnungsgemäß, d. h. anhand der Originalfindstelle (amtliche Gesetz- und Verordnungsblätter, nicht aus der Tagespresse …) zu zitieren.

> **Beispiel 11**
> Zitat eines Gesetzestextes
>
> Gesetz über Naturschutz und Landschaftspflege (Bundesnaturschutzgesetz – BNatSchG).
> Bundesgesetzblatt (2002) Teil I, Nr. 22, Bonn 29. Juli 2009, S. 2542.

Weitere rechtlich relevante Zitate betreffen Urteile, die man aus amtlichen Sammlungen oder juristischen Fachzeitschriften entnehmen kann, oder Patente und Schutzschriften, die vor allem im ingenieurwissenschaftlichen Bereich von Bedeutung sind und deswegen hier nicht weiter erläutert werden müssen. Das gilt auch für audiovisuelles Material, andere Datenträger wie CD-ROMs oder Computerprogramme. Im Zweifelsfall behandelt man sie wie ein gedrucktes Dokument, benennt den/die Urheber, Erscheinungsjahr und die korrekte Findstelle analog den oben angeführten Mustern.

6.4.7 Quellen aus dem Internet

Das ehrwürdige Papier von Büchern und Zeitschriften ist im elektronischen Zeitalter ein zwar immer noch unentbehrlicher, aber längst nicht mehr der alleinige Informationsträger. Die unterdessen zahlreich und in jeglicher Qualitätskalibrierung auch im Internet verfügbaren wissenschaftlichen Informationen und deren aktuelle Nutzung begründen die Notwendigkeit, auch diese eventuell ausgewerteten Materialquellen im Quellenverzeichnis einer Arbeit ordnungsgemäß zu zitieren.

Bei namentlich gekennzeichneten elektronischen Dokumenten (d. h. mit personifiziertem Urheber) zitiert man die betreffende Quelle im Prinzip wie Schriftgut. Da die im Netz verfügbaren Dokumente jedoch erfahrungsgemäß eine deutlich kürzere „Halbwertszeit" haben als Zeitschriften- oder Buchbeiträge, weil sie in kürzeren Zeitabständen immer wieder aktualisiert werden, gibt man sicherheitshalber das Erstellungsdatum des Dokuments und zusätzlich in jedem Fall das Datum des eigenen Zugriffs an, um den genauen Zeitschnitt der Nutzung zu dokumentieren. Die von mitteleuropäischen Datumsformaten eventuell abweichende Datumsstruktur der Internetdokumente ist zu beachten (vgl. Kap. 10, Stichwort Datum).

Ein über einen üblichen Web-Browser zugängliches Dokument aus dem Internet, meist erreichbar über die Zugriffsart URL-Adresse (*Uniform Resource Locator*) mit dem Zugriffsprotokoll http (*HyperText Transfer Protocol*), zitiert man entsprechend der im Beispiel benannten online-Zitierhilfe folgendermaßen:

Beispiel 12
Dokument aus dem Internet

Harnack, A., Kleppinger, G. (25.10.06): Beyond the MLA Handbook. Documenting electronic sources on the internet. <http://falcon.eku. edu/honors/beyond-mla/> (10.06.2012).

Weitere Empfehlungen zum Umgang mit Zitaten von Internet-Material sind nachzulesen unter www.jstor.org/about bzw. www.archive.org sowie den dort angegebenen Links.
Analog zitiert man auch verwendetes Material von CD-ROMs, spezielle Computerprogramme oder vergleichbare nicht gedruckte Quellen.

▸   **PraxisTipp Internet-Zitat** Empfohlenes Format:
    Autor, V[orname(n) als Initiale(n) mit Punkt und einfachem Zwischenraum]. (Erstellungsdatum in der Struktur TT.MM.JJ): Genauer Titel der Quelle. <Zugriffsprotokoll/URL in spitzen Klammern> (Datum des eigenen Zugriffs in der Struktur TT.MM.JJ), Angabe der Serie. Verlag, Verlagsort, Seitenzahl des zitierten Einzelbeitrags im Sammelwerk.

6.5 Sortierung im Literaturverzeichnis

In der auch hier empfohlenen Form der Quellenangaben für die Publikationspraxis in den Naturwissenschaften erscheinen die Namen immer inversiv mit vorgestelltem Nachnamen und nachfolgenden Vornameninitialen. Bei den Namen ostasiatischer Autoren ist allerdings nicht immer einfach erkennbar, welcher Bestandteil der Vor- und Nachname ist. In solchen Fällen übernimmt man die Zitation wie im Original. Im Literaturverzeichnis erfolgt die Sortierung der Autoren aller Quellen alphabetisch nach den Vorgaben für Schriftzeichenfolgen (DIN 5007) bzw. nach DIN 31638 für den bibliographischen Bereich, die beispielsweise auch den Telekom-Telefonbüchern zugrunde liegen. Die Sortierautomatik der PC-Textverarbeitungsprogramme arbeitet zwar nicht nach DIN, aber entsprechend der Buchstabenfolge im Alphabet.

- Die Basis für die übrigen Sortierung sind die Grundbuchstaben des lateinischen Alphabets (a b c d e f ...).
- Großbuchstaben werden den Kleinbuchstaben nachgeordnet.
- Abkürzungen oder Akronyme werden wie normale Wörter behandelt.
- Besondere Namenszusätze wie „de", „von", oder „van" sowie sogenannte Nobilitätsprädikate (Gräfin, Freiherr u. a.) stellt man in der alphabetischen Sortierung jeweils hinter das Nachnamenäquivalent (Dönhoff, M. Gräfin; Putbus, M. Fürst zu; Bohlen und Halbach, O. von), auch wenn sie mit Apostroph abgekürzt sind wie bei Ester, T. A. d'.

- Nur wenn die groß geschriebene Präposition oder ein Artikel mit dem Namen fest verschmolzen sind wie bei Le Clerk, A., Ten Borgh, P. oder Zur Hausen, W., werden sie entsprechend dem Zusatz alphabetisch einsortiert.
- Mit Bindestrich verbundene Doppelnamen werden nach dem ersten Namensbestandteil behandelt.
- Körperschaftliche Urheber – hier tritt eine Institution oder ein Verband gleichsam als Ersatzautor auf – werden wie normale Autoren behandelt
- Die Umlaute ä, ö und ü werden nach DIN 5007 bei der alphabetischen Sortierung wie die ursprünglichen Einzelbuchstaben ae, oe und ue gewertet und sortiert – entsprechend folgen sie jeweils nach ihren Stammvokalen (a, o, u): Männeken, H. (2009) steht demnach vor Mannequin, P. (2010). Abweichend davon werden in vielen Nachschlagewerken die Umlaute gleich hinter ihren Stammvokalen einsortiert: Hund, Hündchen, Hundeleine …
- Bei Umlauten am Namensbeginn oder innerhalb des Namens wird nicht zwischen Ä und Ae bzw. ä und ae unterschieden, sondern die Sortierung nach dem Folgekonsonant vorgenommen: Nach Aepfelbach, L. D. (1998) folgt demnach Äscht, C. (1986).
- Das Sonderzeichen ß steht hinter ss: Auf Massing (1996) folgt Maßing (1999).
- Akademische Vornamen (Prof. Dr.) oder sonstige Titel (Sir) lässt man in der Autorenliste grundsätzlich weg.
- Ist das Ordnungskriterium Nachnamen ausgeschöpft, erfolgt die weitere Sortierung nach den Vornameninitialen sowie an dritter Stelle nach der Chronologie der zitierten Veröffentlichungen wie im Beispiel Fischer, E. (2005), Fischer, W. (2001), Fischer, W. (1993).
- Generell erfolgt die Zeichenreihung nach den Grundzeichen A–Z (Kleinbuchstaben vor Großbuchstaben), Buchstaben aus nicht lateinischen Alphabeten, römische Zahlen, arabische Zahlen.

Der folgende Ausschnitt mit Namen aus einem fiktiven Literaturverzeichnis fasst die übliche Sortierungstechnik zusammen:

Adrian, M. U. (2001)
Aepfelbach, L. D. (1998)
Äscht, C. (1986)
Auf der Mauer, K. (2008)
Bohlen und Halbach, O. von (2003)
Bonnie, T., Clyde, M. (1988)
Bundesamt für Naturschutz (2011)
DeClerk, P. (1999)
Dönhoff, M. Gräfin (1992)
Dunk, K. von der (1997)
Ester, T. A. d' (1988)
Fischer, E. (1995)

6.5 Sortierung im Literaturverzeichnis

Fischer, E. (1999)
Fischer, E., Killmann, D. (2010)
Fischer, W. (1989)
Fischer, W. (1998)
Fischer-Kochems, N. (2001)
Grosse-Brauckmann, G. (1997)
Hoeck, F. (1986)
Höck, G. (1998)
Hödel, K. P. (1992)
Hoederath, D. (2012)
Hofe, M. vom (2004)
Jong, C. van (1993)
Jong, E. (1992)
Jong, P. H. E. de (1998)
Jungner, P. (2000)
Jüngner, S. C. (1997)
Landschaftsverband Rheinland (2009)
Lecointre, G., Le Guyader, H. (2006)
Mac Intyre, S. (1983)
McPherson, Y. (1970)
Männeken, H. (1989)
Mannequin, P. (2001)
Massing, D. (1996)
Maßing, K. (1999)
Moeller, B. (1995)
Möller, K. (2007)
Møller, J. (1991)
Muller, H. (1928)
Müller, F. (1974)
O'Connell, F. (1987)
O'Sullivan, P. E. (2003)
St. Claire, M. (2001)
Ten Borgh, P. (1981)
Zehnhoff, A. am (1995)
Zur Hausen, W. (1998)

Im Übrigen gelten die oben benannten Regeln auch für die Erstellung eines Glossars oder eines Sachwortregisters (Index). Daneben sind die folgenden Sonderregeln zu beachten:

- Vor allen übrigen Zeichen (Buchstaben) werden in alphabetischen Listen Leerzeichen, gesprochene und nicht gesprochene Zeichen geordnet, also diakritische Zeichen wie %, ‰, §, €, $, £ sowie – ; , : „ ".
- Buchstaben aus anderen Alphabeten (beispielsweise die im Wissenschaftsbereich häufig verwendeten griechischen Buchstaben) folgen erst nach dem gewöhnlichen lateinischen Alphabet.
- Zuletzt werden römische Ziffern, dann arabische Ziffern und arabische Zahlen aufgeführt.

Ein entsprechendes Sortierbeispiel aus einem fiktiven Stichwortverzeichnis (Index, Register) sollte wie die folgende Auflistung aussehen:

§ 15	z. B.
§ 28	zahlen
€-Beträge	Zahl
$-Schwäche	zählen
Abend	Zahnformel
abends	α-Strahlen
Abendstern	β-Strahlen
Air Berlin	IV
Airport	VIII
Airbag	XII
am	1
Ammoniak	1-Methyl-hexan
Analgese	2,3-Dimethyl-octan
Anästhesie	55
ATP	99

Die satztechnische Behandlung der Vollzitate im Literaturverzeichnis Ihrer Arbeit behandelt Abschnitt 10.6.9 im Rahmen der Besprechung von Layoutfragen.

Ansehnliche Schaustücke: Fotos, Grafiken und Tabellen

Wer sich als Lektüre einen belletristischen Text zur Hand nimmt, erwartet gewöhnlich eine fesselnde Handlung in brillant durchformuliertem Text – eben unterhaltsamen Lesegenuss pur. Bei wissenschaftlichen Abhandlungen steht der reine Lesegenuss üblicherweise nicht primär im Fokus, doch muss sich auch der reine Wissenschaftstext in der Aufbereitung seines jeweiligen Themas nicht unbedingt die notorische Sprödigkeit eines juristischen Kommentars zum Bürgerlichen Gesetzbuch widerspiegeln.

Naturwissenschaftliche Texte haben nun den enormen Vorzug, dass sich besonders komplexe Sachverhalte statt der rein verbalen Präsentation als Buchstabeneinöde auch mit anderen Mitteln veranschaulichen lassen: Abläufe, Datengruppen, Konstruktionen oder Korrelationen abhängiger und variabler Größen oder Trends, die im Text eine ausführliche und möglicherweise ermüdende Aufzählung mit zahlreichen Einzelerwähnungen benötigen, verpackt man wesentlich ansprechender und verständlicher in Schaubilder und bietet sie dem Textadressaten als visuellen *Appetizer* an: Das Schau-Bild ist immer dann die geeignete Kommunikationsebene, wo ein komplexer Sachverhalt die Wiedergabe in bewegenden Worten kaum oder gar nicht zulässt. Die „schriftliche" Arbeit, wie sie eine Standardformulierung aus vielen Studien- und Prüfungsordnungen benennt, ist günstigenfalls also zumindest anteilig auch ein Bildwerk. Daher sind Fotos, Grafiken, Tabellen oder vergleichbare Formen der Verbildlichung in einem naturwissenschaftlichen Dokument völlig unverzichtbar.

7.1 Mittel der Textveranschaulichung

Abbildungen sind gleichsam schon von Natur aus wesentlich informationsdichter als Wörter und Sätze, aber man versteht sie erstaunlicherweise trotz ihres höheren Informationsgehaltes viel besser als eine vergleichbare Verbalorgie und – wenn sie handwerklich gut zugerichtet und präsentiert sind – auch noch auf den ersten Blick. Bilder sind eben, wie es der Karlsruher Zoologe Gerolf Steiner in einer seiner Schriften zum bildnerischen Vorgang des Zeichnens zu Recht herausstellte (Steiner 1986), des Menschen andere Sprache. Was sich in Bilder fassen lässt, wirkt in einer ansonsten sachlich distanzierten und somit relativ trockenen Text- und Gedankenwüste als willkommene visuelle Oase und – im Wortsinn – als Blickfang. Bezeichnenderweise gehört das lateinische Stammwort *illustrare* in das Begriffsfeld Helligkeit – die Illustration erleuchtet, erhellt, lässt gleichsam ein Licht aufgehen und hebt hervor, wo die bloße Verbalversion eben nur Schatten, bestenfalls in Grauschattierungen, anbieten kann. Sicher entbindet diese Ausgangslage nicht von der Notwendigkeit, den Text einer Studienarbeit klar zu strukturieren und begrifflich konsumfähig zu gestalten. Wo es die Textlösung allein nicht leistet, dass sich jemand bei der Lektüre ein genaueres Bild des Gesagten machen kann, erweitert man einfach das Angebot: Man macht dem Leser von Anfang an buchstäblich ein Bild (oder mehrere ...) vom darzustellenden Sachverhalt. Obwohl für eine naturwissenschaftliche Semester- oder Abschlussarbeit im Allgemeinen keine Designerpreise vergeben werden, können Abbildungen und Tabellen auch in ihrer Funktion als Information tragende Bauteile einer Darstellung durchaus Schmuckstücke sein. Was illustrativ ist, wirkt übrigens auch immer dekorativ und trägt zweifellos wesentlich dazu bei, dass man eine Abschlussarbeit als Informationsquelle gerne benutzt.

Außer Fotos oder Grafiken, die ihre zu diskutierenden Sachverhalte in eine andere Formensprache verpacken, sind letztlich auch Karten, Tabellen und Formeln als diskontinuierliche Mitteilungen bedeutsame Elemente der Textveranschaulichung. Aus diesem Grunde gelten die Überlegungen und Empfehlungen in diesem Kapitel auch für diese Typen illustrativer Zugaben.

7.2 Rechtliche Aspekte

Bei jeder etwaigen Übernahme von Bildmaterial aus anderen Quellen, beispielsweise von Fotos auch aus den im Internet verfügbaren Bildgalerien, sind die juristischen Belange des Urheberrechts zu beachten. Alle Bildherkünfte von dritter Seite sind grundsätzlich Fremdquellen und in der eigenen Arbeit als solche ausdrücklich zu kennzeichnen (vgl. Kap. 6). Bei Fotos muss der Urheber (Bildautor) die Wiederverwendung genehmigen: Man benötigt dazu die schriftliche Erlaubnis einerseits des Urhebers, aber auch des Verlags, in dessen Buch oder Zeitschrift ein benötigtes Bilddokument erschienen ist. Das gilt letztlich sogar für Briefmarkenmotive. Bei der Wiederverwendung eines bereits publizierten Fotos kontaktiert man rechtzeitig den betreffenden Bildautor, um eine reprofähige Originalvorlage zu bekommen, denn das Einscannen einer gedruckten und deswegen aufgerasterten Vorlage liefert meist keine qualitativ befriedigenden Ergebnisse.

Bei der Verwendung von Kartenausschnitten beispielsweise der amtlichen Topographischen Karten der Landesvermessungsämter, Geobasisinformation und Katasterbehörden oder anderer Institutionen, die Kartenwerke publizieren, ist ebenfalls eine ausdrückliche Genehmigung erforderlich. Die Landesvermessungsämter erteilen die Abdruckgenehmigung für studentische wissenschaftliche Arbeiten im Allgemeinen kostenfrei.

7.3 Bildschön: Fotografische Dokumente

Bei Diagrammen, Grafiken, Schemata oder vergleichbaren Visualisierungen komplexer Sachverhalte, die man nach Fremdvorlagen selbst anfertigt oder umzeichnet, ist jeweils wie bei einem Textzitat die Originalquelle anzugeben. Meist erfolgt dieser Hinweis als Kurzzitat (vgl. Abschn. 6.4) in der Form „Verändert nach Meyer 2012" oder auch nur „Nach Meyer 2012".

7.3 Bildschön: Fotografische Dokumente

Fotografische Abbildungen sind in den Zeiten der digitalen Bild(nach)bearbeitung zwar keine vorbehaltlos vertrauenswürdigen Dokumente mehr, aber dennoch ein exzellentes Darstellungsmittel. Kein Lehrbuch der Naturwissenschaften, jedenfalls kein ernst zu nehmendes Werk, kommt ohne gut bestückte Bildstrecken aus. Selbstverständlich muss auch eine studienbegleitende wissenschaftliche Arbeit die großartigen Möglichkeiten einer Abbildung nutzen.

Obwohl eine solche Arbeit natürlich kein Fotoalbum und schon gar kein Katalog ist, sollte man den Bildteil nicht als reines schmückendes Beiwerk empfinden und Bilddokumente auch nicht allzu spärlich einsetzen. Eine allgemein zutreffende Empfehlung für ein ausgewogenes Text-Bild-Verhältnis ist allerdings kaum möglich, denn der tatsächliche Bedarf an Illustrationsmaterial hängt unmittelbar vom jeweils bearbeiteten Thema ab. Typische Anlässe für eine fotografische Abbildung in einer Arbeit sind beispielsweise:

Artenporträt Kennen Sie *Tetraselmis roscoffensis*, *Laminariocolax tomentosoides* oder gar *Gracilaria vermiculophylla*? Wenn sich eine wissenschaftliche Untersuchung beispielsweise mit *Cosmarium obsoletum* (Hantsch) Reinsch oder *Cryptomonas borealis* Skuja befasste, die beide in absehbarer Zeit ebenfalls keine deutschen Artnamen erhalten werden und mit Sicherheit nicht allgemein bekannt sind, wird es jeder mit diesen Organismen nicht vertraute Leser äußerst dankbar begrüßen, wenn man ihm die betreffenden Objekte zunächst einmal im Bild vorführt. Diese Empfehlung gilt für alle etwas „entlegeneren" Untersuchungsobjekte aus sämtlichen Organismenreichen. Obwohl Fachleute der Flechtenkartierung die empfohlene Artenauswahl für eine stadtklimatische Bewertung natürlich kennen, ist es unbedingt ratsam, die dazu erfassten Arten wie *Hypogymnia physodes* und *Physcia caesia* auch leibhaftig bzw. live im Foto zu zeigen. Das wirkt in jedem Fall frischer und lebendiger als die bloße Namensauflistung. Das Vorstellungsvermögen seiner Leser sollte man auch dann mit einem Artenkonterfei bedienen, wenn es in einer Arbeit um vermeintlich allgemein bekannte Arten geht. So kann beispielsweise eine Analyse der Artbildungsprozesse beim heimischen Feuersalamander, dessen verschiedene geographische Rassen sich offensichtlich in Richtung Speziation entwickeln, auf ein Foto oder eine Fotoserie als Dokument der zu betrachtenden Merkmale einfach nicht verzichten.

Bei einem erläuternden Foto, das eine bestimmte, aber nicht unbedingt allgemein bekannte Art zeigt, ist immer eine Maßstabsangabe nützlich – entweder direkt mitfotografiert auf dem Bild (Euromünze, Bandmaßausschnitt) oder als eingebauter Hinweis in der Bildlegende, wie im folgenden Beispiel: Die ca. 5 cm große *Xanthoria parietina* ist randlich mit Grünalgen aus dem Formenkreis *Apatococcus lobatus* überwachsen.

Artenumfeld Bei ökologischen Themen, die eventuell auch in einen geowissenschaftlichen Zusammenhang eingebunden sind und sich beispielsweise mit Fragen der Bodenkunde, der Bewuchsmerkmale, der Exposition oder anderer standörtlicher Faktorengruppen befasst, empfiehlt sich selbstverständlich auch die bildliche Einstimmung mit einem Foto der betreffenden Biotope bzw. Habitate. Eine Organismenart oder Artenkollektive bestehen nicht losgelöst von ihrem Lebensraum. Ihre artkennzeichnenden Merkmale, die ein Artenporträt im Foto vermittelt, sind ebenso bedeutsam wie das gesamte landschaftliche (abiotische oder biotische) Umfeld.

Teilansichten Das Mikroskop ist nach wie vor eines der wichtigsten Instrumente nicht nur in der Biologie, das jenseits des Auflösungsvermögens unserer Augen in immer neue Kleinwelten vordringt und damit ständig die Grenzen der Erfahrungswelt verlagert. Sofern eine wissenschaftliche Arbeit die mikroskopischen Strukturebenen eines Organismus weit unterhalb der Grenze des normal Sichtbaren behandelt, sind detaillierte fotografische Abbildungen als Informations- und Dokumentationsmittel völlig unverzichtbar (vgl. Kremer 2010). Das gilt für die klassischen ebenso wie für die modernen Verfahren der Lichtmikroskopie, von der gewöhnlichen Durchlicht- und Fluoreszenztechnik über die konfokale Laserscan-Mikroskopie (CLSM) bis hin zur Raster- (REM) und Transmissionselektronenmikroskopie (TEM), deren Ergebnisse sich sogar ausschließlich auf der Bildebene dokumentieren lassen. Makroskopische und lichtmikroskopische Präparate lassen sich farbig wiedergeben. Elektronenmikroskopische Aufnahmen sind technisch bedingt „unbunt" schwarzweiß, aber deswegen keineswegs weniger ausdrucks- oder informationsstark.

Damit das Ergebnis nicht zum Suchbild oder ein wichtiger Sachverhalt zum belanglosen Nebenschauplatz wird, wählt man die Gegenstandsweite bereits beim Fotografieren so aus, dass das dargestellte Objekt das Bildformat bei minimaler Umrandung möglichst komplett ausfüllt. Natürlich sind auch Hoch- oder Querformate dem jeweiligen Objekt angemessen einzusetzen. Einen Getreidehalm wird man sinnvollerweise nicht in ein Querformat zwängen.

Auch bei einer digitalen Bildnachbearbeitung, z. B. mit dem Programm *PhotoShop*, schneidet man alle überflüssigen, weil für die Aussageabsicht entbehrlichen Randbereiche weg und „inszeniert" gleichsam das zu zeigende Objekt in der Bildmitte. Solche Bildbearbeitungen muss der begleitende Text (Bildlegende, Lauftext) fairerweise immer erwähnen. Gänzlich unentbehrlich sind solche Hinweise auf eine nachträgliche Bearbeitung bei Aufnahmen mit speziellen mikroskopischen Darstellungsverfahren, beispielsweise bei Anwendung der Auflichtfluoreszenz: Im digital aufgenommenen Original sind die dargestellten Strukturen eventuell nicht genügend deutlich zu erkennen. Ihre optische Präsenz lässt sich durch Bildnachbearbeitung jedoch beträchtlich steigern. Solche nachträglichen Manipulationen müssen Sie allerdings angeben, weil es einfach zur Redlichkeit wissen-

7.3 Bildschön: Fotografische Dokumente

schaftlichen Arbeitens gehört. Im Zweifelfall bildet man die unbearbeitete und die aus didaktischen Gründen bearbeitete Version nebeneinander ab.

Bei mikroskopischen Bildern, die gewöhnlich nur Teile von Teilen darstellen, ist ein Maßstabsbalken üblich. Im lichtmikroskopischen Bereich (LM) wählt man je nach Vergrößerung häufig eine Maßstrecke von 10–50 µm, bei elektronenmikroskopischen Bildern (EM) von 1 µm oder kleiner. LM- und EM-Fotos sollten durch Beschriftungsdetails nicht unnötig belastet werden. Hervorzuhebende Einzelheiten bringt man moderat in gut lesbaren Zeichen an (schwarz auf hellem, weiß auf sehr dunklem Bildhintergrund).

Manchmal empfiehlt es sich, eine Doppeldarstellung vorzusehen – links ein unkommentiertes, rechts daneben ein beschriftetes Bild. Alternativ könnte man mit einem Rahmen bestimmte Bildteile markieren und nochmals vergrößernd bzw. erläuternd darstellen.

Labordokumente Da alle analytischen Verfahren der Physiologie und Biochemie letztlich auf eine Visualisierung der Ergebnisse ausgerichtet sind, bietet sich auch hier das Foto als Mittel der Dokumentation an. Die im Foto festgehaltene Bandenbildung einer vergleichenden Flachbett-Gelelektrophorese, eines Southern- oder Western-Blot oder ein dem Foto vergleichbares Autoradiogramm veranschaulichen äußerst wirksam und sind gleichzeitig wichtige Beweismittel.

Ob man die vorgesehenen Fotografien als Bilddateien mit hoher Auflösung (>300 dpi, dpi = dots per inch = ca. 14.000 Punkte/cm^2) direkt über einen leistungsstarken Drucker im Dokument ausgeben lässt oder sie als klassische farbige bzw. schwarz-weiße Fotopapierkopien mit der Oberflächenausrüstung „Hochglanz" in die fertige Version der Arbeit einklebt, ist letztlich nur eine Frage der jeweils verfügbaren Wiedergabetechnik und kein grundsätzliches Problem, das hier zu erörtern wäre (vgl. auch Kap. 10).

▸ **PraxisTipp Foto** Eine Fotografie soll das abzubildende Objekt jeweils formatfüllend und kontrastreich darstellen.

Nicht immer erfüllt der eigene Schnappschuss die formal-ästhetischen Voraussetzungen einer gelungenen Darstellung. Sofern die betreffenden Bilddokumente digitalisiert vorliegen (direkt aufgenommen mit einer Digitalkamera bzw. der Fotofunktion eines leistungsfähigen Mobiltelefons oder nach Digitalisierung mithilfe eines speziellen Dia-Scanners), bieten moderne Bildbearbeitungsprogramme wie *PhotoShop* u. a. die einzigartige Möglichkeit der beeindruckenden kosmetischen Aufwertung. Der handwerkliche Umgang mit diesen z. T. komplexen Programmen kann nicht Gegenstand dieser Einführung sein. Insofern begnügen wir uns hier mit dem ausdrücklichen Hinweis, auch diese Möglichkeit der Bildgestaltung bei Bedarf unbedingt einzusetzen. Die Möglichkeit der nachträglichen Bearbeitung eröffnet allerdings auch einer unzulässigen Manipulation die Tür. Um alle etwaigen Zweifel auszuräumen, behält und zeigt man auch das unbearbeitete Original, damit ein Bild auch tatsächlich ein Dokument bleibt.

7.4 Topographische Karten

Kartenausschnitte, die das Untersuchungsgebiet einer ökologisch oder geowissenschaftlich orientierten Arbeit darstellen, sind ein exzellentes Mittel der Veranschaulichung. Die genaueste Geländewiedergabe bieten die amtlichen Topographischen Karten in den Maßstäben 1 : 25.000 (TK25) oder 1 : 50.000 (TK50). Wenn man Ausschnitte aus einem definierten Kartenblatt in einer Arbeit verwendet, dürfen diese gegenüber dem Original im Maßstab nicht verändert werden. Eingescannte Kartenausschnitte sind im Wiedergabeergebnis oft ebenso unbefriedigend oder allenfalls als Arbeitsvorlage tauglich wie die in der Auflösung nicht so recht überzeugenden Kartenversionen auf CD-ROM, die man beim Vertrieb der Landesvermessungsämter erhält. Die gerade benötigten Ausschnitte dieser digitalen Kartenversionen kann man sich allerdings ohne Rücksicht auf irgendwelche Blattschnitte wählen. Als Grundlage für eine spezielle thematische Karte, die man mit den in die CD-ROM integrierten Werkzeuge als sogenanntes Overlay im Computer selbst zeichnet, sind diese Arbeitsvorlagen eine wertvolle Hilfe. Sie haben sich auch schon vielfach bei der Verbreitungskartierung bestimmter Organismenarten oder bei vergleichbaren Bestandserfassungen bewährt. Die mit der Geobasisinformation befassten Landesbehörden (früher: Landesvermessungsämter) bieten mit ihren ATKIS-Versionen (amtliche topographische Karten-Informationssystem) überaus brauchbare Arbeitshilfen.

Für Publikationszwecke ist in jedem Fall ein kartographischer Originaldatensatz zu empfehlen, den die Landesvermessungsämter auf Anfrage bereitstellen, auch in Gestalt digitaler Geländemodelle oder anderer spezieller Darstellungsformen. In diesem Zusammenhang soll nur kurz auf die zahlreichen und vorzüglichen Nutzungsangebote der Geographischen Informationssysteme (GIS) verwiesen werden, das auch für andere naturwissenschaftliche Disziplinen relevante technische Segmente umfasst.

Bei der Verwendung von nicht selbst entworfenen und in Reinversion gezeichneten Karten oder Kartenausschnitten sind unbedingt die urheberrechtlichen Belange zu beachten (vgl. Abschn. 7.2).

7.5 Grafiken

Unter Grafiken verstehen wir hier alle Bilddarstellungen, die nicht auf fotografischem Wege entstanden sind, sondern als Strichzeichnungen oder Diagramme entweder von Hand oder mithilfe eines speziellen CAD-Zeichenprogramms per Computer erstellt wurden. Gegebenenfalls gehören dazu auch Kartendarstellungen zu bestimmten Themen, wie sie beispielsweise im Zusammenhang mit gewässerökologischen Untersuchungen oder bei Vegetationsaufnahmen sinnvoll sind (vgl. Abschn. 7.3). Grafiken können beispielsweise Strichzeichnungen oder verschiedene Formen von Diagrammen sein, die jeweils in wenigen Umrissen komplexe Sachverhalte veranschaulichen.

7.5.1 Zeichnungen

Streng mathematisch gesehen ist ein Strich als Linie zeichnerisch gar nicht darstellbar, weil er die Dimension 1 aufweist und in der Umsetzung auf einem Zeichengrund bestenfalls eine sehr schmale Fläche ist (vgl. Ebel und Bliefert 1990). Dennoch verstehen wir hier unter einer Strichzeichnung eine aus dünneren oder kräftigen Liniengefügen und durchaus mit Vollflächen erstellte Grafik beliebigen Inhalts, die ohne Koordinatensystem auskommt.

Eine Zeichnung kann im Unterschied zum üblichen Foto durch die Kombination mehrerer Abtastebenen ähnlich wie das Rasterelektronenmikroskop auch räumliche Tiefe ohne Weiteres wiedergeben und zudem durch das Verschieben des Objektes fehlende Anteile außerhalb des Sehfeldes berücksichtigen. Die Zeichnung bietet außerdem überall dort klare Konturen, wo das Foto lediglich ein Liniengewirr darstellt. Jede zeichnerische Darstellung ist in gewissem Umfang eine vereinfachende, idealisierende, aber besser verständliche und in hohem Maße auch interpretierende Wiedergabe des Gesehenen. Wo selbst ein technisch perfektes Foto erbarmungslos Beugungssäume, etwaige Präparationsartefakte, staubfeine Verunreinigungen oder das Liniengefüge anderer Schärfeebenen festhält, kann die Zeichnung die notwendige Abstraktion oder Klärung leisten und den Blick auf das hervorhebenswert Wesentliche lenken. Für eine brauchbare Zeichnung benötigt man also nicht unbedingt ein brillantes Präparat, sondern kann die besonderen Akzentuierungsmöglichkeiten auch dann nutzen, wenn einmal keine optimale Ausleuchtung vorliegt, irgendwelche Luftblasen trotz aller Mühe nicht aus dem Objekt zu vertreiben sind oder ein von Hand ausgeführter Schnitt schlicht zu dick ausfiel. Ein noch überzeugenderes Argument für die selbst gefertigte Zeichnung ist, dass sie ohne nennenswerten apparativen Aufwand mit einfachen Hilfsmitteln zu erstellen ist.

Strichzeichnungen abstrahieren also gewöhnlich sehr stark und bieten eine in gewissem Maße schematische, meist gewollt vereinfachende Darstellung. Häufig sind Zeichnungen daher erstaunlicherweise viel besser als ein flaues Foto mit geringer Tiefenschärfe und vielen nebensächlichen Bildinhalten: Sie können nämlich die zu fokussierenden Besonderheiten betonen oder sogar eigens herausstellen. Damit dienen sie, wie die Beispiele in diesem Kapitel zeigen (Abb. 7.1 und 7.2), unter Anderem der (erläuternden) Habitusdarstellung kleiner Organismen und werden in diesem Fall nach der mikroskopischen Beobachtung angefertigt. Sie können aber auch zytologische, histologische oder anatomische Zusammenhänge veranschaulichen. Zeichnungen sind überdies ein exzellentes Darstellungsmittel geowissenschaftlicher Sachverhalte, beispielsweise von interpretierenden Landschaftsausschnitten oder geodynamischen Prozessen. Eine bemerkenswerte Beispielsammlung sowie gängige Verfahren ihrer Erstellung finden sich bei Meyer (1982). Schließlich stellt man auch Konstruktionspläne von Versuchsanordnungen (Versuchsaufbauten in Schnittbilddarstellung) in Form einer Strichzeichnung dar.

Für die Erstellung einer Strichzeichnung bieten sich grundsätzlich zwei Wege an. Entweder arbeitet man klassisch-handwerklich mit entsprechendem Zeichengerät (Zeichenbrett DIN A3 oder A4, Schablonen, Tusche, Tuschefüller unterschiedlicher Strichstärkenfestlegung) oder erstellt die vorgesehene Grafik mit einem Zeichen- bzw. Grafikprogramm per

Abb. 7.1 a–d Beispiel einer von Hand ausgeführten Strichzeichnung: Zieralgen (*Desmidiaceae*, Zygnematophyceae) überraschen mit einer besonders ansprechenden Zellmorphologie. **a** *Micrasterias denticulata*, **b** *Micrasterias rotata*, **c** *Micrasterias americana* und **d** *Micrasterias crux-melitensis*

Abb. 7.2 Beispiel einer per PC (*linke Hälfte*) und von Hand (*rechte Hälfte* mit konventionellem Zeichengerät/Tuschefüller) ausgeführten Zeichnung: Habitusbild eines Männchens der Schwebfliege *Syrphus ribesii* (Diptera, Syrphidae)

PC oder Macintosh. Beide Wege haben ihre spezifischen Vorteile und erfordern eine gewisse Erfahrung, sofern die Ergebnisse nicht allzu holperig aussehen sollen. Im Unterschied zu weit verbreiteten Befürchtungen erfordert dieses Zeichnen allerdings keine künstlerischen Spezialbegabungen, sondern ist erlernbar wie das Titrieren einer Säure oder das photometrische Ermitteln einer Enzymkinetik. Eine immer noch sehr empfehlenswerte Einführung in das wissenschaftliche Zeichnen in der Biologie sowie in allen nahe stehenden Arbeitsfeldern bieten beispielsweise Honomichl et al. (1982).

7.5.2 Strichzeichnungen von Hand

Von den oft nur mäßig beliebten Zeichenübungen Ihrer Mikroskopie- oder Histologiekurse haben Sie vermutlich eine gewisse Vorerfahrung in der zeichnerischen Umsetzung eventuell ziemlich detailreicher Strukturen. Zeichnungen für eine wissenschaftliche Arbeit legt man üblicherweise nicht in Bleistift an, sondern spätestens in der Endausfertigung immer in Tusche. Nur die Vorzeichnung fertigt man mit einem weichen, restlos radierba-

7.5 Grafiken

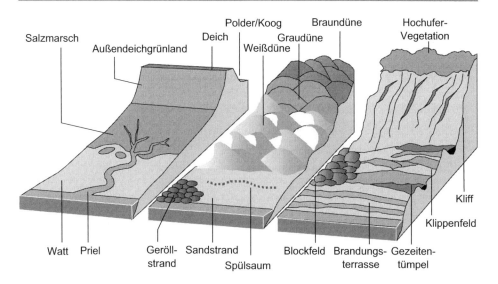

Abb. 7.3 Beispiel für landschaftsmorphologische Skizze bzw. Themenkarte, am PC erstellt (aus Kremer und Gosselck 2012). Zur Zeichentechnik siehe Abb. 7.6

ren Bleistift (Gradation HB oder 1B). Idealer Zeichengrund ist sogenanntes Entwurfpapier (festes, glattes Transparentpapier, ca. 95 g/m^2). Auf diesem Material kann man kleinere Fehler der Linienführung durch Wegschaben mit einem normalen Skalpell auch dann noch korrigieren, wenn die Tusche bereits unwiderruflich angetrocknet ist. Folgende Tipps sind vermutlich hilfreich:

- Man zeichnet die geplante Darstellung nicht in der Größe des benötigten Endformats, sondern in einem deutlich größeren Maßstab (ca. 3:1 bis 5:1). Für die Fertigstellung der Arbeit verkleinert man sie fotomechanisch per Kopierer auf die gewünschte Endgröße oder scannt sie skalierbar ein. Nach DIN 15 sind normengerechte Verkleinerungsmaßstäbe 70 %, 50 %, 35 % und 25 %. Die Verkleinerung verbessert häufig die Qualität des Originals. Die Platzierung einer Zeichnung im Seitenlayout behandelt Kap. 10.
- Optional ist der Ausdruck auf einem Laser- oder einem Tintenstrahl-Drucker. Die heute ohnehin reichlich antiquierten bzw. kaum noch eingesetzten Nadeldrucker liefern dagegen keine akzeptablen Ergebnisse.
- Die Strichstärke (Linienbreite) wählt man so, dass sie nach der Verkleinerung auf Endformat noch mindestens 0,15 mm beträgt. Alles was dünner gerät, bewegt sich unterhalb des natürlichen Auflösungsvermögens unserer Augen und wird unwillkürlich zum Sehtest. Im Zeichenfachhandel sind Tuschefüller mit maßhaltiger Röhrchenfeder für nahezu beliebige (größere) Strichstärken erhältlich. Zu einer sinnvollen Basisausstattung gehören die Stärken 0,3, 0,5, 0,7 und 0,9 mm.
- Wenn Beschriftungselemente vorgesehen sind, müssen diese im Endformat typographisch (nach Schriftart und Schriftgrad, vgl. Kap. 8) unbedingt zum Lauftext und zur

Bildlegende passen. Nichts sieht im fertigen Dokument schlimmer aus als typographisch unstimmige Buchstabenhöhen (vgl. Lüning 1985, Abb. 102 und 125).
- Buchstaben und Ziffern kann man in der benötigten Typographie per PC oder Macintosh drucken und in eine von Hand gefertigte Strichzeichnung einkleben, die in den meisten Fällen ohnehin kopiert wird. Die technisch sehr einfach zu handhabenden Anreibezeichen beispielsweise von Alfac oder LetraSet hat der CAD-Betrieb leider weitgehend entbehrlich gemacht – sie sind kaum noch im Handel erhältlich. Die Buchstabengestaltung mit Normschriftschablonen, wie sie der Zeichenfachhandel ebenfalls anbietet, ist vor allem im ingenieurwissenschaftlichen Bereich immer noch weit verbreitet. Von schwungvollen Freihandbeschriftungen, wie sie früher unter anderem in der Architektenbranche üblich waren, ist allerdings in jedem Fall abzuraten, weil sie fast immer mit der Typographie der übrigen Textgestaltung heftigst kollidieren.
- Für die ausfüllende Flächendarstellung gab es bislang die Möglichkeit, Anreibefolien mit der passenden Rasterung oder Schraffur aufzukleben. Diese Zeichenmaterialien sind allerdings ebenso wie die *instant lettering*-Werkzeuge bedauerlicherweise fast komplett vom Markt verschwunden oder bestenfalls in Restbeständen erhältlich. Einen Ausweg bieten hier nur die (professionellen) Computer-Zeichenprogramme. Schraffuren oder Netzlinien gelingen per Lineal von Hand nur in den seltensten Fällen in befriedigender Qualität.
- Hinweislinien, die zu bestimmten Elementen einer Strichzeichnung führen, dürfen sich grundsätzlich nicht überkreuzen und eine Zeichnung auch nicht wie einen Seeigel erscheinen lassen. Man ordnet sie immer so an, dass sie parallel zu den randlich außerhalb der Zeichnung angebrachten Kurzerläuterungen führen (vgl. Abb. 7.3 bis 7.5). Für ausführlichere Erläuterungen nutzt man die zugehörige Bildlegende (vgl. Kap. 10).

7.5.3 Strichzeichnungen per PC

Mit den zum normalen Programmpaket eines Computers gehörenden Zeichenfunktionen, beispielsweise im Rahmen der Programme CorelDraw, PowerPoint oder selbst von neueren Word-Versionen, kann man bei geschickter Anwendung erstaunlich viele Darstellungsprobleme bewältigen (vgl. Abb. 7.4 bis 7.6). Abbildung 7.6 erläutert schrittweise die Erstellung einer PC-Grafik am Beispiel eines einfachen Kalottenmodells von n-Hexan.

Öffnen Sie dazu eine leere PowerPoint-Folie und klicken Sie das Schaltfeld „Zeichnen" auf der Standardsymbolleiste an. Nach dem Anklicken öffnet sich an der Basis des Programmfensters eine neue Symbolleiste, über die man variable geometrische Objekte (= Autoformen wie Kreis, Ellipse, Recht- und Dreiecke, Blockpfeile), ferner Textfelder und Linien auswählt. Mit weiteren Schaltsymbolen bestimmen Sie Füll-, Linien- und Schriftfarben, die Strichstärke von Linien, Art und Richtung von Pfeilspitzen, Schattierungen, 3D-Effekte und andere Darstellungsmittel. Zur Darstellung der Grafikelemente in Abb. 7.6a–g gehen Sie jetzt folgendermaßen vor:

7.5 Grafiken

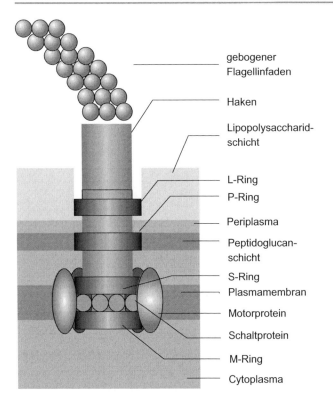

Abb. 7.4 Der kleinste Motor der Welt: Strukturschema einer Bakteriengeißel (PC-Grafik). Zur Zeichentechnik siehe Abb. 7.6

a Liniensymbol (Schrägstrich) auf der Zeichenlinie anklicken.
b Strich durch einfachen Mausklick aktivieren, unter „Zeichnen" die Option „Punkte bearbeiten" wählen.
c Die gerade Linie jetzt per linker Maustaste abschnittweise in beliebige Richtungen verbiegen.
d Linienenden mit der gedrückten linken Maustaste zum benötigten Flächenumriss zusammenführen.
e Die so gewonnene Fläche per Mausklick über das Farbfeld (Symbol Farbeimer) schwarz ausfüllen.
f Danach über das Farbfeld die Option „Fülleffekte" aktivieren, Menükarte Graduell wählen, dann Schaltfeld „zweifarbig" und „diagonal unten" anklicken; von den vier angebotenen Alternativen die linke obere wählen: Das Fünfeck füllt sich wie in Abb. 7.1 f. Ein bindendes C-Atom des Hexans ist damit fertig.
g Da spiegelbildliche Elemente benötigt werden, das fertige C-Fünfeck kopieren, unter „Zeichnen" die Option „Drehen oder Kippen" wählen und die horizontale Spiegelung veranlassen.

Abb. 7.5 Modellskizze (PC-Grafik) zur molekularen Anatomie eines T4-Phagen

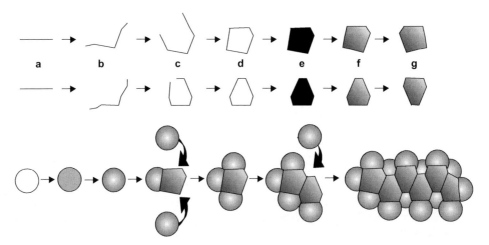

Abb. 7.6 Arbeitsablauf zur Erstellung eines einfachen Kalottenmodell von n-Hexan. Die einzelnen Arbeitsschritte a–g sind im Text erläutert. Das fertige Modell lässt sich in nahezu beliebiger Skalierung in den Lauftext einbauen

Nachdem Sie analog ein kreisförmiges H-Atom für die Kalottendarstellung mit der gewünschten Schattierung zum Raumgebilde umgeformt haben, werden alle Elemente zusammengeführt:

7.5 Grafiken

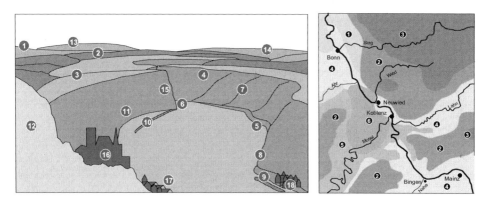

Abb. 7.7 Beispiel für eine landschaftsmorphologische Skizze bzw. Themenkarte, am PC erstellt. Zur Zeichentechnik vgl. Abb. 7.6

- Kopien der H-Atome per drag-and-draw an das endständige C-Atom heranführen
- Feinpositionierung durch „Strg + Pfeiltaste" vornehmen
- über „Zeichnen" → „Reihenfolge" → „in den Hintergrund" die H-Atome hinter das C-Atom stellen.
- alle übrigen Elemente jeweils kopieren und wie beschrieben positionieren

Word behandelt eine aus PowerPoint importierte Zeichnung und ebenso die aus CorelDraw importierten Objekte wie einen Textabschnitt. Um eine separat als eigenes Dokument erstellte Grafik in den Lauftext eines anderen Dokumentes zu importieren, markiert man sie, legt sie in den Zwischenspeicher (Strg + C) und fügt sie daraus an der gewünschten Stelle ein (Strg + V). Die unter PowerPoint oder CorelDraw erstellten Grafiken sind frei skalierbar (Beispiele in Abb. 7.6).

Bei Themenkarten oder sonstigen komplexeren Darstellungen (vgl. Abb. 7.3 und 7.7) ist Freihandarbeit auf dem Monitor nahezu unmöglich. Hier hilft meist das folgende Vorgehen: Man scannt eine geeignete Kartenvorlage als jpg-Format ein und importiert sie auf eine leere PowerPoint-Präsentationsfolie. Mit den innerhalb dieses Programms verfügbaren Zeichenwerkzeugen kann man nun Grenzverläufe, Höhenlinien, Flussbiegungen oder sonstige topographische Details als Overlay anlegen. Wenn alle Linien und Bezugspunkte festliegen, löscht man die verwendete jpg-Vorlage und geht nun an die grafische Feingestaltung mit farbigen oder abgestuften Füllflächen, unterschiedlichen Linienstärken oder sonstigen benötigten Details (Abb. 7.7). Die als PowerPoint-Dokument gesicherte Grafik importiert man anschließend in das betreffende Word-Dokument. Jetzt lassen sich die grafischen Einzelheiten nicht mehr verändern, aber dafür kann man die gesamte, nunmehr vektorisierte Darstellung in fast beliebige Formate bringen und so dem Satzspiegel anpassen.

Manche zeichnerischen Optionen scheitern jedoch schlicht daran, dass das Programm mit seinen nur begrenzt veränderbaren Standardformen und deren Bearbeitbarkeit deutliche Grenzen festlegt. Erweiterte Möglichkeiten bieten natürlich die professionellen Zeichenhilfen, beispielsweise die Vollversionen von CorelDraw oder entsprechender CAD-Programme wie Illustrator u. a. Für Darstellungen, die nicht nur rechte Winkel und gerade Linien benötigen, sind die unterdessen auch durchaus erschwinglichen elektronischen Zeichentableaus (z. B. von Wacom) zu empfehlen, die im Freihandverfahren entworfene Skizzen sofort digital und skalierbar umsetzen. Während Tuschezeichnungen am Klemmbrett im Allgemeinen nur schwarze Linien liefern, bieten die PC-Zeichenprogramme nahezu beliebige Farbfassungen oder Grauabstufungen von Linien oder Flächen. Abgestufte Grauwerte sind jedoch nur bei Ausgabe der betreffenden Grafik durch einen leistungsfähigen Laser- oder Tintenstrahl-Drucker empfehlenswert. Wird eine solche Vorlage durch übliche Bürokopierer vervielfältigt, rutschen Graunuancen gewöhnlich in undifferenzierte Wolkigkeit ab.

7.5.4 Formeln und Versuchsgeräte

Ein Spezialfall von Strichzeichnungen sind Strukturformeln komplexerer chemischer Verbindungen (beispielsweise der Steroide sowie Flavonoide) oder die Wiedergabe eines bestimmten Versuchsaufbaus zur experimentellen Klärung einer bestimmten Fragestellung. Für beide Darstellungsoptionen bieten sich zeichnerische Lösungen von Hand ebenso wie spezielle Computer-Grafikprogramme an.

Für die handwerkliche Darstellung von Strukturformeln gibt es im Zeichenfachhandel Schablonen mit den üblichen Ringsystemen und den zugehörigen Normschriftelementen in passender Größe. Auch für das Zeichnen üblicher Laborgeräte (Becherglas, Erlenmeyerkolben, Bürette, Liebigkühler, Bunsenbrenner etc.) in Schnittdarstellung gibt es spezielle Schablonen, mit denen nach einiger Übung durchaus ansehnliche Ergebnisse zu erreichen sind. Ungleich eleganter und vielseitiger sind aber auch die für dieses spezielle Einsatzgebiet verfügbaren Zeichenprogramme. Für viele Zeichnungen (Schnittbilddarstellungen) von Laborapparaturen oder Strukturformeln aus der Chemie im Rahmen einer Semester- oder Examensarbeit genügt beispielsweise der Labormaker/Formelmaker (als CD-ROM im Handel) aus dem Klett-Verlag (Stuttgart). Gegebenenfalls kommt die eigene Improvisation bei Ausschöpfung der Standardmöglichkeiten der im Office-Paket eines PC vorhandenen Zeichenoptionen auch hierbei zu durchaus vorzeigbaren Ergebnissen (vgl. Abb. 7.4 bis 7.6) – unabhängig davon, ob es Versuchsapparaturen, Laborgeräte oder Formeln sind.

Anspruchsvoller und wesentlich teurer sind die auch professionellen Ansprüchen genügenden Spezialsoftware-Pakete beispielsweise von ChemDraw, ChemSketch, ISISDraw oder die Spezialoptionen des komplexen Satzprogramm LaTeX. Über die Details dieser Produktpalette und ihre genauere Handhabung informieren die betreffenden Firmenwebsites im Internet und der Fachhandel.

Chemische Strukturformeln kann man als gewöhnliche Abbildungen auffassen und im Text entsprechend aufgreifen: „… (vgl. Formeldarstellung in Abbildung x.yz)". Im Layout

7.5 Grafiken

Abb. 7.8 Mit einem speziellen Zeichenprogramm für chemische Apparaturen lassen sich die einzelnen Komponenten sehr einfach gruppieren

behandelt man sie hinsichtlich Platzierung und Legende entsprechend (vgl. Kap. 10). Eine werkeinheitliche Handhabung ist unbedingt erforderlich.

Bei Reaktionsgleichungen mit Strukturformeln empfiehlt sich dagegen eher eine eigene Bezeichnungsebene. Eine Gleichung leitet man mit dem in Klammern gesetzten Hinweis (Gl. x.yz) ein oder schließt sie damit ab (vgl. auch Kap. 11, Stichwort Nummerierungen).

Mathematische Formeln, von Außenstehenden oft als blanker Sadismus empfunden, aber nicht nur in den Naturwissenschaften wegen ihrer Eineindeutigkeit und Klarheit schlicht unentbehrlich, sind mit dem gewöhnlichen Schreibprogramm nicht zu bewältigen, es sei denn, die Formelaussage beschränkt sich auf einfache Zeichenfolgen vom Typ A = sin a/2. Komplexere Formeln mit Operatoren außerhalb der Grundrechenarten sind nur mit einem besonderen Formel-Editor darstellbar (Abb. 7.12). Sofern man nicht mit AMS-LaTeX, Mathetype, oder einem artverwandten Formelprogramm arbeitet, bietet der in neueren Word-Versionen verfügbare Editor eine recht komfortable Hilfe an. Man ruft ihn über die Menüoption Einfügen/Objekt auf und konstruiert die benötigte Formelgestalt mithilfe der angebotenen Elemente aus der Aussagenlogik. Fallweise hilft übrigens auch die Suche im Internet, beispielsweise unter www.matheformeln.de oder www.formelsammlung.de. Außerdem finden sich bei gezielter Nachsuche auch recht brauchbare shareware-Angebote.

Abb. 7.9 Für Versuchsbeschreibungen zeichnet man die benötigten Geräte selbst. Die Abläufe entsprechen den in Abb. 7.6 dargestellten Schritten

Abb. 7.10 Die dargestellten Formeln wurden mit den Zeichenoptionen von PowerPoint angelegt

$$x = \sum_{i=0}^{n} \frac{1}{\sqrt[5]{\sqrt{2x_i + p}}} \qquad a = \frac{1}{\sqrt{2\pi\varpi}} \int_z^x \exp\left[-\frac{1}{2}\left(\frac{x-\mu}{2}\right)^2\right] + dt \qquad \cos\alpha = \frac{\sin\frac{\pi\tau}{2} \cdot i \cdot \sin\frac{\eta\tau}{2} + \cos\frac{\eta\tau}{2}}{\sin\frac{\tau}{2} \cdot i \cdot \sin\frac{\tau}{2} + \cos\frac{\tau}{2}}$$

Abb. 7.11 Die dargestellten Formeln wurden mit dem Word-Formeleditor 3.0 erstellt

Auch mathematische Ausdrücke haben je nach Komplexität eher Abbildungs- oder Gleichungscharakter. Im laufenden Text zitiert man sie analog den chemischen Formelangaben. Fragen der Formelplatzierung im Seitenlayout behandelt Kap. 10.

7.5.5 Diagramme

Die funktionalen Abhängigkeiten und Zusammenhänge mehrerer Kenngrößen, die verschiedene Zahlenwerte annehmen, stellt man immer dann in einem Diagramm bzw. Graphen dar, wenn mehr als vier Wertepaare direkt miteinander verglichen werden sollen. Für nur zwei oder drei Wertepaare genügt fast immer die verbale Beschreibung. Für die optimale Verdeutlichung wählt man je nach gewünschter Aussageabsicht unter mehreren Diagrammtypen aus (vgl. Beispiele in Abb. 7.9 bis 7.10). Wie die übrigen Grafiken zeichnet man die Diagramme entweder konventionell von Hand oder per Computerprogramm, wofür es in den verschiedenen Anwendungen (beispielsweise *Winword, PowerPoint, Excel* u. a.) entsprechende Optionen gibt. Ihre Handhabung ist nach kurzer Einübung und Entdeckung der diversen Menüoptionen zur Ausgestaltung meist recht unproblematisch: Man trägt die Einzelwerte in eine Tabelle ein, wählt den gewünschten Diagrammtyp an und lässt das Programm die grafische Umsetzung ausführen. Detaillierte Hinweise zur Umsetzung von Excel-Datentabellen in verschiedene Grafiktypen, die den Rahmen dieser Darstellung sprengen, finden sich beispielsweise bei Ravens (2004). Manche Diagrammoptionen verführen allerdings zu einer gewissen barocken Fülle der Darstellungen, die fallweise die beabsichtigte Klarheit der Botschaft nicht immer unterstützt (vgl. die Alternativen in Abb. 7.12).

Die zur Veranschaulichung in Naturwissenschaften und Technik üblichen Diagramme teilt man ein in:

Kartesianische Koordinatensysteme Sie weisen jeweils eine y-Achse (Ordinate, senkrecht) und eine x-Achse (Abszisse, waagerecht) auf. Die Zahlenwerte der experimentell frei veränderten Variable stellt man üblicherweise auf der x-Achse dar, die davon abhängigen experimentellen Ergebnisse auf der y-Achse. Beide Achsen sind numerisch mit kontinuierlichen Zahlenintervallen eingerichtet. Folgen von Wertepaaren, auch Datenreihen genannt, erzeugen im Koordinatensystem eine charakteristische Kurve. Daher nennt man diesen Darstellungstyp auch Kurvendiagramm. Er zeigt beispielsweise konzentrationsabhängige Prozesse (Dosis-Effekt-Kurve) oder zeitabhängige Verläufe (Kinetik) gemessener Parameter. Beim Eintragen zahlreicher Wertepaare mit größerer Schwankungsbreite beispielsweise aus Geländeprojekten ergeben sich „Messpunktwolken" und damit Punkte- oder Scatterdiagramme. Aus grafischen Gründen kann man die Fläche unter einem Kurvenzug auch gefüllt darstellen – auf diese Weise erhält man ein Flächendiagramm.

Balken- oder Säulendiagramme sind meist nur in der y-Achse numerisch skaliert, während die x-Achse mehrere Probengruppen beispielsweise Arten oder Bezugsräume als diskrete Parameter nebeneinander stellt. Wertepaare erzeugen in diesem Diagrammtyp Balken oder Säulen und erleichtern damit den Direktvergleich. Manche Anwendungen unterscheiden zwischen Balkendiagrammen mit horizontalen und Säulendiagrammen mit senkrechten Rechtecken. Im Folgenden sind immer nur die senkrechten Flächen gemeint. Anstelle der Balken lassen sich die Funktionswerte auch als gestaffelte Wände oder Flächen darstellen. Verbindet man die Funktionswerte eines Balkendiagramms ohne Zwischenräume auf der x-Achse miteinander, erhält man ein Histogramm, früher auch Treppenpolygon genannt.

Kreis- oder Tortendiagramme stellen prozentuale Verteilungen als farbig oder in Schwarz-/Weiß-/Grauwerten gekennzeichnete Kreissegmente („Tortenstücke") dar. Diese Diagrammform empfiehlt sich am ehesten für Präsentationen und Vorträge. Sie zeigen zwar Teilmengen(verhältnisse) recht eindrucksvoll, lassen aber eine genauere Werteablesung meist nicht zu. Eine nur bedingt empfehlenswerte Sonderform sind Ringdiagramme, die man als mehrere übereinander gelegte Kreisdiagramme für jeweils verschiedene Datenreihen auffassen kann.

Polarkoordinatendiagramme bilden die Balken von Wertepaaren skaliert mit Nullpunkt im Zentrum entsprechend einer Windrose ab. Diese Darstellungsform eignet sich beispielsweise zur Wiedergabe von Windrichtungshäufigkeiten oder Richtungswahlhäufigkeiten ziehender Vogelarten.

Flussdiagramme oder Ablaufstrukturpläne verdeutlichen beispielsweise Präparationsschritte, aufeinander folgende Entwicklungsstadien, Behandlungsreihen oder andere Zeitserienangaben. Im ingenieurwissenschaftlichen Bereich sind dazu spezielle Symbole nach DIN 66 001 üblich.

Die für wissenschaftliche Semester- und Examensarbeiten mit Abstand wichtigsten Diagrammtypen sind die Kurven- und Balkendiagramme. Sie stehen hier im Vordergrund der weiteren Betrachtung.

Bei der formalen Gestaltung von Diagrammen berücksichtigt man die folgenden technischen Hinweise:

- Im kartesischen oder Kurvendiagramm trägt man die unabhängige Veränderliche auf der x-Achse, die abhängige Veränderliche auf der y-Achse ein. Beide Achsen werden mit der jeweils gewählten Größe und ihrer Einheit beschriftet. Auch im Balkendiagramm stellt die y-Achse die abhängige Veränderliche dar.
- Die Skalierung der x- und y-Achse wird als Achsenteilung durch Teilungsstriche eingetragen, die nach außen (x-Achse: nach unten, y-Achse: nach links) oder innen (x-Achse: nach oben, y-Achse: nach rechts) weisen können. Sie stellen eigentlich die Reste von Netzlinien dar, die man zur genauen Eintragung der Messpunkte benötigt. Auf Millimeterpapier sind sie noch in voller Länge durchgezogen und nicht rudimentär verkümmert.
- Für studentische Arbeiten empfehlen sich Netzlinien unbedingt. Allerdings erhalten nicht alle Teilstriche eine eigene Linie – die Ausführung größerer Intervalllinien genügt vollends, beispielsweise die Kennzeichnung von 5er-, 10er- oder 20er-Schritten. Ein Layoutbeispiel für ein komplettes Kurvendiagramm zeigt Abb. 7.12.

7.5 Grafiken

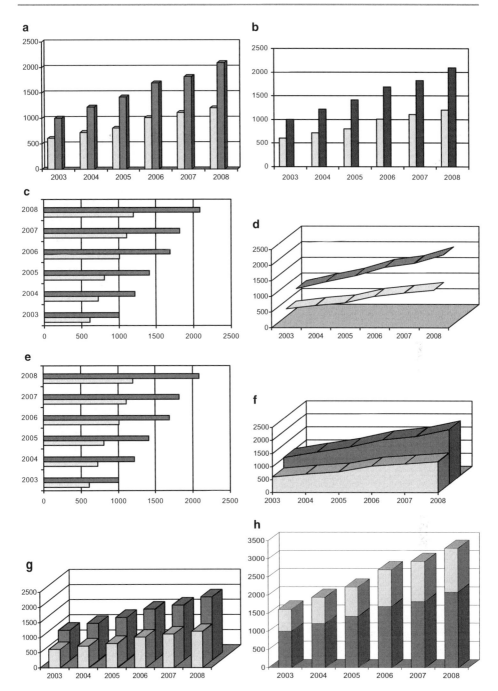

Abb. 7.12 a–f Beispiele für verschiedene Diagrammtypen. Das gewählte Zahlenbeispiel zeigt die Entwicklung der Seehundpopulation im ostfriesischen (*grau*) und nordfriesischen Wattenmeer (*schwarz*). **a** Säulendiagramm, **b** 3D-Säulendiagramm, **c** Balkendiagramm, **d** Pyramidendiagramm, **e** 3D-Kurvendiagramm und **f** Stapelsäulendiagramm

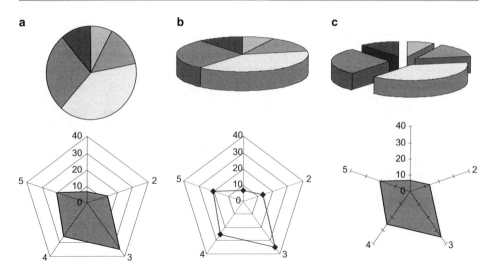

Abb. 7.13 a–c Kreis- (**a**) und Tortendiagramm (**b, c**). Das Zahlenbeispiel vergleicht den prozentualen Anteil von fünf Arten an der Gesamtpopulation von Singvögeln in einem Kölner Stadtpark. Der gleiche Datensatz wurde in Netz- bzw. Polarkoordinaten-Diagramme (**d–f**) umgewandelt

Abb. 7.14 Layoutbeispiel für vollständige Angaben in einem Kurvendiagramm

- Für die Netz-, Achsen- und Kurvenlinien wählt man eine angemessene Strichstärke (Linienbreite). Optimal ist ein Maßverhältnis von Netz zu Achse zu Kurve wie 1:2:4. Keineswegs dürfen alle Linien in der gleichen Stärke ausgeführt werden.

7.5 Grafiken

- Die Achsenkreuzeinteilung nimmt man immer dann logarithmisch vor, wenn ein sehr großer Wertebereich darzustellen ist, beispielsweise die Zelldichte in Bakterienkulturen oder der Chlorophyllgehalt verschiedener Blattgrößen.
- Beim Vergleich von Datenreihen mit stark unterschiedlicher Skalierung (z. B. Datenreihe A in mg/mol und Datenreihe B in kg/m^2) kann man auch zwei deutlich gekennzeichnete y-Achsen in entsprechender Achsenteilung nebeneinander stellen.
- Die Achsenteilung richtet sich jeweils nach dem größten Einzeldatenwert. Beträgt der höchste Einzelwert beispielsweise 62 °C, lässt man die betreffende Achse sinnvollerweise bei der Markierung 70 °C enden und nicht erst bei 100 °C, womit man eine Menge Leerraum spart. Wird für eine vergleichende Darstellung etwa nur das Werteintervall 35–70 °C benötigt, kann man die betreffende Achsenteilung (deutlich!) unterbrochen darstellen und die Skalierung erst mit 30 °C beginnen lassen.
- Den Achsenschnittpunkt markiert man – auch im Fall einer Achsenunterbrechung – immer deutlich mit Null. Sind Achsenabschnitte mit negativen Werten darzustellen, beispielsweise beim sogenannten Lineweaver-Burke-Diagramm zur Bestimmung der K_M-Werte von Enzymen, wird das Koordinatensystem tatsächlich zum Achsenkreuz. Die Achsenteilung im negativen Bereich wird mit negativem Vorzeichen markiert.
- Kurvenpunkte bzw. Einzelwerte markiert man mit Symbolen, gegebenenfalls auch mit der Standardabweichung der jeweiligen Messwerte. Als Symbole bestens geeignet sind Kreis (○, ●), Quadrat (□, ■) oder Raute (♦), gefüllt oder offen, nach Endvergrößerung möglichst in der Größe des Kleinbuchstabens (o) der verwendeten Schrift. Weniger geeignet, weil nach etwaiger Verkleinerung nicht mehr klar unterscheidbar, sind Kreuz (× oder +), Stern * oder sonstige Symbolangebote aus der Spielzeugkiste eines Schriftfonts (beispielsweise Wingdings). Die Kurvenunterscheidung durch verschiedene Messpunktsymbole ist wesentlich besser und lesefreundlicher als durch mehrere nebeneinander verlaufende oder sich überschneidende Linientypen (dickere/dünnere, gestrichelte, gepunktete Linien).
- Enthält ein Kurvendiagramm mehrere Kurven, kennzeichnet man jede einzelne mit dem ihr zugewiesenen Parameter, beispielsweise mit einem Buchstaben oder einer Verweisziffer für die Bildlegende. Ein Diagramm sollte zur Vermeidung von Linienchaos mit „Sauerkrauteffekten" nicht mehr als vier Einzelkurven aufweisen.
- Die per Computer in den meisten Grafikanwendungen leicht durchführbare 3-D-Darstellung von Kurven-, Balken- oder Kreisdiagrammen ist möglicherweise ein grafischer, aber meist kein informativer Zugewinn. Einzelwerte sind durch solche perspektivischen Verschiebungen wesentlich schlechter abzulesen und kaum direkt zu vergleichen. Räumliche Darstellungen sind erfahrungsgemäß weniger rasch zu erfassen als zweidimensional flächige Graphen.
- Enthält eine Arbeit mehrere Diagramme, behält man das einmal gewählte Basislayout einheitlich im gesamten Dokument bei.
- Umfasst eine Arbeit mehrere Diagramme, erleichtert ein an den Anfang gestelltes Abbildungsverzeichnis hinter der Inhaltsübersicht das rasche Auffinden der mitgeteilten Information.

Für alle Diagrammtypen oder sonstigen Grafiken gilt generell: Eine grafische Abbildung muss zusammen mit der beigefügten Abbildungslegende (vgl. Kap. 10) für sich allein verständlich sein. Ihre Wahrnehmung unterliegt eventuell besonderen Täuschungen oder Routineabläufen, worauf die Gestaltpsychologie unter Hinweis auf folgende bedenkenswerte Aspekte aufmerksam gemacht hat:

Prägnanz: Nur harmonische, klar gegliederte Abbildungen ziehen die Aufmerksamkeit auf sich und gelten als glaubwürdige Mitteilung, während unübersichtliche, chaotische Muster nicht gerne gesehen werden.
Nähe: Was in direkter Nachbarschaft zueinander steht, nimmt der Betrachter auch zusammen wahr und interpretiert die räumliche Nähe als sachliche Zusammengehörigkeit.
Geschlossene Figur: Von Linienführungen umschlossene Figuren bilden jeweils eine Wahrnehmungseinheit.
Ähnlichkeit: Was gleich oder sehr ähnlich aussieht, fasst die Wahrnehmung zu einer Figur oder einem Muster zusammen.
Erfahrung: Der Betrachter liest aus unübersichtlichen Mustern die ihm aufgrund seiner Vorerfahrung bekannten Bildmotive heraus.

7.5.6 Tabellen

Ebenso wie Abbildungen sind auch Tabellen als sogenannte diskontinuierliche Textsorte bedenkenswerte Hilfen zur umfangsökonomischen Mitteilung stark verdichteter Informationen. Mit einer gut gestalteten Tabelle lassen sich lange, aufzählende und eventuell ermüdende Textpassagen vermeiden. Während Grafiken überwiegend mit bildlichen Mitteln arbeiten, bestehen Tabellen aus übersichtlichen Anordnungen verbaler oder numerischer Teile. Die Redundanz einer doppelten Dokumentation identischer Inhalte in einer Abbildung und gleichzeitig in einer Tabelle sollte man immer vermeiden.

Je nach mitzuteilendem Inhalt haben Tabellen unterschiedliche Formen. Die einfache Auflistung einer Geräte- oder Materialliste für ein Experiment oder eine Geländeuntersuchung stellt sich entsprechend anders dar als eine Tabelle mit überwiegend verbaler oder numerischer Mitteilung (Abb. 7.14).

Vergleichbar einem kartesianischen Koordinatensystem (vgl. Abschn. 7.3) sieht auch die übliche Tabellenlogik feste Bezugsachsen vor (Abb. 7.15). Jede Eintragung in die Tabelle ist somit durch zwei Ortskoordinaten festgelegt. Die horizontalen Mitteilungsfelder nennt man Tabellenzeilen, die vertikalen Tabellenspalten oder -kolonnen. Die von den einzelnen Zeilen und Spalten definierten Tabellenfächer mit ihren jeweiligen Werte- bzw. Begriffspaaren bezeichnet man vereinfacht auch als Zellen.

Tabellen behandelt man schreibtechnisch wie einen normalen Textsatz (Kap. 10). Für die Tabellenerstellung wählt man jedoch nicht – wie früher bei der konventionellen Schreibmaschine ausschließlich machbar – die Tabulatorfunktion, sondern formatiert sie mit der Menüoption Tabelle aus dem jeweils verwendeten Textverarbeitungsprogramm, die hinsichtlich der benötigten Gestaltungsmöglichkeiten der Tabulatoraktion bei Weitem überlegen ist. Spezielle Programme wie etwa Excel für die Tabellenkalkulation benötigt man zum Einrichten einer Standardtabelle kaum. Sie bewähren sich eher bei sehr aufwendigen Datensätzen oder beispielsweise auch bei der Berechnung linearer bzw. logarithmischer Regressionen (vgl. Ravens 2004). In biologischen Texten lässt sich damit sehr elegant eine vergleichende Flächenstatistik (Waldflächenanteil in den verschiedenen Bundesländern vs. Gesamtwaldfläche in Deutschland) darstellen, in geowissenschaftlichen beispielsweise die Korngrößenverteilung eines Lockersediments in Abhängigkeit von der Strömungsgeschwindigkeit.

Rein formal stellt man einer in den Text integrierten Tabelle jeweils eine Tabellenüberschrift voran (Abb. 7.15). Sie besteht aus der innerhalb des Dokuments nur einmal vergebenen Tabellennummer und der Tabellenlegende, die den Tabelleninhalt per Titelzeile ankündigt (vgl. Abschn. 10.6.7). Der Tabellenkopf ist gleichsam die Abszisse einer Tabelle: Die oberste Zeile bezeichnet in prägnanter Form die verbalen oder numerischen Inhalte der einzelnen Spalten. Um sie optisch aus der übrigen Zeilenfolge herauszuheben, setzt man sie gewöhnlich zwischen zwei durchgezogene Linien (oben Kopflinie, als Grenze zum Tabellenfeld Halslinie) oder hebt sie durch eine auffällige Hintergrundeinfärbung hervor. Die am weitesten links stehende Spalte entspricht der y-Achse eines Koordinatensystems. Sie liefert die Ordinatenposition für die einzelnen Tabellenfelder.

Je nach Tabelleninhalt kann man auch die Leitspalte in thematisch zusammengehörende Zeilengruppen und übergeordnete Adressen gliedern. Ansonsten sind beide Leserichtungen, die in Spalten- und die in Zeilenrichtung, innerhalb der Tabelle gleichwertig. Welche Größen man in die Spalten und welche in die Zeilen verpackt, lässt sich nicht grundsätzlich festlegen – schmale, hohe Tabellen sehen ebenso ungünstig aus wie kurze breite. Innerhalb des normalen Satzspiegels (vgl. Abschn. 10.3) sollte man höchstens fünf bis sieben Spalten nebeneinander anordnen. Reicht das nicht aus, müsste man vielleicht den gesamten Tabelleninhalt reorganisieren und die mitzuteilende Information auf zwei kleinere, thematisch getrennte Tabellen verteilen. Ein Beispiel für ein übersichtliches Tabellenlayout zeigt die Abb. 7.16.

Auch die folgenden technischen Hinweise sind bei der Tabellengestaltung zu beachten:

- Im gleichen Dokument wählt man möglichst ein einheitliches Tabellenlayout.
- Einheiten und Einheitsymbole tauchen nur im Tabellenkopf auf, nicht in den einzelnen Zellen. Diese enthalten immer nur die betreffenden Zahlenwerte.
- Tabellenfächer (Tabellenzellen) zäunt man nicht unnötig durch Linien zwischen allen Spalten und Linien ein. Ein genügend breiter vertikaler Abstandsstreifen zwischen den Eintragungen lässt die einzelnen Spalten auch ohne starre Fenstervergitterung klar genug unterscheiden.
- Ein variabler Zeilenabstand ist ein weiteres empfehlenswertes Gestaltungsmittel für die verbesserte Lesbarkeit einer tabellarisch angelegten Mitteilung. Eine gut gestaltete Tabelle bildet willkommene Leseeinheiten durch die bloße geschickte Anordnung der Textelemente und nicht durch zusätzlich eingezogene Linien.

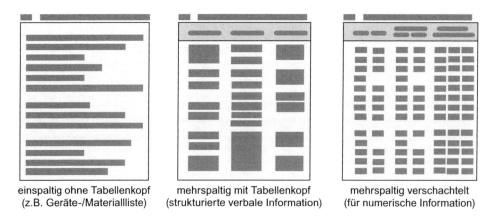

einspaltig ohne Tabellenkopf (z.B. Geräte-/Materialliste)

mehrspaltig mit Tabellenkopf (strukturierte verbale Information)

mehrspaltig verschachtelt (für numerische Information)

Abb. 7.15 Unterschiedliche Inhalte bedingen verschiedene Tabellenformen

Abb. 7.16 Elemente eines übersichtlichen Tabellenlayouts

- Die Tabelleneintragungen setzt man in der gleichen Schrift (Schriftart, Schriftgröße, Schriftschnitt, vgl. Kap. 9) wie den Grundtext eines Dokumentes, gegebenenfalls aber auch einen Schriftgrad kleiner (so in diesem Buch gehandhabt).
- Zahlenkolonnen ordnet man in den Tabellenspalten grundsätzlich so an, dass die entsprechenden Dezimalstellen exakt untereinander stehen (vgl. Kap. 11; Stichwort Zah-

len). Nur so kann man auf den ersten Blick festellen, ob die Tabelle größere mit relativ kleinen Zahlenwerten vergleicht.
- Während Fußnoten gewöhnlich kein brauchbares Textelement darstellen (vgl. Abschn. 10.6.10), können Tabellenfußnoten ausnahmsweise sinnvoll sein, um etwaige leere einzelne (!) Tabellenfelder zu erklären (Daten nicht verfügbar; Aussage nicht sinnvoll; Einzelwerte geschätzt u. ä.).

Aus anderen Werken übernommene Tabellenwerte sind in der eigenen Arbeit jeweils Fremdmaterialien und analog von Textzitaten unbedingt als solche zu kennzeichnen. Vergleicht man in einer Tabelle verschiedene aus der Literatur übernommene Einzeldaten, muss ganz rechts eine besondere Tabellenspalte für die betreffenden Kurzbelege entsprechend den Empfehlungen in Kap. 5 eingerichtet werden.

Umfasst eine Arbeit mehrere Tabellen, erleichtert ein an den Anfang gestelltes Tabellenverzeichnis hinter der Inhaltsübersicht das rasche Auffinden der mitgeteilten Information.

Die Dinge beim Namen nennen – Größen und Bezeichnungen

8

Die exakten Naturwissenschaften und damit auch die Biologie haben sich die Aufgabe gestellt, die Erscheinungen der Natur qualitativ zu beschreiben und zu ordnen, um sie besser erklären zu können. Für diese sortierende Gesamtinventur benötigt man Ordnungsgefüge (Taxonomien) ebenso wie eine passende, einheitliche und eindeutige Begrifflichkeit. Das Erfassen der Biodiversität durch die systematisch arbeitende Biologie oder von Geodiversität durch die Aufnahme des Schichtenbaus einer Region sind dafür ebenso einleuchtende Beispiele wie das unterdessen nahezu abgeschlossene Anfüllen des Periodensystems der Elemente, die Kollektion von Bausteinen der Materie auf der subatomaren Ebene oder die exakte Kartierung der stellaren Umgebung von ε Lyrae im Sternbild Leier. Ein zweiter bedeutsamer Ausgangspunkt in der Motivation naturwissenschaftlicher Forschung ist es konsequenterweise, die Natur auch quantitativ darzustellen. Dazu benötigt man einerseits hinreichend genaue Messverfahren und eine zuverlässig arbeitende Instrumentierung, andererseits aber definierte, brauchbare und vor allem allgemein verbindliche Messgrößen oder Dimensionen.

8.1 SI-Einheiten

Der geniale Carl Friedrich Gauß (1777–1855) schlug erstmals 1832 ein Absolutsystem für Masse, Länge und Zeit vor und stellte fast 20 Jahre später zusammen mit dem Physiker Wilhelm Eduard Weber (1804–1891), ebenfalls einer der seinerzeit aufmüpfigen „Göttinger Sieben", eine Anzahl von Einheiten zusammen, die auf Millimeter, Milligramm und Sekunde basierten. Weitere 20 Jahre später wählte man das sogenannte CGS-System mit den Basiseinheiten Zentimeter, Gramm und Sekunden. Nach nahezu 100 Jahren wurde es 1960 schließlich durch das heute verbindliche *Système International d'Unités* abgelöst, kurz Système International (SI) genannt. Es gilt in allen Ländern und in allen Sprachen, in Deutschland seit 1969 (aktuelle Neufassung: Gesetz über Einheiten im Meßwesen vom 22. Februar 1985; umgesetzt in DIN 1301) Diesem System liegt die überaus erstaunliche

Tabelle 8.1 Basisgrößen und Basiseinheiten

Basisgröße (Dimension)	Basiseinheit	Symbol der Basisgröße	Symbol der Dimension	Symbol der Basiseinheit (Einheitenzeichen)
Länge	Meter	l	**L**	m
Masse	Kilogramm	m	**M**	kg
Zeit	Sekunde	t	**T**	s
Elektrische Stromstärke	Ampere[1]	I	**I**	A
Thermodynamische Temperatur	Kelvin	T	**Θ**	K
Stoffmenge	Mol	n	**N**	mol
Lichtstärke	Candela	I	**J**	cd

[1] Die Basiseinheit Ampere schreibt man in diesem Anwendungszusammenhang immer ohne Akzent (Gravis), obwohl sie an den französischen Physiker André Marie Ampère (1775–1836) erinnert.

Feststellung zugrunde, dass man zur Quantifizierung der Natur tatsächlich nur sieben Basisgrößen benötigt. Das SI-Einheitensystem legt dafür auch die entsprechenden Einheiten und ihre Symbole (Einheitenzeichen) fest (Tabelle 8.1). Unabhängig davon wurden die Basiseinheiten immer genauer definiert. Als Prototyp des Meters gilt längst nicht mehr das 1791 in Paris deponierte Urmeter aus Platin (= 10^{-7} ter Teil eines Erdquadranten), sondern die Strecke, die ein Lichtstrahl in 1/299.792.458 s durchläuft. Die Bestimmung der Distanz ist damit auf die Messung einer Zeitspanne zurückgeführt.

Basisgrößensymbole werden jeweils kursiv gesetzt, Dimensionssymbole halbfett in einer serifenlosen Schrift (vgl. Kap. 9) und Einheitensymbole normal in der jeweiligen Grundschrift. Solche Feinheiten sind zu beachten, wenn etwa zwischen der Basisgröße m (für die Masse) und der Basiseinheit m (Meter) bzw. zwischen Gramm (g) und Gravitation (g) zu unterscheiden ist.

Von diesen Basisgrößen lassen sich die zahlreichen übrigen in den Naturwissenschaften verwendeten Größen und ihre Einheiten ableiten, von denen in den zahlreichen Spezialsparten des Wissenschaftsbetriebes und der Technik unterdessen mehrere hundert in Gebrauch sind. Einige auch für die Biologie relevante abgeleitete Einheiten und ihre Symbole führt Tabelle 8.2 auf. Während sich die Einheitennamen in den verschiedenen Sprachen geringfügig unterscheiden können (mètre, meter, metro, Meter), sind die Symbole selbst grundsätzlich unveränderbar. Die Größensymbole setzt man üblicherweise kursiv. Alle abgeleiteten Einheiten sind als Potenzprodukte der Basisgrößen darstellbar (vgl. Tabelle 8.6). Als Einheitenzeichen wählte man sowohl Klein- als auch Großbuchstaben. Da das Alphabet für die Vielzahl notwendiger Einheitenzeichen nicht ausreicht, gibt es fallweise auch mehrbuchstabige Symbole, allerdings immer nur mehrere Kleinbuchstaben (lx, rad) oder eine Kombination aus nur einem Groß- mit einem Kleinbuchstaben (Bq, Hz).

Als zusätzliche Einheiten lässt das SI weiterhin einige Messgrößen und Symbole (Einheitenzeichen) zu, von denen die meisten für Messungen der Dimensionen Länge und Zeit

8.1 SI-Einheiten

Tabelle 8.2 Abgeleitete Einheiten mit ihren Namen und Symbolen (Auswahl)

Größe	Symbol der Größe	Name der abgeleiteten SI-Einheit	Symbol (Einheitenzeichen)	Ableitung aus SI-Basiseinheiten
Radioaktivität	A	Bequerel	Bq	s^{-1}
elektrische Ladung	Q	Coulomb	C	s A
Celsius-Temperatur	Θ	Grad Celsius	°C	K
Frequenz	f	Hertz	Hz	s^{-1}
Energie, Arbeit	E	Joule	J	$m^2 \, kg \, s^{-2}$
Beleuchtungsstärke	E	Lux	lx	$cd \, sr \, m^{-2}$
Druck	P	Pascal	Pa	$m^{-1} \, kg \, s^{-2}$
elektrische Spannung	U	Volt	V	$m^2 \, kg \, s^{-3} \, A^{-1}$
Leistung	P	Watt	W	$m^2 \, kg \, s^{-3}$
ebener Winkel	a, b usw.	Radiant	rad	

verwendet werden. Etliche davon erweisen sich als Konzessionen an lange vertraute Alltagsgrößen. Tabelle 8.3 listet einige davon auf.

Für die Volumenangabe in Liter hat die *International Union of Pure and Applied Chemistry* (IUPAC), die für die Genfer Konventionen chemischer Bezeichnungen zuständig ist, in Übereinstimmung mit dem SI das Einheitenzeichen L (Großbuchstabe) festgelegt. Üblicherweise liest man in Versuchsvorschriften oder Berichten auch (noch) Volumenangaben mit dem Kleinbuchstaben l, die man zugunsten des korrekten einheitlichen Gebrauchs aufgeben sollte.

In der Wissenschaftspraxis bestehen einige Einheiten, die innerhalb des SI keinen Platz haben, jedoch weit verbreitet sind und den Rechtsstatus von gesetzlichen Einheiten tragen. Mit diesen Einheiten darf man nur in speziellen Anwendungsbereichen zusammengesetzte Einheiten mit SI-Einheiten bilden. Einige weit verbreitete Beispiele sind in Tabelle 8.4 zusammengestellt.

8.1.1 Teile und Vielfache von Einheiten

Durch besondere Vorsätze (Präfixe) zu den Einheitenzeichen lassen sich von allen Einheiten dezimale Vielfache oder Teile bilden (Tabelle 8.6). Diese Präfixe setzt man ohne Zwischenraum an das zugehörige Einheitenzeichen. Beispiele sind:

2 Ma = 2×10^6 Jahre (Geologie)
3,5 ka = $3,5 \times 10^3$ Jahre (Archäologie)
1 ms = 1 Millisekunde
5 mg = 0,0005 mg = 5 Mikrogramm

Tabelle 8.3 Zusätzliche Einheiten sowie weitere Ableitungen mit ihren Namen und Symbolen (Einheitenzeichen) (Auswahl)

Größe	Symbol der Größe	SI-Einheit	weitere Ableitung und Namen
Winkel	a, b, g	rad	Grad (°), 1° = 1 rad × p/180 (Winkel-)Sekunde ($''$), $1'' = 1'/60$ (Winkel-)Minute ($'$), $1' = 1°/60$
Fläche	A	m^2	Ar (a), 1 a = 100 m^2 Hektar (ha), 1 ha = 10.000 m^2
Volumen	V	m^3	Liter (L), 1 L = $10^{-3} m^3$
Zeit	t	s	Minute (min), 1 min = 60 s Stunde (h), 1 h = 60 min Tag (d), 1 d = 24 h Jahr (a), 1 a = 365 d
Druck	P	Pa	Bar (bar), 1 bar = 10^5 Pa = 10^2 kPa
Radioaktivität	A	Bq	Curie (Ci), 1 Ci = $3{,}7 \times 10^{10}$ Bq

Tabelle 8.4 Einheiten außerhalb des SI mit eingeschränktem Geltungsbereich

Größe	Symbol der Größe	Einheitenname	Definition
Längen in der Astronomie	AE Ly pc	Astronomische Einheit Lichtjahr Parsec	1 AE = $1{,}49598 \times 10^{11}$ m 1 ly = $0{,}94605 \times 10^{16}$ m 1 pc = $3{,}0857 \times 10^{16}$ m
Blutdruck	mmHg		1 mmHg = 133,322 Pa
Leistung	PS	Pferdestärke	1 PS = 735,49875 W
Blutdruck	mmHg		1 mmHg = 133,322 Pa
Druck	atm	Physikalische Atmosphäre	1 atm = 101,325 kPa =1,01325 bar
	at	Technische Atmosphäre	1 at = 98,0665 kPa =0,9806565 bar
	Torr	Torr	1 Torr = 0,1333224 kPa
Wärmemenge	cal	Kalorie	1 cal = 4,1868 J
Aktivität einer radioaktiven Substanz	Ci	Curie	1 Ci = $3{,}7 \times 10^{10}$ Bq

Dabei ist ferner zu beachten:

- Ein Einheitenzeichen darf man allerdings nie mit zwei Präfixen versehen, um besonders kleine oder große Teiler zu kennzeichnen: Die Schreibweise 1 mmm („Millimikrometer") für 10^{-9} m ist also unzulässig.
- Ein Präfix darf nicht alleine stehen. Die etwas nachlässige Angabe 1 m für eine Strecke von 1 mm Länge ist demnach nicht zulässig.

8.1 SI-Einheiten

Tabelle 8.5 Umrechnung einiger angloamerikanischer Einheiten

Größe	Zeichen	Einheitenname	Umrechnung in SI-Einheit
Länge	in (″)	inch	1 in = 25,4 × 10^{-3} m
	ft (′)	foot	1 ft = 0,304 8 m
	yd	yard	1 yd = 0,914 4 m
	mile	mile	1 mile = 1609,344 m
	n mile	nautical mile	1 n mile = 1853,2 m (UK)
			= 1852 m (int.)
Volumen	gal (UK)	gallon (UK)	1 gal = 4,546 09 × 10^{-3} m^3
	gal (US)		= 3,785 41 × 10^{-3} m^3
	barrel (US)	barrel	1 barrel = 0,158 987 m^3
Masse	oz	ounce	1 oz = 28,349 5 g
	lb	pound	1 lb = 0,453 593 37 kg
Temperatur	°F	Fahrenheit	T = 0,556 t_F + 255,37

- Zwischen Zahlenangabe (Multiplikator) und Einheitenzeichen steht immer ein einfacher Zwischenraum: 5 mm, 3 d, 125 Ci, 27 ha, 1,035 hPa.
- Verwenden Sie am besten routinemäßig sogenannte geschützte Leerzeichen (erreichbar über Strg + Leertaste + gewünschtes Zeichen), damit Zahl und Einheit beim automatischen Zeilenumbruch nicht getrennt werden können.
- Durch die Kombination eines dezimalen Präfixes mit dem Einheitenzeichen entsteht gleichsam ein neues Symbol, das man ohne Klammer zur Potenz erheben kann: km^2, mL^3, ns^{-2}.
- Früher übliche Schreibweisen wie 5 ccm für 5 mL oder 2,4 qkm anstelle 2,4 km^2 sind nicht mehr zulässig.
- Es ist unzulässig, ein Einheiten- oder Basisgrößensymbol in einer Auflistung, Tabellenlegende o. ä. mit einem Gleichheitszeichen (=) und einer nachfolgenden Begriffserklärung zu verknüpfen, also nicht *h* = Planck'sches Wirkungsquantum oder *R* = Allgemeine Gaskonstante.
- Das Prozentzeichen (%) kann man als mathematischen Operator auffassen, der die Anweisung „Multipliziere mit 0,01 oder 10^{-2}" gibt. Kleinere Operatoren sind Promille (‰; 10^{-3}), ppm (part per million; 10^{-6}), ppb (part per billion; 10^{-9}) und ppt (part per trillion; 10^{-12}). Die unterschiedliche Benennung von 10^9 mit Billion/Milliarde und 10^{12} mit Trillion/Billion in verschiedenen Sprachräumen (Frankreich/USA vs. Deutschland) ist zu beachten.

Da die Naturwissenschaften in immer größere bzw. kleinere Dimensionen vordringen, hat die CGPM (*Conférence Générale des Poids et Mesures*) unlängst für die Größenordnungen jenseits > 10^{18} und < 10^{-18} je zwei weitere Multiplikatoren eingeführt (Tabelle 8.6).

Für viele Benennungen und Bezeichnungen (auch) im Einheitenwesen sind Klein- oder Großbuchstaben aus dem griechischen Alphabet üblich, beispielsweise bei den Elementar-

Tabelle 8.6 Vorsätze zur Bezeichnung von dezimalen Vielfachen und Teilen von Einheiten

Vorsatz	Zeichen	Zahlenwert des Multiplikators	
Yotta	Y	1 000 000 000 000 000 000 000 000	10^{24}
Zetta	Z	1 000 000 000 000 000 000 000	10^{21}
Exa	E	1 000 000 000 000 000 000	10^{18}
Peta	P	1 000 000 000 000 000	10^{15}
Tera	T	1 000 000 000 000	10^{12}
Giga	G	1 000 000 000	10^{9}
Mega	M	1 000 000	10^{6}
Kilo	k	1 000	10^{3}
Hekto	h	100	10^{2}
Deka	da	10	10^{1}
		1	10^{0}
Dezi	d	0,1	10^{-1}
Zenti	c	0,01	10^{-2}
Milli	m	0,001	10^{-3}
Mikro	m	0,000 001	10^{-6}
Nano	n	0,000 000 001	10^{-9}
Pico	p	0,000 000 000 001	10^{-12}
Femto	f	0,000 000 000 000 001	10^{-15}
Atto	a	0,000 000 000 000 000 001	10^{-18}
Zepto	z	0,000 000 000 000 000 000 001	10^{-21}
Yocto	y	0,000 000 000 000 000 000 000 001	10^{-24}

teilchen (g = Photon, n = Neutrino, S = Sigmateilchen) oder zur Angabe der Wellenlänge (l). Für solche Anwendungen bietet Tabelle 8.7 eine über a, b und g hinausgehende Übersetzungshilfe. Die Buchstaben Epsilon/Eta sowie Omikron/Omega haben im gesprochenen Wort unterschiedliche Lautwerte. Für den Gebrauch im Einheitenwesen sind diese jedoch unerheblich. Der Kleinbuchstabe Sigma wird im Wort und am Wortende unterschiedlich geschrieben. In Formeln oder sonstigen Angaben verwendet man nur das Binnen-σ.

8.1.2 Besondere Schreibweisen

Für die eindeutige und korrekte Schreibweise sind folgende Hinweise zu beachten:

- Hinter Einheitenzeichen steht niemals ein Punkt. Ausnahme ist das reguläre Satzzeichen, wenn ein Symbol der letzte Buchstabe in einem Satz ist.
- Bei Einheitenprodukten setzt man zwischen den Einzelangaben einen Zwischenraum: N m.

8.1 SI-Einheiten

Tabelle 8.7 Griechische Buchstaben

Bezeichnung	Transliteration	Buchstaben-symbol	Bezeichnung	Transliteration	Buchstaben-symbol
Alpha	A, a	A, a	Ny	N, n	N, n
Beta	B, b	B, b	Xi	X, x	X, x
Gamma	G, g	G, g	Omikron	O, o	O, o
Delta	D, d	D, d	Pi	P, p	P, p
Epsilon	E, e	E, e	Rho	R, r	R, r
Zeta	Z, z	Z, z	Sigma	S, s	S, s
Eta	E, e	H, h	Tau	T, t	T, t
Theta	Th, th	Θ, ϑ	Ypsilon	Y, y	Υ, υ
Iota	I, i	I, i	Phi	Ph, ph	Φ, φ
Kappa	K, k	K, k	Chi	Ch, ch	C, c
Lambda	L, l	L, l	Psi	Ps, ps	Ψ, ψ
My	M, m	M, m	Omega	O, o	Ω, ω

- Ein Zwischenraum trennt auch die Bestandteile von Bruchzahlen, beispielsweise 2 1/2 oder 5 3/4.
- Divisionen gibt man mit Schrägstrich oder – vorzugsweise – negativem Exponenten an: m/s oder besser m s^{-1}.
- Bei mehr als zwei Divisionen wie Milligramm pro Kilogramm pro Stunde verwendet man immer die Exponenzialangabe: statt mg/kg/h grundsätzlich mg $\cdot$ kg^{-1} $\cdot$ h^{-1} oder aus Gründen der besseren Lesbarkeit mit typographischem Multiplikationszeichen: mg × kg^{-1} × h^{-1}.
- Das typographische Multiplikationszeichen (×) unterscheidet sich vom normalen Kleinbuchstaben x der jeweils verwendeten Grundschrift und findet sich z. B. im Word-Zeichensatz Symbol. Hier findet sich auch der hochgesetzte Punkt als alternatives Multiplikationszeichen.
- Bei Divisionen von Einheitenprodukten setzt man die zusammengehörenden Ausdrücke wegen der notwendigen Eindeutigkeit gegebenenfalls in eine Klammer: W/(m $\cdot$ K) oder W $\cdot$ (m × K)$^{-1}$.
- Aus Gründen der Eindeutigkeit verwendet man zwischen zwei Einheitenzeichen ein typographisches Multiplikationszeichen (×), wenn die Angabe missverständlich sein könnte: Bedeutet nun die Angabe ms Millisekunde oder Meter × Sekunde? Die Schreibweise m × s schafft sofort Klarheit.
- Eine Messwertangabe wählt man möglichst so, dass der zu benennende Zahlenwert zwischen 0,1 und 1000 liegt und man die Einheit an Stelle ihres dezimalen Teilers oder Vielfachen verwenden kann: 0,7 L statt 70 cL oder 700 mL, 5 ml statt 0,005 L, 3 mL statt 0,003 mL.

- Zu bevorzugen ist jeweils auch die Exponenzialangabe, wenn ansonsten „unhandliche" Zahlen drohen: $5{,}8 \times 10^9$ Bakterien/mL statt 580.123.235.011 Bakterien/mL.
- Bei Zahlen mit mehr als 4 Stellen links oder rechts vom Komma bzw. Dezimalpunkt schreibt man von dort beginnend vorzugsweise in Dreiergruppen (Triaden): 12 480,57 statt 12480,57; 1.386 569 statt 1.386569; 3,141 75 statt 3,14175; 5,660 3 statt 5,6603 (vgl. auch Beispiele in Tabelle 8.5).
- Expertziffern wie hochgestellte Angaben (Superskripte) oder Basiszahlen (Subskripte, Indices) formatiert man möglichst nicht über die voreingestellte Menüoption x^2 bzw. x_2 aus der Steuerleiste, weil sie dadurch meist zu unlesbaren Winzlingen degenerieren. Typographisch ansprechendere Bilder ergibt folgendes Verfahren: Man setzt die betreffenden Zahlen um 2 pt kleiner als die Laufschrift und positioniert sie dann mit der Menüoption „Höherstellen" bzw. „Tieferstellen" aus Format/Zeichen/Schrift/Abstand/Position um den Betrag 2 oder 3 pt, wie beispielsweise ^3H, ^{14}C (gegenüber ^3H, ^{14}C) oder H_2SO_4 (gegenüber H_2SO_4).

8.1.3 Mengenangaben in der Chemie

Eine häufige Quelle der Verwirrung sind die nach der SI-Regelung in der Chemie üblichen Stoffmengenangaben. Nach Aussage von Tabelle 8.1 verwendet man als Einheit für die Stoffmenge das Mol mit dem Einheitenzeichen mol. Der Stoffmenge ordnet man den Kleinbuchstaben n zu. Für 5 mol Kohlenstoff (C) gilt also

$$n(C) = 5\,mol$$

Von der Stoffmenge (Bruchteile oder Vielfaches eines Mols, vgl. Tabelle 8.1) ist begrifflich die Stoffportion konsequent zu trennen: Die Stoffportion m(X) ist die Grammangabe des betreffenden Stoffes X. Zur Angabe einer Stoffportion gehört die qualitative Bezeichnung des Stoffes und die quantitative Bezeichnung durch Masse, Volumen, Teilchenanzahl oder Stoffmenge. Für 5 mol C schreibt man entsprechend:

$$m(C) = 60\,g$$

Für die Atommasse eines Stoffes X, der man den Kleinbuchstaben $m_a(X)$ zuordnet, ergibt sich folgendes Beispiel für den Kohlenstoff

$$m_a(X) = 60/5 = 12$$

Man drückt sie in der atomaren Masseneinheit ame = u (g mol^{-1}; 1 ame = 1 u = $1{,}660\,540\,2 \times 10^{-27}$ kg) aus, lässt aber aus Gründen der Vereinfachung das Symbol u oft auch weg. Entsprechend gilt

$$g = u \times mol \quad bzw. \quad 1\,u = 1\,g \times mol^{-1}$$

Früher bezeichnete man die atomare Masse vereinfachend als Atomgewicht, was heute nicht mehr üblich und daher nicht zu empfehlen ist. Die ebenfalls mit m_a bezeichnete und in der Einheit u angegebene Molekülmasse ist die Summe der Atommassen aller Atome in einer Verbindung. Die dafür früher übliche Bezeichnung Molekulargewicht ist ebenfalls obsolet.

In der Biochemie spielen häufig Verbindungen mit sehr großen Molekülmassen eine Rolle. Die Masse solcher Makromoleküle, beispielsweise Proteine, gibt man traditionell in dalton (Da) bzw. kilodalton (kDa) an. Die Einheit 1 Da ist identisch mit der atomaren Masseneinheit u.

Die Stoffmenge 1 mol enthält immer die gleiche Teilchenanzahl (Atome, Moleküle, Ionen u. a.). Diese Anzahl benennt die Avogadro'sche Konstante N_A wieder, auch Avogadro-Zahl oder – fast nur in Deutschland – Loschmidt'sche Zahl genannt:

$$N_A = 6{,}0220943 \times 10^{23} \text{ Teilchen (meist vereinfacht auf } 6{,}022 \times 10^{23})$$

Für den Stoffmengenanteil eines Stoffes (X) in einem Stoffgemisch verwendet man die Angabe k(X). Ihr hundertfacher Wert gibt an, wie viele von je 100 Teilen einer Mischung zur Stoffart X gehören. Für diese Angabe war früher die heute ebenfalls nicht mehr gebräuchliche Größe Mol-% üblich. Auch die analogen Bezeichnungen Gewichts-% (Gew.-% bzw. % g/g) oder Volumen-% (Vol.-% bzw. % v/v) sind im Prinzip unzulässig, weil man einen mathematischen Operator (%) nicht mit einer Größe zu einer neuen Einheit verkuppeln darf. Stoffmengenanteile benennt man korrekterweise daher mit

$$k(X) = 0{,}2 \, \text{mol/mol} = 20\,\%$$
$$k(X) = 0{,}2 \, \text{g/g} = 20\,\%$$
$$k(X) = 0{,}2 \, \text{L/L} = 20\,\%$$

Die Stoffmengenkonzentration c(X) eines Stoffes X in einer Lösung ist der Quotient aus der Stoffmenge n(X) und dem Volumen V der betreffenden Lösung. Man gibt sie in mol L^{-1} bzw. mol/L an. Eine Kochsalzlösung mit der Stoffmengenkonzentration c(NaCl) = 0,2 mol L^{-1} enthält mithin 0,2 mol NaCl in 1 L Lösung. Früher war für die Stoffmengenkonzentration in 1 L Lösung die Bezeichnung Molarität (abgekürzt M) verbreitet.

Die Tabelle 8.8 stellt die für stöchiometrische Angaben heute üblichen Angaben vergleichend zusammen:

8.2 Zahlen und Ziffern

Während man in allen Sprachen auch große Zahlenangaben mit entsprechenden Wortungetümen verbal ausdrücken bzw. wiedergeben kann, erleichtern Zahlzeichen die Ökonomie einer Mitteilung ungemein. Zahlenvorstellungen sind schon aus der jüngeren Steinzeit

Tabelle 8.8 Vergleich der wichtigsten Stoffmengen und Stoffmengenkonzentrationsmaße

Angabe	Symbol X = Stoff	Einheit	Erläuterung
Atommasse	$m_a(X)$	u	1 u entspricht etwa der Masse von 1 Proton bzw. 1 Neutron
Molekülmasse	$m_a(X)$	u	u ist bezogen auf 1/12 der Masse des Kohlenstoffisotops ^{12}C
Stoffmenge	$n(X)$	mol	1 mol enthält N_A Teilchen
Stoffportion	$m(X)$	g	bezeichnet die wägbare Größe in der Küchen- oder Laborpraxis
Stoffmengenkonzentration	$c(X)$	mol L^{-1}	die frühere Angabe M für Molarität ist veraltet und nunmehr unüblich

bekannt. Sie dokumentieren das Bedürfnis der Menschen, verschiedene Mengen gleichartiger Dinge aus dem täglichen Lebensumfeld miteinander zu vergleichen bzw. zu quantifizieren. Durch Zählen erhält man die ganzen oder natürlichen Zahlen. Die Ergebnisse des Abzählens (= Grund- oder Kardinalzahlen) hielt man durch Einkerben auf Knochen oder Holzstäben fest („etwas auf dem Kerbholz haben"). Später stellte man die Zahlen von 1 bis n durch besondere Ziffern (= Zahlzeichen) dar.

8.2.1 Zahlensysteme

Im antiken Griechenland verwendete man ein alphabetisches Zahlensystem, das wegen seiner vergleichsweise eingeschränkten Tauglichkeit heute keine Rolle mehr spielt. Das im Römischen Reich verwendete Zahlensystem ist dagegen in vielen Spezialsegmenten des Wissenschaftsbetriebes immer noch verbreitet, beispielsweise bei der Paginierung umfangreicher Vorworte oder Einleitungen oder in der Geschichtswissenschaft. Die vermutlich von den Etruskern übernommenen Zeichen 1 bis 5 sind offenbar vom Abzählen der Finger der linken Hand abgeleitet: I, II und III stehen für die drei Linksaußenposten vom Kleinen bis zum Mittelfinger, IV für den Zeigefinger neben dem V, dem abgespreizten Daumen. Daraus entstand mit späteren Erweiterungen ein System, das seine Zahlenangaben aus abwechselnd geschachtelten Fünfer- und Zweierbündeln bildet (quibinäres System):

$$5 \times I = V \ [5]$$
$$2 \times V = X \ [10]$$
$$5 \times X = L \ [50]$$
$$2 \times L = C \ [100, \text{von } centum \text{ für hundert}]$$
$$5 \times C = D \ [500]$$
$$2 \times D = M \ [1000, \text{von } mille \text{ für tausend}] \ .$$

8.2 Zahlen und Ziffern

Tabelle 8.9 Additive römische Zahlschrift

Einer	Zehner	Hunderter
1 I	10 X	100 C
2 II	20 XX	200 CC
3 III	30 XXX	300 CCC
4 IV	40 XL	400 CD
5 V	50 L	500 D
6 VI	60 LX	600 DC
7 VII	70 LXX	700 DCC
8 VIII	80 LXXX	800 DCCC
9 IX	90 XC	900 CM
		1000 M

Gleiche Ziffern nebeneinander und kleinere nach größeren werden dabei addiert: XX = 20; XXI = 21. Kleinere Zahlen vor größeren werden dagegen subtrahiert: IX = 9, XC = 90. Die Jahreszahl 2009 stellt sich folglich als MMIX dar und setzt sich additiv zusammen aus M + M + IX (1000 + 1000 + 9). Arithmetische Operationen waren in diesem System ziemlich schwierig und vermutlich eine häufige Quelle von Fehlern.

In den Geowissenschaften bzw. im Vermessungswesen haben sich römische Zahlzeichen zur Bezeichnung der Maßstäbe von amtlichen topographischen Karten erhalten: Die Kartenblätter im Maßstab 1:25.000 tragen nur eine Blattnummer und einen Blattnamen nach dem größten erfassten Ort, z. B. 5409 Linz am Rhein. Die Kartenblätter 1:50.000 erhalten in der Blattnummer den Zusatz L (= römische 50, Beispiel: L 5310 Altenkirchen), die im Maßstab 1:100.000 ein C (= römische 100, beispielsweise C 5910 Koblenz), und diejenigen im Maßstab 1:200.000 die Kennung CC (= römische 200 wie im Fall von CC 5502 Köln).

In älterem Schriftgut findet sich gelegentlich anstelle der üblichen Schreibweise mit großbuchstabigen Zeichen (I, V, X) auch die Verwendung der entsprechenden Kleinbuchstaben, beispielsweise für einen Gliederungspunkt 3 die Angabe iii oder die Seite 8 einer Einleitung in der Form viii. Für die aktuelle Verwendung ist diese Form nicht mehr empfehlenswert.

Das heute im Wissenschaftsbetrieb generell übliche, auf indisch-arabischen Zeichen beruhende dezimale Positionssystem ist hybrid – es verwendet eine (insbesondere nach der Erfindung der Null mögliche) alphanumerische Notation mit gemischter Multiplikation und Addition (2009 = 2 × 1000 + 9). Seine Grundzahl ist 10. Für übergeordnete Zahlengruppen (Zehner, Hunderter, Tausender) benutzt es jedoch nicht wie im römischen Zahlensystem ein neues Zeichen, sondern der Wert einer Ziffer ist durch ihre Stellung innerhalb der Zahl bestimmt.

Eine Fortentwicklung dieses Zahlensystems ist das Dual- oder Zweiersystem (dyadisches = Binärsystem) mit der Basis 2, das für die elektronische Datenverarbeitung von besonderer Bedeutung ist. In diesem System lassen sich alle Zahlen nur durch zwei Ziffern (0 und 1) darstellen, denen je ein elektrischer Schaltzustand (Spannung vs. keine Span-

Tabelle 8.10 Schreibweise der Dezimalzahlen 1–10 in vier Dualziffern

Stellenwert Dezimalzahl	$2^3 = 8$	$2^2 = 4$	$2^1 = 2$	$2^0 = 1$	Ziffernfolge
1	0	0	0	0	0000
2	0	0	0	0	0001
3	0	0	1	0	0010
4	0	1	0	0	0100
5	0	1	1	0	0101
6	0	1	1	0	0110
7	0	1	1	1	0111
8	1	0	0	0	1000
9	1	0	0	1	1001
10	1	0	1	0	1010

nung) entspricht. In dieser Schreibweise stellen sich die Zahlen von 1–10 entsprechend Tabelle 8.10 dar.

Die Zahl 9 (Ziffernfolge 1001) ergibt sich demnach zu $1 \times 2^3 + 0 \times 2^2 + 0 \times 2^1 + 1 \times 2^0$. Die größte mit nur vier Dualziffern darstellbare Zahl ist 15 (Ziffernfolge 1111; entsprechend $1 \times 2^3 + 1 \times 2^2 + 1 \times 2^1 + 1 \times 2^0$. Eine 0/1-Entscheidung bezeichnet man mit 1 bit (binary digit). Ein Byte steht (meist) für 8 bit. Für 2^{10} Byte = 1024 Byte verwendet man die nicht ganz korrekte Bezeichnung Kilobyte (KB).

8.2.2 Ziffern im Lauftext

Zahlen lassen sich in Ziffern (3, 4, 5) oder in Buchstaben (drei, vier, fünf) schreiben. In literarischen Texten verfährt man gewöhnlich nach einer alten und aus heutiger Sicht nicht mehr recht begründbaren typographischen Konvention: Zahlen bis zwölf sind danach in Buchstaben und ab 13 in Ziffern zu setzen. Ausnahmen sind Dezimalzahlen < 12 wie 2,5 oder 4,8, die in der Buchstabenversion sehr unhandliche Wortgebilde ergäben.

In naturwissenschaftlichen Arbeiten oder vergleichbaren Sachtexten darf man die überkommene Regel „… 11, 12, dreizehn" immer dann übergehen, wenn sie der Kürze und Klarheit dient. Die Alltagspraxis verwendet Zahlenangaben als Kennziffern ohnehin immer nur als kurze Attribute: Seite 6, Nummer 7, Folge 8, Zimmer 9, Tor 10.

Bei technischen Aufzählungen wirkt die Wortversion von Zahlenangaben ohnehin veraltet, eher umständlich und befremdend. Gegenüber der Mitteilung „… fünf Reagenzgläser, sechs Pipetten und sieben Erlenmeyerkolben" ist die prägnante Angabe „… 7 Reagenzgläser, 6 Pipetten und 7 Erlenmeyerkolben" ein echter Gewinn.

In textlichen Schilderungen numerischer Veränderungen stören verschränkte Mischformen erheblich den Lesefluss: „Der Anteil der geschädigten Bäume im untersuchten

Waldstück ging von 15 auf zwölf Prozent zurück, während der Totholzanteil von sieben auf 9,5 Prozent stieg." Klarer stellt sich also folgende Aussage dar: „Im überprüften Bestand waren 3 von 8 Exemplaren der Spezies A noch nicht in Blüte, während bei Spezies B bereits 6 von 11 Exemplaren fruchteten".

Mit Ziffern im Text sollte man keine größere Genauigkeit suggerieren, als tatsächlich gegeben ist: Wenn man 25 mm meint, schreibt man auch 25 mm und nicht 0,025 m. Das gilt auch für einschränkende Angaben wie „ungefähr 25 mm" oder „etwa 25 mm".

8.3 Korrektes Benennen von Organismen

Maler leben in ihren Bildern fort, Dichter in unsterblichen Versen. Für kriegerische Gewalttäter gab es früher eherne Standbilder, und heute erscheinen Politiker fallweise auf Sonderbriefmarken. Was bleibt den Naturwissenschaftlern? Ampère, Einstein, Faraday, Gauß, Ohm, Siemens, Tesla, Watt und viele andere Physiker oder Techniker sind ruhmreich in Messgrößen und SI-Einheiten verewigt. Von der Albers-Schönberg- zur Creutzfeldt-Jakob-Krankheit, vom Euler-Cauchy-Verfahren zum Pasteur-Effekt oder vom Edison-Gewinde zur Tscherenkow-Strahlung und van't Hoff-Gleichung ist in der Wissenschaftssprache eine ansehnliche Liste verdienter Forscherpersönlichkeiten angemessen gewürdigt (vgl. Abschn. 8.1). Das ist mindestens so honorig, wie im Panthéon oder in der Westminster Abbey beigesetzt zu sein.

Die Biologie setzt noch eins drauf. Sie verwendet mitunter die Namen erinnerungswürdiger Zeitgenossen für die wissenschaftliche Benennung von Bakterien, Pflanzen, Pilzen und Tieren. Mit der südafrikanischen Paradiesvogelblume *Strelitzia*, die eigenartigerweise zur Wappenblume von Los Angeles avancierte, fühlte sich ihre Durchlaucht Charlotte Prinzessin von Mecklenburg-Strelitz vermutlich durchaus geschmeichelt. Bei der Tannenwurzellaus *Pemphigius poschingeri*, die nach einem österreichischen Forstentomologen benannt ist, mögen Zweifel erlaubt sein.

8.3.1 Beginn der wissenschaftlichen Nomenklatur

Begonnen hat diese besondere Art von Personenkult mit dem schwedischen Botaniker Carl von Linné (1707–1778). Er entwickelte die heute allgemein übliche zweiteilige Benennung der Lebewesen (binäre oder binominale Nomenklatur), die sich jeweils aus einem substantivischen Gattungsnamen und einem die Art kennzeichnenden Zusatz (oft adjektivisches Epitheton) zusammensetzt. Für die Pflanzen verwendete Linné dieses Benennungsverfahren erstmals 1753 in seinem Grundlagenwerk „Species plantarum" (Pflanzenarten), für die Tiere ab 1758 in der zehnten Auflage von „Systema naturae". Zuvor glichen die wissenschaftlichen Pflanzennamen eher einer kompletten Artbeschreibung und stellten sich entsprechend umständlich dar. Was ein Bestimmungsbuch heute unter *Gentianella ciliata* (Fransen-Enzian) aufführt, das sich in der Fachliteratur vor Linné beispielsweise als *Gen-*

tiana angustifolia autumnalis minor floribus ad latera pilosis – kleiner, schmalblättriger, im Herbst blühender Enzian mit Blüten, die an den Seiten behaart sind. Solche Begriffsreihungen waren natürlich wenig praktikabel und als Verständigungsmittel schon gar nicht besonders brauchbar. Linnés neues Benennungsverfahren brachte dagegen mit einfachen Mitteln erstmals Ordnung und Klarheit.

In den „Species plantarum" benannte Linné rund 5900 Pflanzenarten. Damit stand er verständlicherweise vor dem Problem, genügend Begriffe zur Namenbildung zur Auswahl zu haben. Wo immer möglich, schöpfte er die bei den antiken Autoren wie Dioskurides, Theophrast oder Plinius verwendeten Benennungen aus, beispielsweise *Anthyllis* für Wundklee, *Cyclamen* für Alpenveilchen oder *Lamium* für Taubnessel. Eine weitere reichhaltige Fundgrube war die griechische Mythologie. Vom zyprischen Frühlingsheros *Adonis* über *Artemisia*, *Daphne*, *Dryas*, *Hebe*, *Heracleum*, *Mercurialis*, *Paeonia* und *Paris* bis zu *Tagetes* (ein Enkel Jupiters) findet sich eine beachtliche Bandbreite sagenhafter Herkünfte und Zuständigkeiten, die Linné auch für die wissenschaftliche Namensgebung nutzte. Auch für die tatsächliche Tierwelt griffen Linné und viele Nomenklatoren nach ihm auf die Mythen der Antike zurück. *Aphrodite* ist heute ein (zugegebenermaßen sehr hübsch anzusehender) Meeresringelwurm, *Cassiopea* ein Coelenterat, *Doris* eine Hinterkiemerschnecke, *Iphimedia* ein Kleinkrebs, *Maja* eine Seespinne, *Pelops* eine Milbe und *Venus* eine Meeresmuschel. So wird manches Gattungsregister einer regionalen Flora oder Fauna unversehens zum Ausflug in die Sagenwelten des Altertums.

Schließlich nahm Linné auch erwähnens- oder erinnerungswerte Persönlichkeiten ins Visier. Bescheiden wie er war, berücksichtigte er zunächst einmal sich selbst – das mit dem Holunder verwandte Moosglöckchen (*Linnaea borealis*) muss ihm besonders am Herzen gelegen haben. Dann waren verdiente frühere Kollegen an der Reihe. Die damals in Europa schon bekannte südamerikanische *Brunfelsia* benannte er nach dem pflanzenkundigen Mainzer Pfarrer Otho Brunfels (1488–1534). *Fuchsia* erinnert an den Tübinger Botaniker Leonhart Fuchs (1501–1566), *Lonicera* (Heckenkirsche) an den Frankfurter Arzt und Mathematiker Adam Lonitzer (1528–1586). Auch alle seine Schüler von Clas Alströmer (*Alstroemeria*) bis Pehr Thunberg (*Thunbergia*) erhielten ihren eigenen Gattungsnamen.

Die auch in der Ära nach Linné in Artnamen verewigten Personen bieten interessante Einblicke. Bei *Copernicia*, *Darwinia*, *Goethea* oder *Franklinia* ist der Bezug noch klar. Bei anderen kann man nur mithilfe eines detaillierten Lexikons in die neuere Kulturgeschichte abtauchen. Der Blutrote Seeampfer *Delesseria*, eine schmucke Meeresrotalge, trägt den Namen eines reichen Pariser Bankiers. Die imposante pazifische Braunalge *Postelsia*, der Alfred Hitchcock eine sekundenlange Großeinstellung in „Vertigo" gönnte, ehrt den deutschen Pflanzenmaler Alexander Philipp Postels. *Molinia* (Pfeifengras) erinnert an einen spanischen Missionar, *Matteucia* (Straußfarn) an einen italienischen Unterrichtsminister. *Hagenia* (tropischer Regenwaldbaum) bewahrt den Namen eines preußischen Chemikers, *Kickxia* (Tännelkraut) den eines belgischen Apothekers, und für *Sequoia* (Mammutbaum) stand ein Cherokee-Häuptling Pate. Da heute wohl die meisten Arten großer, auffälliger und attraktiver Lebewesen entdeckt und beschrieben sind, bleiben den modernen Nomenklatoren oft nur kleine Organismen – wie die erst kürzlich benannte Kieselalge *Fragilaria guenter-grassii* aus der Danziger Bucht.

Maliziös bis hintergründig verfahren indessen manche Entomologen, die mit der Inventur ihrer Artenheere am wenigsten fertig sind. Sie lösen sich verständlicherweise auch zunehmend vom eurozentrischen Kulturimperialismus, wie er von Linné und seinen Nachfolgern lange Zeit praktiziert wurde. So verwundert es nicht, wenn bei neueren Insektennamen die gesamte Palette zwischen Belustigung und Beleidigung vertreten ist. *Dinohyus hollandii* ehrt auf den ersten Blick den langjährigen, bei Kollegen aber nicht uneingeschränkt beliebten Direktor des Carnegie-Museums, doch lässt die freie Übersetzung auch eine weniger schmeichelhafte Lesart zu („Holland ist ein schreckliches Schwein"). Der britische Entomologe George Kirkaldy führte für Wanzen eine Gattung *Peggichisme* („Peggy kiss me") ein, sein Kollege Arnold Menke für einen überraschend entdeckten Bodenkäfer den Artnamen *Aha ha*. Carl Heinrich, Schmetterlingsfachmann beim amerikanischen Landwirtschaftsministerium, breitete einst eine ganze Liebesgeschichte in Insektennamen aus (*Gretchena dulciana*, *G. amatana*, *G. concubitana*). Selbst Humphrey Bogarts legendärer Satz in *Casablanca* „Here's looking at you" („Schau mir in die Augen, Kleines") taucht, phonetisch stark verschliffen, im wissenschaftlichen Namen der Dipterenart *Heerz lukenatcha* auf. Der amerikanische Entomologe John Epler, glühender Verehrer der Rockgruppe „The Grateful Dead", benannte eine 1994 neu entdeckte Zuckmücke konsequenterweise *Dicrotendipes thanatogratus* (vom griechischen *thanatos*, Tod, und lateinisch *gratus*, dankbar). Um in dieser Szene zu bleiben: Die Rock-Ikone Frank Zappa wurde nomenklatorisch zum kleinen Fisch mit dem Artnamen *Zappa confluentis*.

Heute kann man seinen eigenen Namen übrigens unter www.biopat.de gegen eine Spende in einen Naturschutzfonds für eine Neubeschreibung reservieren lassen. Klassisch, komisch oder kurios – wissenschaftliche Artbenennungen sind ein kulturgeschichtliches Kaleidoskop voller Überraschungen.

8.3.2 Umgang mit wissenschaftlichen Artnamen

Der rein formale Umgang mit den wissenschaftlichen Artnamen unterliegt einem komplexen Regelwerk. Die Benennung von Pflanzen, Algen und Pilzen erfolgt nach den Vorgaben des bis 2011 *International Code of Botanical Nomenclature* (ICBN) genannten Grundlagenwerk. Die neueste, 2011 erschienene Ausgabe heißt jetzt *International Code of Nomenclature for Algae, Fungi, and Plants* (abgekürzt ICN). Die Praxis der Tiernamen regelt das Werk der International Commission on Zoological Nomenclature (Hrsg.) (1999), *International Code of Zoological Nomenclature* (ICZN). Die Bakteriennomenklatur folgt Sneath, P. H. A. (Hrsg.) (1992), *International Code of Nomenclature of Bacteria* (ICNB), American Society for Microbiology, Washington. Künftig wird dieses Werk *International Code of Nomenclature of Prokaryotes* heißen. Die jeweils gültigen Artnamen entnimmt man einer wissenschaftlichen Flora oder Fauna für den biogeographischen Bezugsraum. Die deutschen und wissenschaftlichen Namen der Gefäßpflanzen sind aufgeführt in Wisskirchen

R, Haeupler H (1998) Standardliste der Farn- und Blütenpflanzen Deutschlands. Eugen Ulmer, Stuttgart sowie in Erhardt W et al. (2008) Zander Handwörterbuch der Pflanzennamen, 19. Aufl. Eugen Ulmer, Stuttgart.

In jeder wissenschaftlichen Dokumentation müssen die untersuchten oder sonst wie benannten Arten in jedem Fall korrekt zitiert werden. Dazu ist akribisches Arbeiten erforderlich, zumal die Schreibweise von Pflanzen- (bzw. Pilz-) und Tiernamen nicht einheitlich gehandhabt wird. Folgende Besonderheiten sind in der Praxis zu beachten:

- Zum deutschen Artnamen gehörende adjektivische Zusätze werden im Unterschied zu sonstigen kennzeichnenden Attributen immer groß geschrieben.

Beispiel
- der nicht essbare Zinnoberrote Prachtbecherling *Sarcoscypha coccinea*
- der abstehend behaarte Schlitzblättrige Storchschnabel *Geranium dissectum*
- die seltene Große Rohrdommel *Botaurus stellaris*

- In experimentellen Arbeiten gehören zum korrekten Zitat des Artnamens auch die standardisierten Kürzel der jeweiligen Autorennamen oder bei Mikroorganismen die genaue Bezeichnung der Stamm-Nummer sowie der Lieferadresse (Kulturensammlung):

Beispiel
- Salz-Steinklee (*Melilotus dentatus*) (W. et K.) Pers.
- Braunstieliger Streifenfarn (*Asplenium trichomanes* ssp. *inexpectans* Lovis)
- *Closterium ehrenbergii* Meneghini ex Ralfs SAG B131.80
- *Tetracystis diplobionticoidea* (Chantanachat et Bold) Archibald et Bold UTEX 1234
- *Cryptomonas gyropyrenoidosa* Hoef-Emden und Melkonian CCAC 0108

- Die Autorennamen zitiert man immer nur bei der Ersterwähnung der untersuchten Arten, beispielsweise im Methodenteil der Arbeit oder in der Kurzfassung (vgl. Abschn. 4.5).
- Die wissenschaftlichen Pflanzennamen setzt man im Manuskript nach den Gepflogenheiten fast aller wissenschaftlichen Publikationsorgane jeweils kursiv. Der ICN gibt dazu keine Empfehlungen. Die Bezeichnungen taxonomischer Rangstufen (Familie, Ordnung, (Unter)Klasse, Abteilung bzw. Stamm) werden im Allgemeinen nicht kursiviert. In der in diesem Feld führenden Fachzeitschrift Taxon ist die Kursivierung der höheren systematischen Einheiten in das Belieben der Autoren gestellt.

Beispiel
- Herbst-Löwenzahn *Leontodon autumnalis*, Asteraceae, Asterales, Rosidae, Magnoliophyta
vs.

8.3 Korrektes Benennen von Organismen

- Herbst-Löwenzahn *Leontodon autumnalis*, Asteraceae, Asterales, Rosidae, Magnoliophyta

- Mit den wissenschaftlichen Tiernamen verfährt man analog:

Beispiel
- Schneuzender Schniefling *Emunctator sorbens,* Rhinocolumnidae, Rhinogradentia, Mammalia (Stümpke 1961)

- Bei den deutschen Pflanzennamen ist jeweils die korrekte Handhabung des Bindestriches im Artnamen zu berücksichtigen: Die Schreibweise Rot-Buche (*Fagus sylvatica*) benennt eine definierte Art der Gattung *Fagus* = Buche, und Gewöhnliche Hainbuche (*Carpinus betulus*) dagegen eine mit der Buche nicht näher verwandte Art der Gattung *Carpinus* = Hainbuche. Eine vergleichbare Regelung besteht für Tiernamen nicht (vgl. Schwarzdrossel, Singdrossel, Rotdrossel).
- Ist das Artepitheton aus zwei Begriffen zusammengesetzt, wird es bei den wissenschaftlichen Pflanzen- und Pilznamen mit Bindestrich geschrieben, bei Tiernamen dagegen zusammen.

Beispiel
- Gewöhnliches Hirtentäschelkraut *Capsella bursa-pastoris*
- Gewöhnlicher Nadelkerbel, Venuskamm *Scandix pecten-veneris*
- Pelikansfuß *Aporrhais pespelecani* (nicht *A. pes-pelecani*)
- Kegelschnecke *Conus gloriamaris* (nicht *C. gloria-maris*)
- Zweiundzwanzigpunktmarienkäfer (*Thea vigintiduopunctata*) (nicht *Th. 22-punctata*)
- dagegen C-Falter *Polygonia c-album*, denn „calbum" wäre etymologisch nicht erkennbar)

- Bei wissenschaftlichen Pflanzennamen werden Zusätze zur Kennzeichnung infraspezifischer Sippen (ssp. = subspecies, auch abgekürzt subspec., var. = varietas, f. = forma) im wissenschaftlichen Artnamen nicht kursiviert.

Beispiel
- Gewöhnliche Strandkamille *Tripleurospermum maritimum* ssp. *maritimum*
- Rotkohl *Brassica oleracea* ssp. *oleracea* var. *capitata* f. *rubra*

- Analog verfährt man auch, wenn die genaue Artzugehörigkeit eines Organismus unklar ist. In diesem Fall versieht man den Gattungsnamen (kursiv) mit dem Zusatz „sp." oder „spec." (von species) wie im Beispiel Brombeere (*Rubus* sp.). Die Pluralform dazu (spp.) muss man allerdings kritisch von der Angabe Unterart (ssp.) unterscheiden: Die Angabe *Fucus*-Arten (*Fucus* spp.) meint etwas anderes als eine *Fucus*-Unterart (Fucus *distichus* ssp. *anceps*).

- In wissenschaftlichen Tiernamen sind Gattungsname und Epitheton mitunter identisch (Tautonymie): Kiebitz *Vanellus vanellus*, Bison *Bison bison*, Sumpfdeckelschnecke *Viviparus viviparus*. Für Pflanzennamen schließt der ICBN solche Benennungen aus.
- Zur Bezeichnung infraspezifischer Taxa bei Tieren lässt man Zusätze wie „ssp." weg. Fallweise ergeben sich dann für geographisch unterscheidbare Unterarten trinominale Bezeichnungen wie *Natrix natrix natrix* oder *Salamandra salamandra salamandra*, die man im Folgetext zu *N. n. natrix* bzw. *S. s. salamandra* abkürzen darf, sobald die Vollform erwähnt war.
- Bei Bakterien sind zur Bezeichnung infraspezifischer oder subinfraspezifischer Sippen je nach unterscheidendem Merkmalsbereich Zusätze wie „biovar", „chemovar", „morphovar", „phagovar" oder „serovar" üblich, möglichst in Verbindung mit einer Stammnummer aus einer Kulturensammlung.

Beispiel

- *Staphylococcus aureus* phagovar 81
- *Escherichia coli* (Migula 1895) Castellani und Chalmers 1919, DMSZ K12 JM103 (plasmid UC1)

- In wenigen Fällen sind botanische und zoologische Gattungsnamen identisch (Homonymie) oder zumindest sehr ähnlich:

Beispiel

- Braunelle (*Prunella* [Blütenpflanze] vs. Heckenbraunelle (*Prunella*) [Singvogel]
- Wasserfenchel (*Oenanthe*) [Blütenpflanze] vs. Steinschmätzer (*Oenanthe*) [Singvogel]
- *Bougainvillea* [Blütenpflanze] vs. *Bougainvillia* [Anthomeduse]

- Sortenbezeichnungen von Kultur- und Zierpflanzen setzt man jeweils in einfache Anführungszeichen. Diese meist nur im gartenbautechnischen resp. gärtnerischen Umfeld üblichen Zusätze zum wissenschaftlichen Namen werden nicht kursiviert:

Beispiel

- *Fagus sylvatica* ‚Atropunicea' (Blutbuche)
- *Quercus robur* ‚Fastigiata' (Säulenform der Stiel-Eiche)
- *Corylus avellana* ‚Contorta' (Korkenzieherhasel)

- Die Kursivierung unterbleibt auch, wenn die Sortenbezeichnung keinen lateinischen Ausgangsbegriff hat wie bei der Strauch-Aster *Aster dumosus* „Professor Kippenberg".
- Pflanzenbastarde kennzeichnet man mit dem typographischen Multiplikationszeichen (×), nicht mit dem Kleinbuchstaben x). Die hybride Form wird als Kreuzungsbastard der beteiligten Elternarten dargestellt oder sie erhält einen eigenen Artnamen, wobei nach neuerer Schreibpraxis das Multiplikationszeichen ohne Leerzeichen direkt vor dem Artepitheton steht, was allerdings die Lesbarkeit meist erheblich stört.

8.3 Korrektes Benennen von Organismen

Beispiel
- Gelbe Narzisse (*Narcissus pseudonarcissus*) × Weiße Narzisse (*Narcissus poeticus*) = *Narcissus* × *incomparabilis*;
- Sommer-Linde (*Tilia platyphyllos*) × Winter-Linde (*Tilia cordata*) = Holländische Linde (*Tilia* × *vulgaris*).

- Bei Gattungsbastarden (intergenerischen Bastarden) verfährt man analog. Es heißt also konsequenterweise Gewöhnlicher Strandhafer (*Ammophila arenaria*) × Land-Reitgras (*Calamagrostis epigejos*) = Baltischer Bastardstrandhafer (× *Calammophila baltica*).

Ansprechend verpacken: das Thema Schrift 9

Die Geschichte der Schrift spiegelt die Geschichte der menschlichen Kultur. Auf diesem Hintergrund gibt dieses Kapitel nicht nur einige praxisorientierte Tipps für den Umgang mit Schrift(en), sondern unternimmt auch einige Abstecher in typographische Themenfelder, die für die Wahrnehmung des Phänomens Schrift von Belang sind.

Vor dem Beginn des digitalen Zeitalters hatte man als bleibendes bzw. einigermaßen dauerhaftes Darstellungsmittel für die eigenen Gedanken außer der von den Adressaten mehr oder weniger gut mitvollziehbaren Handschrift bestenfalls eine mechanische und entsprechend lautstarke Schreibmaschine in den Schrifttypen Pica oder Perl. Die damit erzeugten Schriftdokumente waren gegenüber Gänsekiel oder Bleistift, Kugelschreiber und Tintenroller zwar zugegebenermaßen ein deutlicher Fortschritt, muten aber das schriftverwöhnte Auge heute ein wenig seltsam und geradezu Mitleid erregend antiquiert an – insbesondere, wenn man eine anrührend mit Kohlepapier erzeugte Durchschrift älteren Datums in Händen hält. Seitdem Personalcomputer und die damit realisierbaren Basistechniken des Desktop-Publishing schon fast zum Allgemeingut geworden sind, kommen auch immer mehr Menschen mit Fragen der Schriftbildgestaltung bzw. Typographie in Berührung.

Ursprünglich verstand man unter typographischem Tun schlichtweg die handwerkliche Fertigkeit, vorgefertigte Einzelelemente (= bleierne Lettern oder Typen) aus dem reich bestückten Setzkasten zu Zeilen und Textblöcken zusammenzufügen und diese anschließend drucken zu lassen. Heute sieht man die Typographie nicht mehr allein als handwerklich-technische Dimension des Druckgewerbes, sondern begreift sie deutlich umfassender – etwa als Architektur der Schrift bzw. skulpturales Gestalten von Ideen und damit letztlich fast als expressive Kunst. Immerhin soll das gestaltete Schriftbild des fertigen Dokuments gerade in seiner gekonnten formalen Ausführung dem darin verpackten gedanklichen Gehalt angemessen sein und diesen optimal wiedergeben. Tatsächlich bestimmt die Gestalt einer Botschaft nachhaltig die Wahrnehmung ihres Inhalts durch den Leser. Immerhin spricht man heute auch in diesem Zusammenhang von Kommunikationsdesign. Eine gelungene Typographie schafft insofern geistige Räume, in denen sich der lesende Schriftadressat möglichst ohne unnötige Blockaden oder andere Hindernisse in der Zeichenumsetzung gerne bewegen kann. Die Schriftgestaltung, in die man die Ergebnisse des eigenen gedanklichen Bemühens einfließen lässt, ist daher keineswegs unerheblich oder nebensächlich, sondern erfordert einen ebenso gekonnten Umgang wie alle anderen Teilfelder des wissenschaftlichen Arbeitens. In die Tastatur greifen und Drauflosschreiben liefert erwartungsgemäß noch keine brauchbaren Ergebnisse. Fast ist es so wie beim Kochen: Tüte auf, Wasser dazu und rein in die Mikrowelle ergibt fast immer nur ein Instantmenü für die eher bescheidene kulinarische Anspruchsebene. Was schreib- und schrifthandwerklich besser aussehen soll, erfordert eben einen deutlich sorgfältigeren Umgang. Selbstverständlich profitiert auch eine wissenschaftliche Arbeit vom notwendigen Aufwand, den man in die ansprechende Schriftform investiert.

Notation Das Werkzeug der Typographie ist die Notation. Darunter versteht man ein spezielles grafisches System zur Umsetzung von Information in einen Symbolcode, das man etwas weniger aufgebläht auch Schrift nennt. In den meisten Kulturen ging die Notation der Sprache in der Gestalt von Schrift mithilfe von Buchstaben und vergleichbaren Zeichen den anderen Notationen wie etwa denen von Tönen, Musik oder Kartendarstellungen ziemlich lange voraus. Der heute üblicherweise verwendeten Notation liegt das lateinische Alphabet zugrunde, wie es die Römer aus älteren etruskischen Zeichen entwickelten. Aus deren mit insgesamt 26 Zeichen bestücktem Symbolvorrat entlehnten sie insgesamt 21 Buchstaben. Dreizehn Zeichen, nämlich A, B, E, H, I, K, M, N, O, T, X, Y und Z stimmen – zumindest formal – mit dem auf die Phönizier zurückgehenden griechischen Alphabet überein, während die acht Zeichen C, D, G, L, P, R, S sowie V für den römischen Gebrauch verändert und die beiden frühgriechischen Buchstaben F und Q erneut eingeführt wurden. J, U und W (eigentlich ein Doppel-V mit dem Lautwert w sowie u und daher im Englischen bis heute ein „double-u"; raffinierte Händler verlängerten die Striche von V zu einem X und machten ihren Kunden dabei „ein X für ein U vor") kamen im römisch-lateinischen Alphabet nicht vor, sondern sind Zutaten aus viel späterer Zeit.

Von nachhaltiger Bedeutung nicht nur für die mittelalterlichen oder neuzeitlichen, sondern erstaunlicherweise auch für die modernen Buchstabenformen war die immer noch erstaunlich frisch wirkende *Capitalis quadrata*, wie man sie auf der berühmten Trajanssäule in Rom (errichtet um 114 n. Chr.) bewundern kann. Quadrat, Halbquadrat, Voll- und Halbkreis sowie andere Teilungen lieferten die Basisgeometrie ihrer Buchstabenstruktur, die ausschließlich aus Großbuchstaben besteht. Erst im 9. Jahrhundert entstand in den französischen Klosterschreibschulen der Loiregegend um Tours unter benediktinischem Einfluss eine recht flüssige, offenbar mit stärker angewinkelter Feder geschriebene Schrift, die man heute als Karolingische Minuskel bezeichnet. Sie leitet den zunächst noch zögerlichen, dann aber immer häufigeren Parallelgebrauch von zwei Alphabeten mit Groß- und Kleinbuchstaben ein, die heute die Grundlage der westlichen Sprachen sind. Die Entwicklung der Kleinbuchstaben (Minuskeln) hat die vorgegebenen Großbuchstaben (Majuskeln) fallweise nur geringfügig verändert, wie der Vergleich von C/c, K/k, O/o, P/p, S/s oder X/x zeigt – die Kleinbuchstaben sind also sozusagen verkleinerte Majuskel. Bei anderen

Abb. 9.1 Typographisch wirksame Bestandteile von Groß- und Kleinbuchstaben am Beispiel von Times New Roman

Buchstaben erfolgte im Laufe der Zeit ein viel stärkerer Abschliff der Formen, wie etwa die Beispiele A/a, B/b, D/d, R/r oder Q/q zeigen.

Die mithilfe dieser Zeichensysteme geschaffene Möglichkeit, Gedanken und Sprache aufzuzeichnen und auf diese Weise die Zeiten überdauernd zu bewahren, ist zweifellos einer der wesentlichen Motoren für die kulturelle Evolution des Menschen gewesen (vgl. Bayer 1996). Zudem korrelieren auch Schriftgestalt und Kulturepochen (Willberg 2003).

9.1 Schnellkurs in Typographie

Ziel einer jeglichen Schriftgestaltung des zu druckenden Textes und damit einer ausgereiften Typographie ist die optimale Lesbarkeit der solchermaßen codierten Information. Lesbarkeit steht dabei nahezu gleichbedeutend auch für die Geschwindigkeit, mit der ein Adressat einen geschriebenen bzw. gedruckten Text lesen und in seiner Botschaft erfassen kann. Die üblichen Zeichenvorräte in der Menüoption „Zeichen" am PC oder Macintosh erlauben mancherlei wichtige, aber auch spielerische Gestaltungsmöglichkeiten, die für die Zwecke einer wissenschaftlichen Arbeit jedoch deutlich einzuschränken sind. Bevor wir in eine empfehlende Rezeptur für ein gelungenes oder zumindest zumutbares Schriftbild einsteigen, unternehmen wir hier zunächst einmal eine kurze orientierende Umschau in den Grundlagen der Typographie.

Das schriftliche Deutsch verwendet nur 26 alphabetische Zeichen, obwohl das gesprochene Deutsch – natürlich zusätzlich mit deutlichen regionalen resp. regiolektischen Abweichungen – meist mehr als 40 verschiedene Phoneme aufweist (vgl. ch in Dach und Dichter oder das e in nett und kneten). Diese 26 üblichen Zeichen gruppiert die Typographie in:

Großbuchstaben (Majuskeln, Versalien) wie A, B, C, D ... Sie erstrecken sich im Druckbild bei unterschiedlicher Breite (vgl. Abschn. Laufweite) zwischen zwei parallel verlaufenden Linien, der Grundlinie (Unterkante) und der Versalhöhe (Oberkante) (Abb. 9.1).

Kleinbuchstaben (Minuskeln, Gemeine) sind in ihrem Erscheinungsbild von drei Proportionen bestimmt. Ihre sogenannte Mittellänge entspricht der Höhe des Kleinbuchstabens x und wird daher auch x-Höhe genannt. Innerhalb der Mittellänge laufen beispielsweise die Kleinbuchstaben a, c, e, m, n, o, r oder s. Die Kleinbuchstaben b, d, h oder l ragen dagegen mit der Oberlängenhöhe über die Mittellänge hinaus. Die Oberlänge kann bei manchen Schriftarten sogar die Versalhöhe geringfügig übertreffen. Bei g, p, q oder y wird die Grundlinie entsprechend um den Betrag der Unterlänge unterschritten (Abb. 9.1).

Kapitälchen sind Großbuchstaben, die im fertigen Satzbild allerdings wie Kleinbuchstaben wirken. Man verwendet sie (durch Formatierung normal geschriebener Buchstaben über die Menüoption Format/Zeichen/Kapitälchen) oder einen entsprechenden Shortcut auf der Tastatur eventuell zur typographischen Hervorhebung (Auszeichnung) von Eigen- bzw. Autorennamen, wie in diesen Beispielen: IMMANUEL KANT formulierte den Kategorischen Imperativ, die KEPLERschen Gesetze erläutern die Himmelsmechanik, und MURPHYS Gesetz macht auch den Novizen der Autorenzunft zunächst einmal das Leben schwer. Die stattdessen im Schriftgut gelegentlich zu erlebende Hervorhebung von Eigennamen durch Versalien (Großbuchstaben) wirkt dagegen leicht brutal, wie die Beispiele MAXWELL'sche Gleichungen oder LEIDENFROST'sches Phänomen zeigen.

Ziffern Die in den Computer-Zeichensätzen vorhandenen Zahlzeichen sind gewöhnlich genauso hoch wie die Versalhöhe der entsprechenden Schriftart und heißen daher Versalziffern. Sie genügen den Anforderungen an die Textklarheit einer begleitenden oder abschließenden Schriftform im Studium vollauf. Der elegante Buchsatz bevorzugt zur Verbesserung der Lesbarkeit sowie als dekorative Zutat häufig allerdings die dafür eigens gestalteten, so genannten Mediävalziffern mit Unterlängen (bei 3, 4, 5 und 9) und Oberlängen (bei 6 und 8), während die Ziffern 0, 1 und 2 meist nur in der Mittellänge laufen.

Expertziffern Als Expertziffern bezeichnet man Sonderziffern, die in den Naturwissenschaften für Exponent (bzw. Superskript, z. B. 10^2) oder Index (bzw. Subskript, z. B. H_2O) verwendet werden. Die üblichen Computer-Fonts nutzen dafür allerdings elektronisch geschrumpfte Normalziffern (Versalziffern). Die in den Symbolleisten vordefinierten Exponenten oder Indices werden oft so stark elektronisch gequetscht, dass sie nicht mehr gut lesbar sind (10^2, H_2O). Empfehlenswert erscheint es deshalb, die Expertziffern über die Menüoption Format/Zeichen/Effekte in lesbarer Größe (1 bis 2 pt kleiner als die Grundschrift) selbst einzurichten.

Ein Sonderfall betrifft die korrekte Bezeichnung von Elementen oder deren Isotopen: Links oben steht als Superskript jeweils die Neutronenzahl (Massenzahl), links unten als Subskript die Ordnungszahl (Protonenzahl). Mit den üblichen Werkzeugen der Textverarbeitungsprogramme sind Superskript und Subskript nicht an der gleichen Stelle vor dem Elementsymbol zu platzieren. Daher ist außerhalb professioneller Satzprogramme der folgende Kompromiss zulässig: Statt $^{14}_{7}N$ schreibt man einfach $^{14}_{7}N$. Das gleiche Problem betrifft die stöchiometrische Angabe und die Anzahl der Elementarladungen bei einem komplexeren Ion wie im Fall von PO_4^{3-}.

Sonderzeichen Für Texte und sonstige Mitteilungen naturwissenschaftlichen Inhalts ist eine Anzahl weiterer Zeichen üblich, beispielsweise ein Pfeil (→) zur Formulierung chemischer Reaktionen, Rechenzeichen wie das Ungleichzeichen, besondere Dimensionsangaben wie Promille (‰) oder Maßeinheiten wie Grad Celsius (°C) oder Ångström (Å). Während das Paragrafen-Zeichen (§) für den juristischen Gebrauch wegen seiner offenbar unentbehrlichen Bedeutung im öffentlichen Raum bereits auf der normalen Tastatur verankert ist, sind die in der Biologie häufig benötigten Symbole für weiblich (♀) und männlich (♂) im Sonderzeichenvorrat oft nur nach längerer Suche zu finden. Hinweise auf weitere Sonderzeichen finden Sie unter diesem Stichwort in Kap. 11.

Praktischerweise sollte man sich gegebenenfalls für den eigenen spezifischen Bedarf ein besonderes Dokument Sonderzeichen anlegen oder über die Menüoption Einfügen/Sonderzeichen/Shortcut bestimmte Tastaturbelegungen definieren. Weitere Details dazu erläutern die Handbücher für den Computerbetrieb.

Diakritische Zeichen sind spezifische Zeichen aus anderen Alphabeten oder Schriften. In den Naturwissenschaften weit verbreitet und völlig unentbehrlich sind die Buchstaben aus dem griechischen Alphabet (Kap. 8), beispielsweise im Formelwesen bei der korrekten Benennung organischer Verbindungen (α-L-Phenylalanin, β-D-Glucose, γ-Aminobuttersäure) oder bei bestimmten Größen (Physikochemie: δ-^{13}C-Wert, Thermodynamik: $\Delta G^{o\prime}$). Gewöhnlich beschränken sich diakritische Zeichen jedoch auf die authentische Wiedergabe von geographischen Bezeichnungen (dänische Insel Rømø, Meeresenge Øresund) oder für Eigennamen (Ångström) bzw. davon abgeleitete Einheiten (Å). Die gelegentlich aufzufindenden Behelfsschreibweisen Römö oder Öresund sind nicht offiziell und zu verwerfen.

Schriftbild Das Erscheinungsbild eines gedruckten Textes (Schriftsatz) bestimmen im Wesentlichen nur die drei Merkmalsbereiche Schriftart, Schriftgröße und Schriftschnitt (Schriftlage). Weitere typographisch relevante Kennzeichen wie Zeichenweite und Schriftauszeichnung lassen wir hier zunächst einmal außer Acht.

9.2 Schriftart

Die Einladung zu einer Geburtstagsfeier ist nicht nur inhaltlich eine grundsätzlich andere Botschaft als eine Zeitschriftenannonce, die für ein neues Waschmittel wirbt, oder die Veröffentlichung eines neuen Gesetzestextes im Bundesgesetzblatt. Die betreffenden Schriftdokumente verwenden daher zu Recht eine speziell auf ihren jeweiligen Inhalt und die Adressatengruppe abgestimmte Schriftgestaltung.

Unabhängig von der zu erstellenden Textsorte (beispielsweise Exkursionsbericht, Ausarbeitung eines Referates oder fertige Bachelor- bzw. Masterarbeit o. ä., vgl. Kap. 4) sind die Mitteilungen im Wissenschaftsbetrieb im Allgemeinen eher sachlicher Natur und erfordern insofern ein Schriftbild, das eine gewisse, dem Inhalt angemessene kühle Distanz transportiert. Das zwar ansprechende, aber eigenwillige Design ausgefallener Schriftarten wie beispielsweise Juliet, Lazybones oder Playbill sind dafür mit Sicherheit keine geeignete Lösung. So bleiben von den schätzungsweise weit mehr als 9000 Schriftarten, die man in den Druckwerken seit der berühmten Gutenberg-Bibel finden kann, nur vergleichsweise wenige übrig, die das Lesen auch längerer Texte nicht unnötig blockieren oder erschweren. Empirische Untersuchungen zeigten es immer wieder: Form und Gestalt einer Schrift beeinflussen wesentlich das Leseverhalten und damit letztlich auch den Lesegenuss.

Erstaunlich ist indessen, dass selbst erklärte Buchfans und trainierte Vielleser die Schrift als besonderes Gestaltungselement oder ein bemerkenswert gelungenes, typographisch ausgereiftes Satzbild nur selten bewusst wahrnehmen. Sie unterscheiden die vielen verschiedenen Gesichter der geschriebenen Botschaft somit kaum und können sie schon gar nicht korrekt benennen. Dabei kann man die Schriftarten anhand ihrer Merkmale fast ebenso einfach bestimmen wie Pflanzen-, Pilz- und Tierarten. DIN 16518 gliedert die Druckschriften in elf verschiedene Klassen ein (vgl. Karow 1992).

Für unsere Zwecke genügt allerdings nur die Unterscheidung zweier großer Gruppen, der Serifen- oder Antiqua-Schriften (Klassen I bis V) und der serifenlosen Linear-Schriften (Klasse V). Die übrigen fünf Klassen betreffen Schreibschriften, Gebrochene Schriften (wie Fraktur, Gotisch, Schwabacher) sowie Fremde Schriften (Bilderschriften, außereuropäische Alphabetschriften). Die letzteren Schriftgruppen eignen sich für wissenschaftliche Werke nicht (mehr).

Antiqua-Schriften sind in den Printmedien heute wohl die am häufigsten verwendeten Grundformen. Die Buchstaben dieser großen Schriftart-Familie verfügen über sogenannte Serifen – ihre Kopf- und Fußenden sind mit kleinen Endstrichen („Füßchen") unterschiedlicher Strichstärke versehen. Fachleute unterscheiden danach die etwas vornehmer wirkenden Haken- oder Schnabelserifen von den sehr wuchtig auftretenden Balkenserifen und etlichen anderen Ausformungen. Eine der am häufigsten in Computer-Zeichensätzen vorrätigen Serifenschriften ist die äußerst erfolgreiche und als Gebrauchsschrift heute wohl am weitesten verbreitete Times New Roman von Stanley Morison aus dem Jahre 1931. Auch die Lehrbücher des Springer-Verlags sind mit einer Serifenschrift gedruckt; Hausschrift ist seit 1995 die der Times im Erscheinungsbild sehr ähnliche Minion von Robert Silmbach (entwickelt 1990). Serifen, die schon die besonders formschönen Buchstaben der Capitalis quadrata von der römischen Trajanssäule zierten, mögen manchem zwar etwas barock erscheinen, sind jedoch wichtige und wirksame Hilfen zum sicheren Buchstabenerkennen bzw. -unterscheiden. Da sie außerdem die Grundlinie betonen, bilden sie in ihrer Gesamtheit eine recht willkommene „visuelle Leitplanke", die das lesende Auge über die jeweilige Zeile lenkt.

Alphabet   Alphabet
Alphabet   Alphabet

Abb. 9.2 Beispiele für Serifen-Schriften (*oben links* 45 pt Times, *unten links* 45 pt Garamond) sowie Grotesk-Schriften (*oben rechts* 40 pt Arial, *unten rechts* 40 pt Futura)

Grotesk-Schriften wie die Helvetica (1957), Futura (Paul Renner, 1928) oder die bei Typografen außerordentlich geschätzte Frutiger (Adrian Frutiger, 1976) kennzeichnen dagegen die serifenlosen Schriftarten. Man nennt sie daher auch serifenlose Linear-Antiqua. Sie wirken zunächst etwas sachlicher, frischer und moderner als die leicht geschnörkelten Serifenschriften. Als sie erstmals im 19. Jahrhundert in Gebrauch kamen, mochten sich die Leser dennoch an die Serifenlosen offenbar so gar nicht gewöhnen – sie lehnten die gesamte Schriftfamilie schlichtweg als „grotesk" ab. Die Buchstaben sehen jedoch nach heutigem Empfinden ausgesprochen harmonisch aus. Allerdings besteht bei manchen Buchstabenkombinationen die Gefahr, dass man die Einzelelemente verwechselt (beispielsweise das große I und die beiden kleinen l in Illusion) oder nicht ausreichend trennt (r und n verlaufen zu m, vv zum w). Fallweise kann wegen der fehlenden Serifen auch die Zeilenbildung erschwert sein. Die 1990 von Robin Nicholas und Patricia Saunders gestaltete Arial mit leicht betonter Mittellänge ist die heute vor allem in Computerfonts verbreitetste Schriftart dieser Familie.

Die generellen Empfehlungen zur Wahl einer geeigneten Schriftart für eine wissenschaftliche Arbeit im Studium tendieren daher eher zu einer Schrift der Antiqua-Gruppe, vorzugsweise der weit verbreiteten Times New Roman. Grundsätzlich ist aber auch nichts gegen eine typische Computerschrift aus der Grotesk-Gruppe einzuwenden. Im Zweifelsfall überprüft man einen in den verschiedenen vorrätigen Fonts ausgedruckten Probetext auf seine Lesetransparenz und ästhetische Gesamtwirkung (vgl. Beispiele im Abschn. 9.6).

9.3 Schriftschnitt

In der Grund-, Werk- oder Brotschrift eines gedruckten Textes stehen die senkrechten Linien der einzelnen Buchstaben wirklich senkrecht und bilden mit der Grundlinie jeweils einen rechten Winkel. Dieser Schriftschnitt (auch Schriftlage genannt) heißt bei den Typografen „gewöhnlich" und in den Computer-Menüs „normal". Für besondere textliche Hervorhebungen (Auszeichnungen), in Mitteilungen biologischen Inhalts, beispielsweise für die wissenschaftlichen Artnamen (Gänseblümchen *Bellis perennis*) und ihrer systematischen Zuordnung (Familie *Asteraceae*) (vgl. Kap. 8), verwendet man vorzugsweise die entsprechenden Kursivschnitte der jeweiligen Schrift. Üblicherweise erzeugen die Textverarbeitungsprogramme von PC oder Macintosh die benötigten Kursivzeichen auf digitalem Wege durch verschiebende Verschrägung aus dem normalen Zeichenvorrat. Im professionellen Buchsatz bestehen die Kursivschnitte dagegen immer aus Zeichen, die der jeweilige Schriftgestalter dazu eigens entwickelt hat.

Ebenso verhält es sich bei der Veränderung der Strichstärke: Zur textlichen Hervorhebung sehen die Fonts im Computer nur die Option **fett** (Menüoption F, normal oder kursiv) vor, die man meist zur Hervorhebung von Überschriften einsetzt. Für den professionellen Bereich stehen die üblichen und häufig eingesetzten Schriftarten dagegen in mehreren Strichstärken zur Verfügung, für die es ein eigenes, allerdings uneinheitliches Bezeichnungsrepertoire von Extra Light/Fein über Light Plain/Leicht bis Medium/Halbfett und Extra Black/Extrafett gibt.

Wenn Satzteile oder mehrere Begriffe (halb)fett zu setzen sind, werden die zugeordneten Verbindungszeichen wie Schrägstriche und Klammern im Prinzip ebenfalls verändert. Aus gestalterischen Gründen kann man von dieser Regel jedoch abweichen.

PostScript-Computerschriften umfassen jeweils drei getrennte Dateien: Der Drucker-Font (= PFM) erzeugt die Schriftgestalt, die Bitmaps setzen diese für die Bildschirmanzeige in Pixel um und die AFM-Datei enthält die Anweisungen für die jeweils gewählten Schriftschnitte. Bei *TrueType*-Schriften sind alle Gestaltmerkmale der gewählten Schrift gesamthaft in nur einer Datei enthalten.

9.4 Schriftgrad

Mit dem Schriftgrad, oft auch Schriftgröße genannt, bezeichnet man die Vertikalausdehnung einer Schrift. Man gibt sie wie in den Zeiten des traditionellen Handsatzes immer noch in typographischen Punkten an, weil sich die metrischen Einheiten wie der Millimeter in diesem Fall nicht einheitlich durchsetzen konnten. In Deutschland und Frankreich misst man traditionell mit dem im 19. Jahrhundert eingeführten Didot-Punkt (abgekürzt p): Im Jahre 1771 gründete François-Ambroise Didot eine Schriftgießerei und wählte das damals in Frankreich gültige Längenmaß (= „pied du roi") als Basisgröße für seine Lettern. Seit 1879 ist der Didot-Punkt als 1/2660 eines Meters festgelegt.

Im angloamerikanischen Bereich verwendet man dagegen den 1886 in der Schriftgießerei Mackellar, Smith & Jordan in Chicago eingeführte Pica-Punkt (abgekürzt pt). Seit der Mitte des 20. Jahrhunderts gilt er als Standard der Bürokommunikation und beherrscht also solcher unterdessen auch alle gängigen Textverarbeitungsprogramme. Unterdessen arbeitet man heute im gesamten IT-Bereich eher mit dem DTP-Punktsystem (von Desktop Publishing), fallweise auch PostScript-Punkt genannt, typographischen Punkte (= DTP-Punkt). Die unterschiedlichen Abmessungen zeigt die folgende Tabelle.

Die gebrochenen Millimeterabmessungen der jeweiligen Punktgrößen erklären sich daraus, dass sie ursprünglich auf die Maßeinheit Zoll bezogen wurden: 72 pt ergeben 1 Zoll

9.4 Schriftgrad

Tabelle 9.1 Umrechnung der Punktgrößen von Schriftgraden

Maßeinheit	Abkürzung	Größe
Millimeter	mm	0,1 cm 0,3937 Inch 28,35 DTP-Punkte
Zentimeter	cm	26,66 Didot-Punkte
Inch (Zoll)	In oder "	25,4 mm 72 Pica-Punkte (pt)
DTP-Punkt	pt	1/72 Inch 0,3527 mm
Pica-Punkt	pt	1/72 Inch 0,351 mm
Didot-Punkt	dd	0,376 065 (meist vereinfacht zu 0,376) 0,0148 Inch

(inch). Die Umrechnung erläutert Tabelle 9.1. Professionelle und entsprechend komplexe Satzprogramme wie QuarkXPress oder InDesign erlauben jegliche Bemessung der Schriftgröße. Die üblichen Textverarbeitungsprogramme von PC oder Macintosh schränken die freie Skalierbarkeit auf wenige Schriftgrade ein.

Ein in der Typographie häufig verwendetes Maß ist der Schriftgrad Cicero – er ist 12 Didot-Punkte oder 4,5 mm bzw. 0,1776 Inch hoch. Der Name stammt von der erstmals 1467 erschienenen (in 12 pt) gedruckten Ausgabe der *Epistulae familiares* von Marcus Tullius Cicero (104–43 v. Chr.).

Glücklicherweise muss man sich bei der Wahl einer geeigneten Schriftgröße für das eigene Manuskript bzw. Typoskript um die etwas unhandlichen Umrechnungen nicht weiter kümmern, sondern kann gleich die folgende Empfehlung umsetzen: Ein zumutbarer und im Unterschied zum Kleingedruckten im Bausparvertrag gut lesbarer Buchdruck verwendet im Allgemeinen Schriftgrade um 10 pt. Für eine wissenschaftliche Arbeit empfiehlt sich vor allem die 12 pt Times New Roman (vgl. Kap. 10).

Was allerdings unbedingt zu berücksichtigen ist: Das im ausgedruckten Text sichtbare Buchstabenbild entspricht in seinen tatsächlichen Abmessungen nicht dem vorgewählten Schriftgrad. Der Großbuchstabe A aus der 12 pt Times New Roman ist nicht $12 \times 0{,}351$ mm $= 4{,}212$ mm hoch, sondern deutlich kleiner. Der aus der betreffenden Menüoption vorgewählte Schriftgrad nennt nämlich nicht die genaue Bemessung der tatsächlichen Versalhöhe, sondern des sogenannten Kegels (vgl. Abb. 9.2). Daher können unterschiedliche Schriftarten bei gleichem Schriftgrad durchaus verschiedene Buchstabenhöhen aufweisen, wie man durch Vergleich leicht feststellen kann: Eine 10 pt Arial läuft etwa so wie eine 12 pt Times. Generell kann man also nicht unbedingt sagen, dass eine 11 pt-Schrift in jedem Fall lesefreundlicher ist als ein Schriftsatz in 9 pt oder 10 pt, denn eine einheitliche Abmessung „11 pt" existiert wegen der unterschiedlichen Kegelgrößen nicht. Schriftgrößenempfehlungen sind daher nur in Verbindung mit der Benennung der auszuwählenden Schriftart sinnvoll.

Möchte man sich hinsichtlich der Schriftgrößen an einer typographisch gelungenen Vorlage orientieren und steht kein spezielles Typometer zur Verfügung, wie es die Verlagshersteller benutzen, so genügt folgende angenäherte Bestimmung mit einem gewöhnlichen

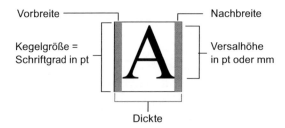

Abb. 9.3 Buchstabengröße und Schriftgrad sind nicht dasselbe

Tabelle 9.2 Schriften und ihre Einsatzgebiete: Die empfohlene Verwendung ist durch Unterlegung hervorgehoben

Anwendungsbereich	Serifenschrift	Groteskschrift	Schriftgrad (pt)	Schriftschnitt
Haupttitel	**Times**	**Arial**	18	h'fett
Untertitel	**Times**	**Arial**	16	h'fett
Überschrift 1. Ebene	Times	Arial	14	normal
Überschrift 2. Ebene	**Times**	**Arial**	12	h'fett
Überschrift 3. Ebene		Arial		
Lauftext	Times		12	normal
Lauftext	Times	Arial	11	normal
Bild-/Tabellenlegende	Times	Arial	10	normal
Beschriftungselemente in Grafiken	Times	Arial	9	normal

Lineal:

Versalhöhe (in mm) : 0,351 = Schriftgröße (in pt)

Über empfehlenswerte Schriftarten, -grade und -schnitte für die verschiedenen Textbaustellen Ihres Manuskriptes orientiert die Tabelle 9.2. Weitere Details zur Schriftwahl im Layout verschiedener Seitentypen erläutert Kap. 10.

9.5 Laufweite

Die Breite eines Buchstabens nennt man typographisch seine Dickte – gemessen ebenfalls in Pica-Punkt (pt) oder mm. Die genaue Buchstabenbreite setzt sich dabei zusammen aus dem jeweiligen individuellen Abstand zum vorangehenden (Vorbreite) und zum nachfolgenden Buchstaben (Nachbreite) (vgl. Abb. 9.3). In einem digitalen Font weist das Schreibprogramm jedem Buchstaben automatisch seine passende Breite zu. Alle Buchstaben eines fertig gesetzten Textes sind daher unterschiedlich breit, was die Lesbarkeit und die Ausgewogenheit des Schriftbildes erheblich verbessert. Nur bei den mechanischen

Monospace-Schreibmaschinen aus Großvaters Büro sind alle Buchstaben gleich breit – das extrem schlanke i nimmt im damit erzeugten Schriftbild den gleichen Raum ein wie das wuchtige m.

Durch elektronische Modifikation, wie sie die meisten heutigen Textverarbeitungsprogramme in PC und Macintosh erlauben, lässt sich die Laufweite einer vorgewählten Schrift allerdings abwandeln – ein Stilmittel (bzw. Spielzeug), das man nur äußerst sparsam oder am besten überhaupt nicht einsetzen sollte, weil hier eventuell Schriftbilder aus der typographischen Gruselkammer drohen:

- Digital stärker gequetschte Schriften (wie in diesem Beispiel) nennt man unterschnitten (hier um 0,8 pt, erzeugt mit der Menüoption Format/Zeichen/Abstand)
- s o l c h e   m i t   d e u t l i c h   l i c h t e r e r   L a u f w e i t e   g e s p e r r t (im vorliegenden Fall um 3 pt; erreichbar mit der gleichen Option). Eines der wenigen Einsatzgebiete der gesperrten Laufweite sind die Binnengruppierungen eventuell unübersichtlicher Zahlenfolgen, etwa von 123456789 zu 1 234 567 890. Die Laufweite wurde im vorliegenden Fall um 2 pt vergrößert.

Generell gilt die Empfehlung, eine Satzauszeichnung (Hervorhebung) in Überschrift, Legenden oder Lauftext nur mit einem (!) typographischen Mittel vorzunehmen, also nicht gleichzeitig einen größeren Schriftgrad in Verbindung mit Fettdruck, anderem Schriftschnitt, anderer Laufweite und/oder Unterstreichung vorzunehmen – Stilmerkmale aus der eher bescheidenen Schreibmaschinen-Typographie der Großeltern, die als einziges Auszeichnungsmittel nur Sperrungen und Unterstreichungen kannte. Das hier wiedergegebene und vermutlich nachhaltig

a b s c h r e c k e n d e   B e i s p i e l

zeigt die typographisch verheerenden Wirkung mehrerer gleichzeitiger Hervorhebungen. Auch eine reine Großbuchstabenschrift sowie Konturschriften, Schreibschriften oder schattierte Schriften sind für Sach- und Wissenschaftstexte nicht einmal für die Titelgestaltung zu empfehlen. Man garniert damit höchstens – wenn überhaupt – die Einladung zur nächsten Grillparty.

- **PraxisTipp Texthervorhebung (Satzauszeichnung)** Grundsätzlich nur größerer Schriftgrad **oder** andere Laufweite **oder** Unterstreichung **oder** Kursivsatz

9.6 Zeilenabstand

Aus der möglicherweise doch nicht so guten alten Zeit der selbst gegossenen (weil ziemlich giftigen …) Bleilettern stammt der Begriff Durchschuss. Er bestimmt den zeichenfreien Spalt zwischen der untersten Unterlänge einer Zeile und der obersten Oberlänge der nachfolgenden und entspricht damit dem tatsächlichen Vertikalabstand der einzelnen Drucktypen. Heute versteht man unter Zeilenabstand (oft abgekürzt durch ZAB) die

Zwei Zeilen folgen
aufeinander

— Durchschuss

— Zeilenabstand (ZAB)

Abb. 9.4 Durchschuss und Zeilenabstand bezeichnen unterschiedliche Buchstabendistanzen

Vertikaldistanz zwischen zwei aufeinander folgenden Grundlinien (vgl. Abb. 9.4). Wie bei den Schriftgraden gibt man auch den Zeilenabstand in Pica-Punkt (pt) an. Optional sollte er bei 110 bis 120 % des jeweils verwendeten Schriftgrades liegen, bei einer 10 pt-Schrift also rund 12 pt betragen (angegeben mit 10/12, gesprochen 10 auf 12), um ein harmonisches Gesamtbild zu erzeugen. Viele Druckerzeugnisse, darunter das zu Recht gefürchtete Kleingedruckte aus der Lebensversicherungs-Police, verstoßen (absichtlich?) gegen diese Grundregel. Ein zu großer Zeilenabstand lässt das Textbild dagegen ausgemagert und dürftig erscheinen.

Obwohl Computer heute die altehrwürdigen mechanischen und auch die „elektrischen" Schreibmaschinen mit Typenrad oder Kugelkopf weitgehend ersetzt haben, kommen sie fallweise bei der Manuskripterstellung immer noch zum Einsatz. Ältere mechanische Schreibmaschinen sind durchweg mit der Maschinenschrift Pica (12 pt) ausgestattet, gelegentlich auch mit der etwas gefälligeren Elite (10 oder 12 pt). Elektrische Schreibmaschinen mit Kugelkopf oder Typenrad verwenden meist die Maschinenschrift Courier (10 pt). Bei allen diesen Schreibmaschinen ist der Zeilenabstand durch die Rastungen der Schreibwalze vordefiniert, über die der eingespannte Papierbogen läuft. Ein einfacher Zeilenabstand mit zwei Walzenrastungen bietet im Allgemeinen noch keine gute Augenführung. Deutlich besser wird das Zeilenbild der verfügbaren Schriftgrade erst bei 1,5fachem Zeilenabstand mit drei Walzenrastungen. Probleme gibt es auch dann jedoch mit den in naturwissenschaftlichen Texten häufigen und nur durch jeweils eine Walzenrastung einstellbaren Subskripten (= tief gestellte Zahlen bzw. Indices, zum Beispiel $CaCl_2$) und den damit in der Folgezeilen zusammentreffenden, ebenso erzeugten Superskripten (= hoch gestellte Zahlen, Exponenten, beispielsweise Ladungsangaben bei Ionen wie Ca^{2+}). Um diese extrem unschönen und den Lesefluss eventuell erheblich störenden Zeichenkollisionen zu vermeiden, empfiehlt sich bei der Verwendung konventioneller Schreibmaschinen ein doppelter Zeilenabstand mit vier Schreibwalzenrastungen.

Die von den mechanischen Schreibmaschinen in die entsprechenden Schreibprogramme übernommenen Standardeinstellungen (einfacher, 1,5zeiliger und 2zeiliger = doppelter Zeilenabstand) entsprechen bei einer 10 pt-Schrift 12, 18 bzw. 24 pt Abstand und folgen damit einer wichtigen typographischen Grundregel: Der Zeilenabstand beträgt jeweils das 1,2–1,4fache der verwendeten Schriftgröße. Der sogenannte Zeilendurchschuss (vgl. Abb. 9.3) entspricht dann dem durchschnittlichen Wortabstand, der mit der Leertaste (Spacer) voreingestellt ist. Professionelle Satzprogramme (InDesign, QuarkExpress u. a.)

9.6 Zeilenabstand

lassen hier erstaunliche Varianten zu. Weil die mit einem Computer erzeugten Sub- und Superskripte üblicherweise in einem anderen Schriftgrad (Schriftgröße) gesetzt werden, ist die Gefahr einer verwirrenden Zeichenverhakung schon bei 1,5fachem Zeilenabstand weitgehend gebannt. Für die im Studium erzeugten eigenen Druckschriften wählt man daher sicherheitshalber gewöhnlich einen 1,5zeiligen Abstand. Außerdem ist zu berücksichtigen, dass auch in einem elektronisch gesetzten Manuskript zwischen den Zeilen grundsätzlich Raum für redigierende oder korrigierende Angaben bleiben muss.

Beispiel 1: 10/12 pt Arial

Dieser Blindtext dient lediglich dazu, einige typographische Besonderheiten des Schriftbildes sichtbar zu machen. Der schriftgestalterische Umbau einer handschriftlichen Vorlage („Manu"skript) in ein satztechnisch ansprechendes und befriedigendes Druckwerk ist eine hohe Kunst, für die übliche Computer-Textverarbeitungsprogramme nur vereinfachte Lösungen anbieten. Die Probe aufs Exempel zeigt, ob eine Zeichenfolge mit Subskripten wie $A_1B_2C_3a_4b_5c_6$ mit etwaigen Superskripten in der folgenden Zeile wie $A^1B^2C^3a^4b^5c^6$ visuell kollidiert.

Beispiel 2: 10/15 pt Times New Roman

Dieser Blindtext dient lediglich dazu, einige typographische Besonderheiten des Schriftbildes sichtbar zu machen. Der schriftgestalterische Umbau einer handschriftlichen Vorlage („Manu"skript) in ein satztechnisch ansprechendes und befriedigendes Druckwerk ist eine hohe Kunst, für die übliche Computer-Textverarbeitungsprogramme nur vereinfachte Lösungen anbieten. Die Probe aufs Exempel zeigt, ob eine Zeichenfolge mit Subskripten wie $A_1B_2C_3a_4b_5c_6$ mit etwaigen Superskripten in der folgenden Zeile wie $A^1B^2C^3a^4b^5c^6$ visuell kollidiert.

Beispiel 3: 10/18 pt Arial

Dieser Blindtext dient lediglich dazu, einige typographische Besonderheiten des Schriftbildes sichtbar zu machen. Der schriftgestalterische Umbau einer handschriftlichen Vorlage („Manu"skript) in ein satztechnisch ansprechendes und befriedigendes Druckwerk ist eine hohe Kunst, für die übliche Computer-Textverarbeitungsprogramme nur vereinfachte Lösungen anbieten. Die Probe aufs Exempel zeigt, ob eine Zeichenfolge mit Subskripten wie $A_1B_2C_3a_4b_5c_6$ mit etwaigen Superskripten in der folgenden Zeile wie $A^1B^2C^3a^4b^5c^6$ visuell kollidiert.

Die gewählten Beispiele zeigen eindeutig, wo die Vor- und Nachteile der jeweils gewählten Schriftart und der Zeilenabstände liegen. Eine brauchbare Empfehlung für die Typographie des eigenen Schriftstückes gibt daher dieser PraxisTipp:

▸ **PraxisTipp Schriftwahl** Die Schrift der Wahl für die Lauftexte der meisten studienbedingten Textsorten ist die auf allen Computern vorhandene und bewährte 12 pt Times New Roman im Schriftschnitt „normal" bei 1,5zeiligem Abstand.

Im Unterschied zur klassischen Schreibmaschine mit ihren vordefinierten Walzenrastungen und zu den Standardeinstellungen auf den Symbolleisten (einfach, 1,5fach, doppelt) von PC und Macintosh lassen sich die Zeilenabstände (Durchschuss) in weiten Grenzen variieren. Die Menüoption Format/Absatz ermöglicht eine relativ freie Wahl. Gegebenenfalls stellt man den Abstand über die Abstands-Option „genau" in den benötigten typographischen Punkten exakt ein. Vergleichbare Optionen gibt es bei der Anlage von Grafiken, wenn der Abstand von Beschriftungselementen zu wählen ist. Schauen Sie sich dazu im Programm PowerPoint die Wahlmöglichkeiten unter Format/Zeichen/Zeilenabstand genauer an und erproben Sie sie an Textbeispielen aus Ihrer Arbeit.

10 Ansichtsachen: Layout und Seitengestaltung

Für eine bestimmte Schachtel Pralinen entscheidet man sich erfahrungsgemäß vor allem dann, wenn ihre äußere Aufmachung schlicht und ergreifend „anknipst" sowie mit verführerischem Motiv etwaige Gegenargumente (Zucker, Zähne, Zahnarzt ...) schon im Ansatz erstickt. Auch ein Schriftstück braucht sein spezifisches, durch eine gelungene Gestaltung getragenes Appeal und sollte also nicht aussehen wie ein Einkaufszettel oder eine in aller Eile zu Papier gebrachte Mitteilung an die Putzhilfe. Immerhin gilt auch hier die bewährte Regel, wonach die Form der Funktion zu folgen hat. Bei Printmedien – Zeitschriften ebenso wie Büchern – verwenden die Hersteller im Allgemeinen viel Sorgfalt auf die Kosmetik ihres Erzeugnisses, damit sich das Resultat gut präsentiert und gerne angesehen wird. Auch hier gilt, ähnlich wie bei der Typographie (vgl. Kap. 9), dass nichts so einfach ist, wie es letztlich im fertigen Ergebnis aussieht. Leser, die ein Druckwerk zur Hand nehmen und sich mit dessen Inhalt intensiv beschäftigen, sollten eigentlich auch einen einigermaßen trainierten Blick für das harmonische räumliche Mit- und Nebeneinander der bedruckten Flächen einer Doppelseite und ihrer Textelemente entwickeln. Die Erfahrung zeigt jedoch, dass ein erstaunlich hoher Anteil der Printmediennutzer die Qualitäten eines gelungenen Seitenlayouts allenfalls unterschwellig wahrnimmt und selbst grobe Gestaltungsfehler kaum registriert. Dieser eher ernüchternde Befund darf nun keinesfalls dazu verleiten, die Seitengestaltung einer wissenschaftlichen Arbeit unbedacht, nachlässig oder gänzlich regellos zu handhaben. Daher verdient auch eine wissenschaftliche Arbeit, die sich zugegebenermaßen nicht primär als Designleistung versteht, eine ansprechende und gefällige Formgebung – zumal sie das Ergebnis einer eventuell mit beträchtlichem Aufwand betriebenen Studie oder Untersuchung darstellt. Man wählt schließlich auch keine Verlobungsringe aus Kunststoff ...

Zum Seitenlayout gehören alle formalen Aspekte, die das Gesamterscheinungsbild jeder einzelnen Seite ausmachen – vom Papierformat über den Satzspiegel bis zum geschickten Platzieren von Abbildungen und Tabellen oder der durchaus nicht so banalen Frage, wo denn eigentlich die Seitenzahl zu stehen hat. Die folgenden Abschnitte geben Ihnen dazu die notwendigen handwerklichen Hinweise und Empfehlungen für die eigene Praxis.

10.1 Papierformat

Schauen Sie doch einmal in Ihr Bücherregal: Bei den Buchrückenhöhen gibt es so gut wie kein verbindliches Gardemaß (vgl. Abschn. 3.5) und oft nicht einmal Einheitlichkeit innerhalb titelreicher Verlagsprogramme. Anders ist es bei den „betrieblichen Papieren", die Sie während des Studiums produzieren oder als krönenden Abschluss des akademischen Lernens vorzulegen haben: Hier ist die Bogengröße DIN A4 schlicht überall Standard.

Ein DIN A4-Blatt misst genau 210 mm (Breite) × 297 mm (Höhe) und entspricht damit exakt auch der internationalen ISO-Norm für A-Papierformate, die auf die deutsche Industrienorm vom August 1922 zurückgehen. Die zunächst bemerkenswert „krumm" erscheinenden Seitenmaße leiten sich vom A0-Blatt ab, das 841 × 1189 mm groß ist und damit – bei tolerabler Abweichung um <0,5 % – angenähert 1 m^2 groß ist. Die Proportionen der schmalen zur längeren Seite verhalten sich bei den A-Formaten wie die Grundseite eines Quadrates zu seiner Diagonalen und damit 1 : 1,414 (= Quadratwurzel aus 2) (Abb. 10.1). Das nächst kleinere Format behält dieses Seitenverhältnis jeweils bei. Das DIN A1-Blatt ist nur halb so groß wie A0, ein A4-Bogen doppelt so groß wie ein A5-Schreibblock oder vierfach so groß wie eine A6-Post- bzw. Karteikarte. Die Diagonale beispielsweise des Seitenformats DIN A5 ist identisch mit den Abmessungen der Breite von DIN A4 (Abb. 10.1).

Die abweichenden amerikanischen bzw. britischen Papiergrößen im sogenannten Crown-Format weisen dagegen ein Seitenverhältnis von 2 : 3 auf, ergeben halbiert eine Seitenrelation von 3 : 4 und erneut halbiert wiederum 2 : 3.

▶ **PraxisTipp Formatvorgabe** Für alle studientypischen Manuskripte vom Exkursionsbericht bis zur Examensarbeit verwendet man die standardisierte Papiergröße DIN (ISO) A4.

10.2 Papierqualität

Im Wesentlichen bestehen auch die besonders hochwertigen Druckpapiere immer aus aufbereiteter pflanzlicher Biomasse. Vergleichsweise einfache analytische Mittel – die Kleinstprobe eines aufgeweichten Papierfetzchens im Mikroskop betrachtet – lassen Haare, Fasern, Parenchyme und andere Komponenten pflanzlicher Histologie erkennen (vgl. Ilvessalo-Pfäffli 1995). Die technisch ebenso vielseitige wie spannende naturstoffliche Thematik Papier ist für die vorliegende Übersicht allerdings weniger relevant.

Für Schreibmaschinen, Tintenstrahl- oder Laserdrucker ausgerüstete Schreibpapiere haben gewöhnlich eine leicht angeraute Oberfläche. Als Maß für die Papierstärke und damit für die Reißfestigkeit ebenso wie für die im Prinzip nicht wünschenswerte Transparenz verwendet man das Papiergewicht: Die Angabe „80 g" benennt jeweils das Gewicht eines A0-Bogens (1 m^2). Papiere dieser Gewichtsklasse genügen allen Anforderungen eines ansprechenden Manuskriptes. Weiße 80-g-Papiere gibt es unterdessen auch als Ressourcen

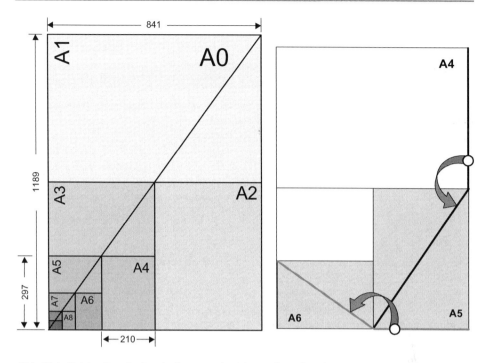

Abb. 10.1 Bei den Standardpapierformaten der DIN-Reihe stehen die Seiten zueinander in festgelegten Relationen: Die Proportionen der schmalen zur längeren Seite verhalten sich bei den A-Formaten wie die Grundseite eines Quadrates zu seiner Diagonalen (*rechts*)

schonendes Recyclingmaterial, das längst nicht mehr so aussehen muss, als sei schon einmal eine Tasse Tee darüber ausgekippt worden.

Im Übrigen ist ein durch Zuschlagstoffe (Blancophore) rein weißes Papier nicht unbedingt besonders augenfreundlich. Ein leicht gebrochenes Weiß mit geringer Tendenz zum Chamois ist bei heller Umgebungsbeleuchtung wesentlich angenehmer und beeinflusst auch keineswegs die Wiedergabequalität von Abbildungen.

▸ **PraxisTipp Papierwahl** Manuskripte schreibt man auf weißes 80 g-Papier, das für Schreibmaschinen, Tintenstrahl- oder Laserdrucker geeignet ist (Herstellerhinweis beachten).

10.3 Satzspiegel

Unter dem Satzspiegel versteht man die vom gewöhnlichen Text und (meist auch) von den Abbildungen bzw. Tabellen maximal eingenommene Fläche einer bedruckten Seite. Sonstige Angaben und Textzusätze wie etwa eine Kopf- oder Fußzeile und die Seitenzahlen

Abb. 10.2 Seitenaufbau und Satzspiegel einer Examensarbeit bei einseitiger Bedruckung (nur der rechten Seite)

(Pagina) gehören nicht zum Satzspiegel und laufen außerhalb dieses Raumes (vgl. Abschn. 3.5).

Abbildung 10.2 zeigt die Benennung und Verteilung der einzelnen Strukturelemente einer Seite in einer Bachelor- oder Masterarbeit. Der gewählte Satzspiegel bleibt innerhalb des Druckwerkes oder Dokumentes auf allen Seiten und bei allen Seitentypen unverändert. Lediglich das Feinlayout innerhalb der vom Satzspiegel definierten Fläche ist variabel, wie die nachfolgenden Gestaltungsbeispiele zeigen.

Bei dem für Examensarbeiten mit Prüfungs(komponenten)charakter üblichen bzw. sogar vorgeschriebenen Papierformat DIN A4 wählt man den linken Rand (Bundsteg) 4 cm breit, für den Kopfsteg 2 cm, den Fußsteg etwa 3 cm und den Seitenrand 2 cm. Bei dieser Zumessung beträgt der Satzspiegel etwa 149 × 246 mm. Er entspricht damit nicht ganz genau den Proportionen des Goldenen Schnitts bzw. des Villard'schen Teilungskanons (vgl. Abschn. 3.5), sieht aber dennoch gut aus. Das fertig gebundene Exemplar wird nach dem Bindevorgang meist an drei Seiten nochmals beschnitten. Somit gehen eventuell wenige Millimeterbeträge der Randgestaltung verloren.

Institutionsspezifische Vorgaben können von dieser Empfehlung eventuell abweichen, vor allem hinsichtlich des rechten Seitenrandes (Seitenstegs), der genügend Raum für Anmerkungen oder Korrekturen durch die Gutachter bieten muss. Die folgenden technischen Details der Satzspiegelgestaltung sind von Bedeutung und daher zu beachten:

- Die Seiten einer studentischen wissenschaftlichen Arbeit werden üblicherweise nur einseitig bedruckt. Ein gespiegeltes Layout für die jeweils linke und rechte Seite (wie in Abb. 3.3) entfällt daher.

- Die Seitenzahl (Pagina) erscheint am rechten oberen Rand außerhalb des Satzspiegels, einzurichten mit der Menüoption Ansicht/Kopfzeile. In dieser Positionierung erreicht das suchende Auge sie am ehesten.
- Titel- bzw. Deckblatt werden bei der Seitennummerierung nicht mitgezählt und folglich auch nicht paginiert.

Gestalterische Abwandlungen einer Seitenangabe sind die zentrierte Position im Kopfsteg zwischen Gedankenstrichen (z. B. – 35 –), sofern man dort keinen lebenden Kolumnentitel einrichtet, oder halbfett mit einem unterlegten Rasterfeld rechts oben (beispielsweise 35). Die exakte Positionierung der Seitenzahl erreicht man in den gängigen Textverarbeitungsprogrammen über die Menüoption Ansicht/Kopf- und Fußzeile. Die Seitenzahl mit anschließender automatischer Fortzählung fügt man über das Schaltfeld mit dem Symbol # ein. Die typographische Gestaltung der Seitenzahl nimmt man mit den üblichen Werkzeugen für Schriftzeichen vor. Bei zweiseitigem Druck finden sich die geraden Seitenzahlen immer auf der linken, die ungeraden auf der rechten.

▸ **PraxisTipp Randbegrenzung** Mindestmaße: Seitenränder links 4 cm, rechts 2 cm; oberer Rand (Kopfsteg) 2 cm, unterer Rand (Fußsteg) 3 cm.

10.4 Deck- oder Titelblatt

Ein britisches Sprichwort empfiehlt zwar „Don't judge a book from its cover", aber die für den Primärkontakt mit dem Adressaten gestaltete Titelseite eines Druckwerks muss in kürzester Zeit entscheidende Weichenstellungen vornehmen, darunter vor allem das Leserinteresse wecken und eine für die anschließende Lektüre günstige Ausgangslage schaffen. Die wissenschaftlichen Arbeiten oder Schriften, die man im Laufe des Studiums produziert, zirkulieren zwar nur in einem sehr überschaubaren und gegebenenfalls sogar höchst elitären Leserkreis, aber eine nette, schon auf den ersten Blick vereinnahmende Frontwirkung ist auch in diesem Fall vorteilhaft, ist sie doch so etwas wie das Aushängeschild des betreffenden Schriftstücks.

10.4.1 Schnellinformation über das Wesentliche

Auch wenig- bis mehrseitige schriftliche Arbeiten gewinnen an Gebrauchswert durch ein spezifisches Deckblatt, das wie bei Buch oder Broschüre die Funktion einer Titelseite übernimmt. Folglich enthält es alle notwendigen Angaben, die der Adressat Ihrer Arbeit (Bewerter, Gutachter, Prüfer) mit nur einem raschen Blick erfassen soll. Dazu gehört vor allem der Kontext des Dokumentes, das man ihm in die Hand gedrückt oder in die papierenen Wanderdünen auf den Schreibtisch gelegt hat.

Abb. 10.3 Basislayout für das Titelblatt einer Examensarbeit

Quetschen Sie diese wichtigen Basisinformationen also nicht als Ecksteher in irgendeinen Seitenwinkel, sondern verteilen Sie diese tragenden Angaben großzügig über die Titelseite. Bei den üblicherweise relativ umfangreichen und schon von daher vielseitigen Bachelor- und Masterarbeiten bis Dissertationen sehen die jeweiligen hochschulspezifischen Prüfungsordnungen eventuell eine besondere und somit verbindliche Form des Deck- oder Titelblattes vor. Informieren Sie sich darüber rechtzeitig, weil die Akzeptanz einer Arbeit bereits von solchem formalem Kleinkram abhängen kann. Anderenfalls können Sie die Eingangsseite Ihrer Arbeit mit den notwendigen Angaben nach dem folgenden verbreiteten Muster relativ frei gestalten (vgl. Abb. 10.3).

Notwendige Angaben auf dem Titelblatt sind

10.4 Deck- oder Titelblatt

Beispiel 1

Universität zu Köln
Mathematisch-Naturwissenschaftliche Fakultät
Institut für Biologie und ihre Didaktik

Schriftliche Hausarbeit für einen Leistungsnachweis
im Studiengang Biologie (HR) I/Modulelement C3

Beispiel 2

Universität zu Köln
Mathematisch-Naturwissenschaftliche Fakultät
Institut für Biologie und ihre Didaktik

Projektbericht
zur Biologisch-Ökologischen Exkursion
im Nationalpark Schleswig-Holsteinisches Wattenmeer
19.–24.08.2013

Beispiel 3

Abschlussarbeit
im Studiengang Bachelor of Science
der Mathematisch-Naturwissenschaftlichen Fakultät
der Universität zu Köln

Beispiel 4

Inaugural-Dissertation
zur
Erlangung des Doktorgrades
der Mathematisch-Naturwissenschaftlichen Fakultät
der Universität zu Köln

(1.) Thema der Arbeit (vollständiger, genauer, höchstens zweizeiliger Sachtitel, je nach Themennatur fallweise auch mit Untertitel)
(2.) Art der Arbeit (Referat, Haus- oder Seminararbeit, Laborbericht u. a.)
(3.) Verfasser(in), eventuell zusätzlich Matrikel-Nummer und Adresse
(4.) Institution (Hochschule sowie Institut, Seminar, Abteilung u. ä.)
(5.) Lehrveranstaltung, mit der die Arbeit in Zusammenhang steht (nur bei studienbegleitenden Arbeiten aus Exkursion, Praktikum, Seminar u. ä., nicht bei Abschluss- bzw. Examensarbeiten)
(6.) Dozent (Prüfer, Gutachter)
(7.) Jahr (Examensarbeiten) oder Abgabedatum (Berichte, Protokolle, Referate)

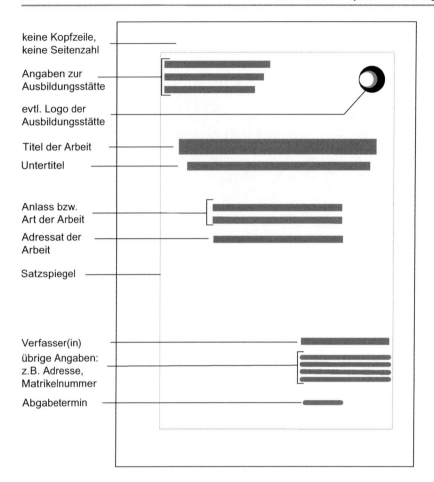

Abb. 10.4 Basislayout für das Titelblatt einer Semesterarbeit

Exkursions- und Laborberichte, Protokolle, Praktikumsausarbeitungen, Portfolios und vergleichbare Semesterarbeiten kleineren Umfangs erhalten ebenfalls ein Deckblatt mit den benannten technischen Angaben. Das Titellayout kann sich im Wesentlichen an die oben gezeigte Deckblattgestaltung einer Examensarbeit anschließen. Eine mögliche gestalterische Lösung zeigt Abb. 10.4.

10.4.2 Schriftgestaltung der Titelseite

Die Schriftsetzer beispielsweise der berühmten frühneuzeitlichen Kräuterbücher von Hieronymus Bock (1498–1554), Leonhart Fuchs (1501–1566) oder Adam Lonitzer [Lonicerus] (1528–1586) haben sich speziell auf der Titelseite typographisch geradezu ausgetobt: Für deren aus heutiger Sicht ohnehin stark überladenen Titelformulierungen, die fast schon Inhaltsangaben darstellten, nahmen sie jeweils zeilenweise andere Schriftarten und Schriftgrößen. Ein solcher Wirrwarr an Schriftgestaltung war bei Konzert- und Theaterprogrammen noch bis ins 19. Jahrhundert üblich und findet sich bei Werbeanzeigen in der Tagespresse immer noch. Heute legt man dagegen mehr Wert auf eine transparente Botschaft und eine klare gestalterische Linie als auf eine typographische Musterkollektion.

Verwenden Sie auf dem Deck- oder Titelblatt daher möglichst nur ein oder zwei Schriftarten. Das Thema der Arbeit kann man in einer von der Grundschrift (Brot- bzw. Werkschrift) abweichenden Schriftart setzen, beispielsweise in einer serifenlosen Linearschrift, sofern die übrigen Werkteile in einer Serifenantiqua gestaltet sind (vgl. Kap. 9). Auch die umgekehrte Lösung ist denkbar, wobei die gewählten Schriftarten allerdings in ihrem Grundcharakter zueinander passen müssen. Ein gut harmonierendes und in fast allen Textverarbeitungsprogrammen vorhandenes Fontpaar bilden beispielsweise die Schriftarten Times New Roman und Helvetica. Für die Haupttitelzeile des Deckblatts generell empfohlen ist der Schriftgrad 16 bis 18 pt im Schriftschnitt halbfett. Für den Untertitel wählt man vorteilhaft den Schriftgrad 14 pt (vgl. Tabelle 10.2).

Bei der Schriftgestaltung drohen allerdings mancherlei Klippen. Selbst wenn man zur Titelseitengestaltung vorteilhaft zwei miteinander harmonierende Schriftarten einsetzen darf, müssen sonstige Spielereien mit Schriftauszeichnungen klar unterbleiben. Unter keinen Umständen sollten Sie die Titelzeile(n)

- nur in GROSSBUCHSTABEN (VERSALIEN) oder in KAPITÄLCHEN setzen
- oder zusätzlich G E S P E R R T auszeichnen
- und überflüssigerweise auch noch bei G E S P E R R T E M Versaliensatz unterstreichen.

Ergebnis und Wirkung wären in jedem Fall einfach nur katastrophal. Versalien, Sperrungen, Unterstreichungen und andere gelegentlich empfohlene Gestaltungsmittel sind eindeutige Relikte aus der Zeit der schaurig klappernden Reiseschreibmaschine, die keine andere Auszeichnung zuließ, und gehören somit der typographischen Vergangenheit an.

Alle übrigen Angaben auf dem Deck- oder Titelblatt (vgl. Positionen 2–7 in Abb. 10.3) werden in Schriftgrad 12 bis 14 und eventuell zusätzlich halbfett gesetzt. Die Verteilung der Zeilen und deren Abstände untereinander benennt Ihnen Tabelle 10.1.

▸ **PraxisTipp Gestaltung der Titelzeile** Unbedingt empfehlenswert ist eine schnörkellose Ansage in klarer Typographie und ohne Worttrennungen.

10.4.3 Zeilenanordnung

Für die Anordnung der abgesetzten Zeilen auf Deck- bzw. Titelblatt bieten sich zwei Alternativen an:

Tabelle 10.1 Details der Zeilenbelegung auf Deck- oder Titelblättern

Angabe	Zeile im Satzspiegel	mm vom oberen Rand
Titel/Untertitel der Arbeit (1)	15	ca. 60
Typ der Arbeit (2)	25	ca. 120
Verfasser(in) (3)	30	ca. 145
übrige Angaben (4–7)	ab 45	ca. 210

- Bei Examensarbeiten wählt man meist die sogenannte Mittelachsentypographie, bei der die Textzeilen zentriert ausgerichtet sind. Etwaige verbindliche Vorgaben hochschulspezifischer Prüfungsordnungen oder nach Corporate Design-Gesichtspunkten entwickelte Gestaltungsvorschläge sind zu beachten.
- Für sonstige studentische Arbeiten aus dem laufenden Studienbetrieb (Exkursionsberichte, Referate, Versuchsprotokolle u. a. (vgl. Kap. 4), bietet sich eher die anaxiale Typographie an: Man setzt die entsprechenden Zeilen wie im gewöhnlichen Lauftext einheitlich linksbündig.

Der zusätzliche Einbau von Schmuckelementen, beispielsweise kleinformatige Fotos oder Grafiken, ist denkbar. Behörden und andere Institutionen zieren die Titelblätter ihrer Hausmitteilungen, Presseberichte oder sonstiger Schriften aus Gründen des *Corporate Designs* routinemäßig mit ihrem spezifischen Logo.

Für die gefällige Platzierung der einzelnen Angaben auf dem Deckblatt haben sich die in Tabelle 10.1 zusammengestellten Zeilenpositionierungen bewährt:

10.5 Inhaltsverzeichnis

Als selbstverständliche Serviceleistung für den Adressaten gehört zu jeder Arbeit ein Inhaltsverzeichnis, auch wenn sie als Referat oder Bericht vielleicht nur 10 bis 15 Druckseiten umfassen sollte. Eine Inhaltsübersicht bietet auf den ersten Blick eine Information über den Aufbau und die inhaltlich-formale Strukturierung einer Darstellung. Mit den konkreten Seitenangaben sind für den Leser alle wesentlichen Informationspakete nachvollziehbar und rasch aufzufinden, wie sie der Hauptteil im Detail ausbreitet.

- Alle Angaben im Inhaltsverzeichnis müssen mit den einzelnen Teilen des Lauftextes wörtlich und in der Positionierung exakt übereinstimmen.
- Das Inhaltsverzeichnis folgt unmittelbar auf das Titel- oder Deckblatt. In älteren Büchern findet man vor dem Inhaltsverzeichnis gelegentlich noch ein Vor- oder Geleitwort, doch gehört dieses – wenn es denn überhaupt vorzusehen ist – seinem Anspruch nach zum Inhalt.
- Hinter den einzelnen Kapitel- oder Abschnittüberschriften stehen keine Satzzeichen.

10.5 Inhaltsverzeichnis

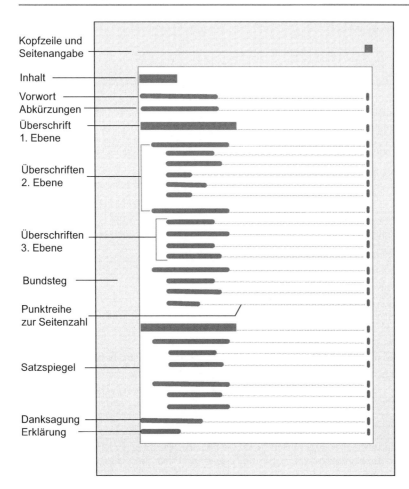

Abb. 10.5 Basislayout eines Inhaltsverzeichnisses

- Alle Kapitel- oder Abschnittüberschriften erhalten zur nachvollziehbaren Verortung genaue Seitenangaben, auch wenn im Hauptteil der Arbeit mehrere kleinere Unterpunkte auf einer Textseite abgehandelt werden.
- Die Seitenangaben setzt man im Inhaltsverzeichnis an den rechten Rand des Satzspiegels, nicht flatternd an die jeweiligen Zeilenenden der Überschriften (vgl. Abb. 10.5). Diese Gestaltung erreicht man beispielsweise dadurch, dass man das Inhaltsverzeichnis als zweispaltige Tabelle anlegt und deren rechte Spalte für die Seitenzahlen vorlegt. Die Tabellenlinien werden mit dem Zeichenwerkzeug für weiße Striche einfach visuell gelöscht, sodass sie im Druckbild nicht mehr erscheinen.
- Die Zeilenenden des Inhaltsverzeichnisses und die Seitenangaben füllt man mit Punktreihen, um die Zeilentreue beim Aufsuchen der jeweiligen Seite zu erleichtern.

10.5.1 Gliederungstechnik

Als Hilfe zur raschen Orientierung muss ein Inhaltsverzeichnis übersichtlich und logisch gegliedert sein und gleichsam die Taxonomie der zu erwartenden Mitteilungen abbilden. Bei Abhandlungen aus dem sogenannten geisteswissenschaftlichen Bereich findet man gewöhnlich eine Gliederungstechnik nach dem gemischten System, bei dem für die verschiedenen Überschriftenkategorien bzw. Gliederungsebenen jeweils Großbuchstaben, römische Zahlen und Kleinbuchstaben verwendet werden. Ein solches Gliederungsbeispiel könnte sich etwa folgendermaßen darstellen:

A   Einleitung
B   **Kapitelüberschrift 1. Ebene**
    I Abschnittüberschrift 2. Ebene
        a) Unterabschnittüberschrift 3. Ebene
        b) Unterabschnittüberschrift 3. Ebene
    II Abschnittüberschrift 2. Ebene
        a) Unterabschnittüberschrift 3. Ebene
        b) Unterabschnittüberschrift 3. Ebene

Dieses heute etwas antiquiert erscheinende Verfahren ist in technisch-naturwissenschaftlichen Texten nur selten zu finden. Formal ungleich befriedigender ist die unterdessen weit verbreitete klassifizierende Gliederung nach dem dezimalen bzw. dekadischen System, wie es das folgende Beispiel zeigt:

- Die Gliederung beginnt immer mit der Ziffer 1 und nicht mit 0.
- Dabei erhalten die Endziffern der Klassifikation keine Punkte (also keinesfalls 1.; 2.1.; 3.3.2., sondern jeweils 1; 2.1; 3.3.2).
- Wer A (oder 1.1) sagt, muss auch B (und damit 1.2) sagen: Wenn ein Binnenabschnitt auf der zweiten oder dritten Ebene gegliedert ist, muss in diesem Textbereich mindestens ein weiterer Gliederungspunkt des gleichen hierarchischen Ranges folgen.

Im folgenden Beispiel darf der Gliederungspunkt 3.1 also auf keinen Fall allein stehen:

3   Energiespeicher
3.1 Fette
4   Biochemische Energieumwandlung

Dieses Beispiel müsste sich daher mindestens so darstellen:

3   Energiespeicher
3.1 Fette
3.2 Kohlenhydrate

4   Biochemische Energieumwandlung
4.1 …
4.2 …
4.3 …

Die Überschriften der tieferen Gliederungsschritte sollten keine unveränderten Wiederholungen von Ankündigungen der nächst höheren Ebene sein. Statt

2.3   Oxidation von Fettsäuren
2.3.1 Oxidation
2.3.2 Fettsäuren

formuliert man die Überschriften passend und angemessen um:

2.3   Biologische Energiegewinnung
2.3.1 Oxidativer Komplettabbau
2.3.2 Substratbeispiel Fettsäuren

Ein nach diesen Aspekten angelegtes Inhaltsverzeichnis könnte dann folgendermaßen aussehen:

1   **Einleitung**
2   **Kapitelüberschrift 1. Ebene**
2.1   Abschnittüberschrift 2. Ebene
2.1.1 Unterabschnittüberschrift 3. Ebene
2.1.2 Unterabschnittüberschrift 3. Ebene
2.1.3 Unterabschnittüberschrift 3. Ebene
2.2   Abschnittüberschrift 2. Ebene
2.2.1 Unterabschnittüberschrift 3. Ebene
2.2.2 Unterabschnittüberschrift 3. Ebene
3   **Kapitelüberschrift 1. Ebene**
3.1   Abschnittüberschrift 2. Ebene
3.2   Abschnittüberschrift 2. Ebene
3.3   Abschnittüberschrift 2. Ebene
3.3.1 Unterabschnittüberschrift 3. Ebene
3.3.2 Unterabschnittüberschrift 3. Ebene

Sofern die Textteile der ersten Gliederungsebene (Kapitel) nicht allzu detailliert untergliedert sind und vielleicht nur 5 bis 7 Positionen umfassen, setzt man die Einzelüberschriften wie im obigen Beispiel alle mit dem gleichen Einzug (= Abstand vom linken Zeilenbeginn). Die textliche und inhaltliche Hierarchie mit ihren Über-, Gleich- und Unterordnungen ist allerdings eine wichtige Vorinformation und wird wesentlich besser erkennbar, wenn man für die Gliederungsebenen jeweils verschiedene Einzüge wählt und sie entsprechend ihrer dekadischen Numerik an vertikalen Fluchtlinien anordnet. Das obige Beispiel, nach dieser Vorgabe umgeformt, zeigt den Unterschied (vgl. auch die typographische Gestaltung des Inhaltsverzeichnisses in diesem Buch):

1 **Einleitung**
2 **Kapitelüberschrift 1. Ebene**
    2.1   Abschnittüberschrift 2. Ebene
           2.1.1   Unterabschnittüberschrift 3. Ebene
           2.1.2   Unterabschnittüberschrift 3. Ebene
    2.2   Abschnittüberschrift 2. Ebene
           2.2.1   Unterabschnittüberschrift 3. Ebene
           2.2.2   Unterabschnittüberschrift 3. Ebene
3 **Kapitelüberschrift 1. Ebene**
    3.1   Abschnittüberschrift 2. Ebene
    3.2   Abschnittüberschrift 2. Ebene
    3.3   Abschnittüberschrift 2. Ebene
           3.3.1   Unterabschnittüberschrift 3. Ebene
           3.3.2   Unterabschnittüberschrift 3. Ebene

Je Gliederungspunkt schreibt man mindestens eine halbe, besser eine ganze Textseite. Nicht zu empfehlen ist, nach der Kapitelüberschrift (1. Ebene) sofort die nächste Abschnittüberschrift (2. Ebene) folgen zu lassen und erst dazu einen Text anzubieten (vgl. Abb. 10.5).

10.5.2 Schriftgestaltung im Inhaltsverzeichnis

Die Typographie des Inhaltsverzeichnisses soll und muss sogar die im Gliederungssystem abgebildete Hierarchie visuell unterstützen. Für Überschriften der ersten Ebene wählt man daher wie im hier gezeigten Beispiel den Schriftschnitt halbfett – eventuell aus einer serifenlosen Linearschrift (z. B. Helvetica), wenn der Grundtext in einer Serifenschrift (z. B. aus der Times-Familie) gesetzt wurde. Die Überschriften gleichrangiger Gliederungsebenen hebt man voneinander durch einen größeren Zeilenabstand ab: Vor einer Kapitelüberschrift schaltet man eine Leerzeile ein. Vor einer Überschrift der zweiten Ebene vergrößert man wie im oben gezeigten Beispiel den Zeilenabstand gegenüber dem normalen Lauftext um 2 bis 3 pt. Die gleichen Zeilenabstände wählt man auch für die Überschriften- und die Lauftextfolge im Hauptteil der Arbeit.

In naturwissenschaftlichen Texten ist es eher unüblich, einzelne Kapitel- oder Abschnittsüberschriften als Frage zu formulieren. Unbedingt wünschenswert sind dagegen klare, knappe, eindeutige und treffsichere Ansagen vom folgenden Typ:

3.3   Wichtige Parameter zur Bestimmung der Gewässergüte
    3.3.1 Sauerstoffgehalt des Wassers
    3.3.2 pH-Wert
    3.3.3 [Gesamt-]Härte
    3.3.4 Kalkgehalt und Säurebindungsvermögen (SBV)

In der neueren Lehrbuchliteratur finden sich allerdings zunehmend Beispiele für Kapitelüberschriften in Form kompletter Sätze oder markanter Aussagen nach folgendem Beispiel:

10.2.4   Die DNA kann unterschiedliche dreidimensionale Formen annehmen (vgl. Nelson D, Cox M, (2001) Lehninger Biochemie. 3. Aufl. Springer, Heidelberg)
oder
6.5.14   Die meisten Viren sind wahrscheinlich aus Plasmiden entstanden (Alberts B. et al. (1995) Molekularbiologie der Zelle, 3. Aufl. VCH, Weinheim).

Eine feststellende Aussage wie „Die antarktische Eisdiatomee *Langnesia frigida* Kirst vermehrt sich lebhaft auch unterhalb des Gefrierpunktes" macht deutlich neugieriger als die vielleicht etwas schnarchige Ankündigung „Temperaturabhängiges Wachstum von *Langnesia frigida* Kirst". Auch in solchen Fällen, die durchaus ihren spezifischen Charme aufweisen können, erhält die Kapitel- oder Abschnittüberschrift jeweils keinen Punkt.

Für die Gliederungstiefe gilt folgende Empfehlung: Mehr als drei oder höchstens vier textliche Gliederungsebenen sollten Sie nach Möglichkeit vermeiden, weil sie in der Handhabung und Lesbarkeit schwerfällig wirken, vor allem bei Querverweisen innerhalb des Textes (abschreckendes Beispiel: Vergleiche die Darstellung unter 4.1.2.7.3 mit den Aussagen in 5.4.3.8.3). Mehr als drei Ebenen verwischen zudem die begrifflichen oder inhaltlichen Hierarchien, wie der folgende Ausschnitt aus einem Inhaltsverzeichnis zeigt:

5   Die Lebensansprüche der Pilze
5.1   Die Ernährung
5.1.1   Der Aufschluß der Nährstoffe
5.1.2   Ernährungsphysiologische Wechselbeziehungen
5.1.2.1   Saprobiosen
5.1.2.2   Parasiten
5.1.2.3   Symbiosen zwischen Pilzen und anderen Organismen
5.1.2.3.1   Mykorrhiza
5.1.2.3.2   Symbiosen zwischen Pilzen und Thallophyten
5.1.2.3.3   Pilzsymbiosen mit tierischen Organismen
5.1.2.3.4   Flechten
5.2   Einfluß der Umwelt auf Wachstum und Entwicklung
5.2.1   Temperatur
5.2.2   Wassergehalt des Substrates
...

5.4   Pilzanbau
5.4.1   Saprotrophenkultur
5.4.1.1 Der Anbau des Champignons und anderer saprotropher Pilze
5.4.1.2 Der Anbau des Austernpilzes und anderer lignicoler Pilze
5.4.1.3 Die Kultur der Braunkappe und anderer auf Stroh wachsender Pilze
5.4.2   Recycling der verbrauchten Pilzsubstrate und Pilzabfälle
…

(aus Schwantes HO (1996) Biologie der Pilze. UTB 1871, Stuttgart)

Reicht eine dreistufige dekadische Gliederung beim besten Willen nicht aus, markiert man noch tiefere Gliederungsränge innerhalb eines Unterkapitels der dritten Ebene vorteilhaft mit arabischen Zahlen in runden Klammern oder mit sogenannten Spitzmarken (vgl. Abschn. 10.6.3). Nach letzterem Verfahren geht fallweise auch das vorliegende Buch vor.

▶   **PraxisTipp Inhaltsverzeichnis** Kapitelüberschriften halbfett setzen und Gliederungsränge möglichst nur bis zur 3. Ebene

10.6   Seitenlayout im Innenteil

Für alle Standardseiten im Innenteil einer Arbeit mit dem fortlaufenden Text der eigentlichen Abhandlung (daher auch Lauftext genannt) bieten sich ebenfalls einige gestalterische und konsistent einzuhaltende Grundregeln an, damit das Seitenbild nicht zur Buchstabenwüste degeneriert.

10.6.1   Zeilenlänge

Bei der oben empfohlenen Typographie für den Grundtext (12 pt Serifenantiqua bei 15 pt Zeilenabstand = 1,5zeiliger Abstand) kann das Auge angenehm an der Unterkante der Zeilen entlanggleiten. Beim flüssigen Lesen nimmt es jedoch keine Einzelbuchstaben oder einzelne Wörter wahr, sondern erfasst – übrigens immer ruckartig – an sich nur Wortgruppen. Für die ermüdungsfreie Lektüre haben sich maximal etwa 65 Zeichen je Zeile als besonders vorteilhaft erwiesen. Für einen maschinengeschriebenen Text nach DIN empfahl man früher ca. 60 Zeichen je Zeile und 30 Zeilen je Seite; mithin umfasste die Standardmaschinenseite rund 1800 Anschläge einschließlich der Leerzeichen, eine auch für die Umfangsberechnung eines Textdokuments wichtige Größe. Als günstiges Zeilenmaß gilt heute eine Gesamtlänge von 45 bis 75 Buchstaben in einer Zeile. Der Lauftext in diesem Buch weist durchschnittlich 70 Zeichen je Zeile (einschließlich Leerzeichen) auf.

Über die Zeilenlänge und den vorgesehenen Satzspiegel definiert sich die Anzahl der Textspalten. Für studentische wissenschaftliche Arbeiten, die nicht (unmittelbar) in

10.6 Seitenlayout im Innenteil

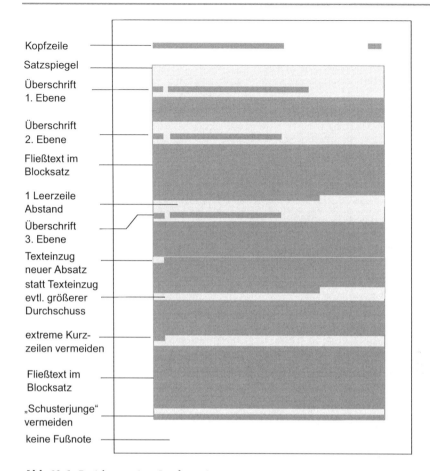

Abb. 10.6 Basislayout einer Lauftextseite

Buchform verlegt werden, wählt man generell den einspaltigen Satz wie im Beispiel der Abb. 10.6.

10.6.2 Zeilenausrichtung

Grundsätzlich bestehen vier Möglichkeiten, wie man in einem Textblock die einzelnen Zeilen zueinander ausrichtet: Sie stehen linksbündig, rechtsbündig, zentriert oder im Blocksatz. Der linksbündige Satz entspricht unserem normalen Schreibverhalten. Dennoch setzte man ihn bis weit in das 20. Jahrhundert für die Textgestaltung in Druckerzeugnissen kaum ein, weil man die unterschiedlichen Zeilenlängen selbst bei ausgleichender Silbentrennung als unschön empfand. Heute ist der linksbündige Satz mit rechts „flatterndem" Rand (daher Flattersatz oder bei sehr ungleicher Zeilenlänge auch Rausatz genannt) längst

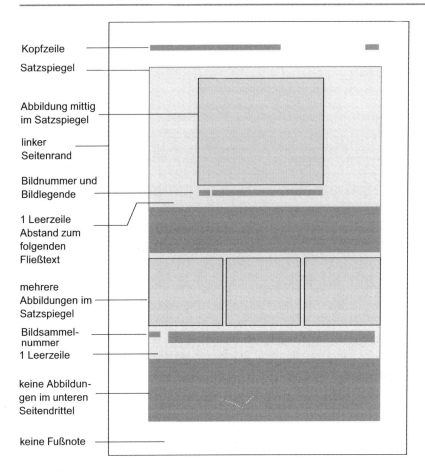

Abb. 10.7 Basislayout einer Lauftextseite mit Bildelementen

im Buchdruck eingeführt (vgl. beispielsweise Kremer 2010) und sicherlich kein Affront der Formalästhetik mehr.

Bei rechtsbündigem Satz liegt der Zeilenanfang bei jeder Zeile anders, ist daher für das Auge nur mühsam zu orten und behindert somit den Lesevorgang. Für den üblichen Lauftext verwendet man diese Zeilenausrichtung daher überhaupt nicht – er eignet sich allenfalls für besonders ausgefallene Designerlösungen kleinerer Textelemente oder für links neben einer Abbildung positionierte Bildlegenden. Der zentrierte Satz (Mittelachsentypographie) bleibt in wissenschaftlichen Texten nur den Titelseiten vorbehalten. Nur Formeln oder Reaktionsgleichungen setzt man aus Gründen der visuellen Hervorhebung zentriert (vgl. auch Abschn. 7.5.4).

Seit Gutenbergs Bibeldruck (um 1450), der gleichsam das typographische Zeitalter eröffnete, ist der Blocksatz die übliche und zweifellos auch besonders ausgewogen erscheinende Zeilenausrichtung. Moderne Textverarbeitungsprogramme ermöglichen das automatische Ausschließen, die ausgleichende Änderung von Wort- und oft auch von Buchstabenabständen. Dabei passiert es aber immer wieder, dass einzelne Zeilen oder Zeilenteile unnatürlich gedehnt werden oder sogar wie gesperrt erscheinen. Dadurch entstehen im Textblock innerhalb der Zeilen und dazwischen fallweise größere Leerräume, die den abgesetzten Text löchrig wie einen Schweizer Käse erscheinen lassen („Emmentaler-Satz"). Ansatzweise zu beheben ist dieses Problem durch Füllwörter oder Wortumstellungen innerhalb der am ärgsten betroffenen Sätze. Professionelle Satzprogramme sehen für das Ausschließen besondere Möglichkeiten der Abstandsdefinition vor. Solche Feinabstimmungen sind für die Belange einer studentischen Arbeit allerdings weitgehend entbehrlich.

▸ **PraxisTipp Zeilenausrichtung** Texte im einspaltigen Blocksatz, ggf. auch linksbündigen Satz und immer mit Silbentrennung gestalten. Mathematische Formeln und Reaktionsgleichungen zentriert setzen.

10.6.3 Absatzgestaltung

Im Hauptteil einer wissenschaftlichen Arbeit beginnt man mit den Kapiteln der ersten Gliederungsebene jeweils auf einer neuen Seite. Beim Seitenumbruch können sich auf der vorangehenden Seite minimale Zeilenüberhänge beispielsweise in Viertel- oder Halbzeilen ergeben – im Insiderjargon der Satztechniker Hurenkinder oder Schusterjungen genannt. Schusterjunge nennt man die vereinsamte erste Zeile eines neuen Absatzes am unteren Ende einer Seite; ein Hurenkind ist die letzte Zeile/Halbzeile eines Absatzes einsam und allein am Beginn einer neuen Seite. Solche Probleme sind zu beheben, indem man die betreffenden Textteile bis zur Passung entsprechend umformuliert.

Textabsätze repräsentieren gedankliche Einheiten und sollten daher von Folgeabsätzen deutlich getrennt sein. Das einfachste Mittel ist eine Leerzeile zwischen zwei Absätzen. Sie zerlegt einen größeren Textblock jedoch in viele Fragmente, die ihn eventuell wie eine beliebige Zettelsammlung aussehen lassen.

Der *Hard Return* am Zeilenende (an der Schreibmaschine früher ausgeführt per Zeilenschalthebel nach dezenter Aufforderung durch ein Klingelzeichen) ist ein besseres Mittel, hat allerdings den Nachteil, mit dem stumpfen Beginn der nachfolgenden Zeile die Absatzgrenzen nicht deutlich genug hervortreten zu lassen, wenn der Absatz mit einer (fast) vollen Zeile endet.

Die am wenigsten problematische Methode, den Beginn eines neuen Textabsatzes zu markieren, ist der Einzug, der auch in diesem Buch praktiziert wird: Man rückt die erste Zeile des neuen Absatzes um den Betrag des Zeilenabstandes ein – an Schreibmaschine oder Computer möglichst nicht durch eine entsprechende Anzahl von Leerzeichen, sondern einheitlich über eine vorgewählte Tabulatorfunktion (Tabstop) bzw. über die Linealfunktion. Aus gestalterischen Gründen unterbleibt der Zeileneinzug immer am Beginn eines Kapitels nach einer Hauptüberschrift.

Natürlich besteht auch (wie bei diesem Kurzabschnitt praktiziert) die Möglichkeit, die Binnenkapitel jeweils durch einen etwas größeren Durchschuss (keine komplette Leerzeile!) voneinander abzusetzen. Die Veränderung des Durchschusses der Abschlusszeile eines Binnenabschnitts nimmt man über die Menüoption Format/Absatz/Abstand vor.

Spitzmarken sind in den laufenden Text eingebaute Worthervorhebungen, fallweise auch in einer eigenen Zeile, die ebenfalls der Absatzbildung und damit der visuellen Textgliederung dienen.

Einen negativen oder hängenden Einzug kann man für durchnummerierte Textabschnitte wählen, die aufzählenden Charakter haben:

Beispiel 1
Die wesentlichen Bauteile eines Lichtmikroskops sind

1. die Bild gebenden Linsensysteme am oberen und unteren Tubusende, wobei man die dem Auge zugewandte Linsengruppe Okular, die dem Objekt zugewandte Objektiv nennt;
2. der Kondensor unter dem Objekttisch, der mit seiner variablen Aperturblende die Lichtführung auf das Objekt reguliert und damit die Bildqualität bestimmt;
3. das Stativ mit der üblicherweise in den Stativfuß integrierten Beleuchtungsvorrichtung.

Sofern eine solche Aufzählung keine besondere Rangfolge aufweist, setzt man an Stelle der laufenden Nummerierung einen so genannten Spiegelstrich (–), der typographisch immer der Länge eines Gedankenstrichs und nicht des Trennstrichs (-) entspricht, oder andere klare Markierungen wie ○, ■, □ bzw. ▸ aus dem Zeichenvorrat für Sonderzeichen (Menüoption Einfügen). Die Art der verwendeten Zeichen muss innerhalb des gleichen Textdokuments einheitlich sein. Eine nicht konsistente, buntscheckige Gestaltung mit abweichenden typographischen Lösungen in verschiedenen Kapiteln eines Textes wirkt unprofessionell, hilflos oder nachlässig. Einsatz und gestalterische Wirkung solcher Zeichen zeigt das bereits oben verwendete Textbeispiel:

Beispiel 2
Die wesentlichen Bauteile eines Lichtmikroskops sind

- die Bild gebenden Linsensysteme am oberen und unteren Tubusende, wobei man die dem Auge zugewandte Linsengruppe Okular, die dem Objekt zugewandte Objektiv nennt,
- der Kondensor unter dem Objekttisch, der mit seiner variablen Aperturblende die Lichtführung auf das Objekt reguliert und damit die Bildqualität bestimmt,
- das Stativ mit der üblicherweise in den Stativfuß integrierten Beleuchtungsvorrichtung.

▸ **PraxisTipp Textabsätze** Absätze im Lauftext ohne Leerzeile, aber durch Einzug entsprechend dem Zeilenabstand markieren

10.6.4 Bildmaterial

Alle Textelemente, die einen gegebenenfalls längeren Textblock gliedern und damit die horizontweite Buchstabenwüste optisch aufhellen, haben neben ihrer informierenden auch eine gestalterische Funktion. Abbildungen, die entweder Fotos oder Grafiken in Schwarzweiß, Halbtönen oder Farbe sind (vgl. Kap. 6), dienen zwar primär der Dokumentation einer Textaussage und sind fast immer ein Informationsmittel, aber sie beleben das Seitenbild ungemein. Abbildungen haben gegenüber der verbal-textlichen Darstellung den unglaublichen Vorteil, dass man sie besser erfassen kann, obwohl sie von Natur aus wesentlich informationsdichter sind als ein Text („Ein Bild sagt mehr als tausend Worte").

Das Layout der meisten verlagsseitig bzw. professionell gestalteten Druckwerke arbeitet mit erstaunlich wenigen vordefinierten Bildformaten. Die Bildbreite entspricht beim zweispaltigen Satz üblicherweise der Spaltenbreite und soll beim einspaltigen Satz, wie er in wissenschaftlichen Arbeiten üblich ist, den Satzspiegel nicht überschreiten – auch dann nicht, wenn etwa Kartenausschnitte oder Konstruktionsdetails verwendeter Apparaturen dargestellt werden. Die Bildhöhe ist motivabhängig in größeren Grenzen variabel.

Ein spielerischer Umgang mit Bildformaten und Bildanordnungen wie beispielsweise in Kunst- oder Fotomagazinen ist für eine wissenschaftliche Dokumentation nicht angeraten. Auch freigestellte Bilder ohne Hintergrund und von Kontursatz umflossen, haben in einer wissenschaftlichen Arbeit keinen Platz. Dennoch ist auch mit festen Bildgrößen und wiederkehrenden Bildplatzierungen ein lockeres, lesefreundliches und ansprechendes Layout zu erreichen.

Für die übliche DIN A4-Seite einer Examensarbeit oder die vergleichbare Dokumentation ist das fotografische Normalformat (10 × 15 cm) oder das Idealformat (11 × 17 cm) in den meisten Fällen schlichtweg ein Optimum. Querformatige Fotos montiert man auf der Textseite in den Fließtext und dabei zentriert (mittig) in den Satzspiegel. Bei Hochformaten wählt man die Bildbreite möglichst so, dass zwei Bilder mit geringem Abstand – die trennende, sogenannte Lichtlinie beträgt dann einheitlich etwa 1–2 mm – innerhalb des Satzspiegels nebeneinander stehen können.

Bei Themen, die üblicherweise eine ausführlichere bildliche Dokumentation erfordern wie Feinstrukturuntersuchungen, stellt man je vier oder sechs Einzelfotos innerhalb des Satzspiegels zu einer eventuell ganzseitigen Bildtafel zusammen. Auch hierbei sind feine Lichtlinien zwischen den Bildern als visuelle Trennhilfe unbedingt empfehlenswert, vor allem dann, wenn die verwendeten Motive einen vergleichbaren Kontrastumfang aufweisen. Ohne Lichtlinie wären dann die Bildgrenzen nicht deutlich genug erkennbar.

10.6.5 Bildnummern

Bildmaterial und Bildbenennung bilden eine untrennbare Informationseinheit. Die erläuternde Anmoderation einer Abbildung steht deswegen unmittelbar darunter – und heißt deswegen auch Bildunterschrift (im Insiderjargon häufig als BU zitiert oder auch BZ = Bildzeile genannt). Die Bildunterschrift beginnt jeweils mit einer Bildnummer. Vorteilhaft ist eine zweiteilige Nummerierung, die auch den Bildstand in einem bestimmten Kapitel erkennen lässt, also in der Form Abbildung 3.8 (= Bild Nr. 8 im Kapitel 3) oder, weniger empfehlenswert, in der Kurzform Abb. 3.8.

Das vorliegende Buch folgt bei den Abbildungen abweichend von den obigen Empfehlungen den Buchgestaltungsvorgaben des Verlages mit abgekürzten Hinweisen. Diese Art der kapitelweise vorgenommenen Nummerierung hat gegenüber der fortlaufenden von 1 bis n den entscheidenden Vorteil, dass man erforderliche Änderungen, Umstellungen oder Ergänzungen praktisch bis zur letzten Minute vor dem Druck vornehmen kann, ohne dass das Zahlenwerk des gesamten Textes nachzuredigieren ist.

Steht bei der Platzierung einer Abbildung (oder Tabelle, vgl. Abschn. 10.6.7) in einem Manuskriptteil deren individuelle Nummer noch nicht fest, markiert man die fehlende Bezeichnung in der betreffenden Legende oder in einem Textverweis mit einer Blockade, beispielsweise mit ■■ aus dem Zeichenvorrat Sonderzeichen bzw. Symbole der Menüoption Einfügen. Solche Blockaden fallen beim späteren Korrekturlesen eher auf als leer gebliebene Klammern ().

Im Lauftext, der auf einen bestimmten Bildinhalt Bezug nimmt oder eine vorhandene Abbildung erstmals erwähnt, verweist man gewöhnlich im vollen Wortlaut, analog dem folgenden Beispiel: „Abbildung 3.8 zeigt die Membranstationen der Lactoseaufnahme in *Escherichia coli*." Auch bei Rückverweisen wählt man vorzugsweise die Vollform, beispielsweise in der Form (siehe auch Abbildung 3.8). Soweit es der Umbruch technisch zulässt, stehen Bild und Bildlegende immer möglichst textnah zu dem Textabschnitt, in dem auf den betreffenden Bildinhalt verwiesen wird. Alle in den Text eingebauten Abbildungen müssen zwingend auch im Text erwähnt und in die textliche Darstellung kommentierend eingebunden sein.

Zwischen einer Abbildung und dem einschließenden Lauftext beträgt der Abstand oben mindestens 1,5 Leerzeilen der verwendeten Grundschrift (oder etwa 5 mm) und zum folgenden Lauftextblock zwei Leerzeilen. Ist für eine bestimmte Seite nur eine Einzelabbildung vorgesehen oder vorhanden, platziert man sie nicht an das untere Seitenende, sodass die Bildunterschrift fast zur Fußnote wird, sondern möglichst im oberen Seitendrittel. Hier fällt sie buchstäblich am besten ins Auge. Spätestens an dieser Stelle wird beim Gestalten einer Examensarbeit bewusst, dass ein ansprechender Seitenaufbau mit Text- und Bildanteilen etwas völlig anderes ist als bloßes Unterbringen von Illustrationsmaterial. Genießen Sie unter diesem Aspekt einmal die meist sehr gelungenen Gestaltungsbeispiele aus naturwissenschaftlichen Lehrbüchern oder von Natursachbüchern.

Trotz erstaunlicher technischer Möglichkeiten der Bildwiedergabe auf einem Tintenstrahl- oder Laserdrucker ist es in Examensarbeiten durchaus (noch) üblich und möglich, (Farb)Fotos nach dem erfolgten Seitendruck einzeln einzukleben. Dazu definiert man schon beim Textsatz entsprechende Freiräume durch einen genügend groß bemessenen Platzhalter. Deutlich besser sieht eine gedruckte Examensarbeit aus, wenn das Illustrationsmaterial als Dateien in das Gesamtskript eingebunden werden. Die in den Kopierläden verfügbaren Hochleistungsdrucker setzen dieses in ein ansehnliches Schaustück um.

Extrem unschön ist es, gedruckte oder geklebte Fotos auf der fertigen Druckseite mit einem schwarzen Rahmen zu versehen. Auf diese Weise eingezwängt wird selbst das überzeugendste Bilddokument zur Trauerdrucksache.

10.6.6 Bildlegenden

Außer der Bildunterschrift, die lediglich eine erste Kurzinformation ähnlich einer Kapitelüberschrift bietet, ist bei komplexeren Bildinhalten auch eine erläuternde Bildlegende sinnvoll. Der Begriff „Legende" leitet sich vom lateinischen *legere* = lesen ab und versteht sich damit als Leseanleitung, wie man einen Bildinhalt zu sehen und zu verstehen hat. Erst im Zusammenhang mit dieser ergänzenden Information beginnt ein Bild, seinen Betrachter „anzusprechen" und gegebenenfalls zu faszinieren.

Wenn das ausgewählte Foto einen kompletten Organismus oder nur einen mikroskopischen Ausschnitt davon darstellt, erwähnt die Bildunterschrift jeweils immer zuerst den korrekten deutschen (wenn vorhanden) und wissenschaftlichen Namen der gezeigten oder untersuchten Art. Bei mikroskopischen Aufnahmen sind außerdem die Angabe des Vergrößerungsfaktors (Endvergrößerung der gedruckten Abbildung) und das verwendete Darstellungs- bzw. Kontrastverfahren erforderlich.

Beispiel 1

Abbildung 3.8. Klatsch-Mohn (*Papaver rhoeas*). Querschnitt durch eine Anthere. Die spangenförmigen Verstärkungselemente des Endotheciums heben sich von den übrigen Zellwandbereichen kontrastreich ab (Polarisation, Vergrößerung 350:1).

Beispiel 2

Abbildung 10.12. Potenzielle natürliche Vegetation und Feinrelief der Mittelterrasse am südlichen Niederrhein bei Köln. Darstellung der älteren Flutmulden verändert nach Meyer (2012).

In Bildlegenden zu Schemata, Diagrammen oder anderen graphischen Darstellungen, in die man Informationen oder besondere Darstellungsweisen aus fremden Quellen bzw. Vorlagen übernommen hat, muss entsprechend den textlichen Entlehnungen ein klarer und nachvollziehbarer Hinweis auf das Original erfolgen. Meyer (2005) ist darin eine Kurzzitatform, die mithilfe des Literaturverzeichnisses zum Vollzitat aufgelöst werden kann (vgl. dazu Kap. 6).

Bildunterschrift und Bildlegende setzt man linksbündig, eventuell einen Schriftgrad kleiner als die Grundschrift oder auch werkeinheitlich in einer anderen, nur den Legendentexten vorbehaltenen Schriftart. Die Zeilenlänge richtet sich jeweils nach der Bildbreite und darf nur dann die volle Satzspiegelbreite beanspruchen, wenn das betreffende Bild satzspiegelbreit ist. Die Bildnummer erhält im Allgemeinen keine eigene Textzeile, sondern wird in die erste Legendenzeile integriert. Satzzeichen sind in einer Bildlegende immer dann entbehrlich, wenn es sich nur um eine kurze Erläuterung handelt.

Beispiel 3
Abbildung 7.10. Schema eines Cotransportsystems mit Kationen-Gradienten

Nur bei längeren Bildlegenden, die eventuell mehrere selbstständige erläuternde oder beschreibende Sätze umfassen, schließt der Legendentext mit einem Punkt ab.

Beispiel 4
Abbildung 7.10. Das Cotransportsystem ermöglicht das Eindringen von Hydrogencarbonat-Ionen in die Erythrozyten, ohne dass sich das elektrische Membranpotenzial verändert. Seine Aufgabe besteht darin, die Kapazität des Blutes zur CO_2-Aufnahme zu erhöhen.

▶ **PraxisTipp Abbildungen** Mindestens 1,5 Leerzeile Abstand zum Lauftext, kapitelweise nummerieren und alle mit eigener Bildunterschrift versehen.

10.6.7 Tabellen

Satztechnisch behandelt man Tabellen in den üblichen Textverarbeitungsprogrammen wie Fließ- bzw. Lauftext (vgl. Kap. 7), aber im Layout wie Abbildungen. Das betrifft die Bemessung und Platzierung ebenso wie die notwendigen Abstände zum vorangehenden oder folgenden Fließtext. Im Unterschied zur Abbildung erhalten Tabellen eine Überschrift, die man analog der Bildlegendennummer mit Kapitelbezug bildet (z. B. Tabelle 4.1). Das ohnehin schon griffige Wort Tabelle verstümmelt man tunlichst nicht zur Abkürzung „Tab.". Die Tabellenlegende und der Tabellenhinweis im Lauftext verwenden jeweils den vollen Wortumfang.

Beispiel 5
Tabelle 4.1 erläutert den Zusammenhang von Biomasse, Bestandsgliederung und Bruttoprimärproduktion an Felsküsten der gemäßigten Breiten.

10.6.8 Andere Textelemente

Häufig verwendete Textelemente im Fließtext einer wissenschaftlichen Arbeit sind außer Abbildungen und Tabellen Reaktionsgleichungen oder Berechnungsformeln. Man setzt solche Zeilen generell zentriert und versieht sie links oder rechts mit einer eigenen (eventuell halbfett gesetzten) Nummer analog den Abbildungs- und Tabellenbezeichnungen. Zur Schreibung der Hochzahlen und Indices vgl. die Angaben in Abschn. 8.2 (Expertziffern) und Kap. 11.

Beispiel 6

$$(\text{Gl. 10-1}) \quad 6\,CO_2 + 12\,H_2O \rightarrow C_6H_{12}O_6 + 6\,H_2O + 6\,O_2$$

$$\delta^{13}C = (^{13}C/^{12}C)_{\text{Probe}} - (^{13}C/^{12}C)_{\text{Standard}} \times 1000/(^{13}C/^{12}C)_{\text{Standard}} \quad (\mathbf{10\text{-}2})$$

Den Zeilenumbruch von längeren chemischen Formeln nimmt man nach DIN 1338 jeweils nach dem Reaktionspfeil vor. Sofern eine Gleichungsnummer verwendet werden soll, ergeben sich eventuell Schwierigkeiten in der genauen Platzierung der Bestandteile. In solchen Fällen setzt man die Gleichung in eine zweispaltige Tabelle, deren Rahmenlinien jedoch nicht ausgeführt werden. Im folgenden Beispiel sind sie nur aus Demonstrationsgründen schwarz angelegt:

Beispiel 7

$6\,CO_2 + 12\,H_2O + 12\,NADPH + 18\,ATP \rightarrow C_6H_{12}O_6 + 6\,O_2 + 12\,H_2O + 12\,NADP +$ $+18\,ADP + 18\,P_i$	Gl. 3

Für mathematische Gleichung gilt die Vorschrift, die Zeile im Bedarfsfall vor dem Gleichheitszeichen zu umbrechen:

Beispiel 8

$$(a + b)^2 = (a + b)(a + b)$$
$$= a^2 + 2ab + b^2$$

Bei längeren mathematischen Ausdrücken umbricht man jeweils vor einem Pluszeichen:

Beispiel 9

$$x + n = (x + 3)(y - 3x + 1)$$
$$+ 4(x^2 + 3xy + y^2)$$

Wörtliche Zitate aus anderen Textquellen sind zwar für einen naturwissenschaftlichen Text eher ungewöhnlich, aber nicht ausgeschlossen. Zur besseren und deutlichen unterscheidenden Kennzeichnung vom Grund- oder Fließtext setzt man das Zitat eingerückt auf die Mitte und mit einfachem Zeilenabstand, sofern es eine längere Textpassage aus einem Originalwerk umfasst.

Beispiel 10
Mir wurde immer deutlicher, daß sich die Biologie als Wissenschaft erheblich von den physikalischen Wissenschaften abhob; ihr Gegenstand, ihre Geschichte, ihre Methoden und ihre Philosophie waren grundlegend anders. Zwar sind alle biologischen Vorgänge mit den Gesetzen der Physik und Chemie vereinbar, aber lebende Organismen ließen sich nicht auf diese physikochemischen Gesetze reduzieren.
(Mayr E (1998) Das ist Biologie. Heidelberg, S. 17)

Kürzere Zitate, die nur etwa 1–3 Textzeilen füllen, setzt man dagegen integriert in den Lauftext. Zitierte Texte in der älteren Rechtschreibung (vor 1998) wie im obigen Beispiel stellt man nicht auf neue Rechtschreibgepflogenheiten um. Alle übrigen Fragen des Umgangs mit Literaturzitaten behandelt Kap. 6.

Die folgende Tabelle fasst die bisherigen Angaben und Empfehlungen zur Schrift- bzw. Satzgestaltung zusammen:

10.6.9 Literaturverzeichnis

Alle Textzitate von gedruckten, zitierfähigen Medien führt das Literaturverzeichnis (Referenzliste) so zusammen, dass der Leser mit den jeweiligen Angaben jede einzelne zitierte Quelle selbst finden kann und den Kontext des Zitates überprüfen kann. Die Ordnungskriterien für die Vollbelege im Literaturverzeichnis behandelte bereits Kapitel 6. Das Layout dieses Verzeichnisses muss ein rasches Auffinden der immer nach Autorennamen sortierten Findstellen ermöglichen. Dieses Erfordernis erfüllt am ehesten der sogenannte negative oder hängende Einzug, wie er auch in vielen professionell gestalteten Büchern und Zeitschriften praktiziert wird (vgl. Literaturverzeichnis in diesem Buch). Die in Kap. 6 als Beispiele benannten Kurzbelege stellen sich dann so dar:

Kasperek, G. (2001): Landschaftsökologische Aspekte von Braunkohlentagebau und Rekultivierung im Rheinischen Revier. Geographische Rundschau 9(1), 28–33.
Larcher, W. (1994): Ökophysiologie der Pflanzen. Leben, Leistung und Streßbewältigung der Pflanzen in ihrer Umwelt. 5. Aufl., Eugen Ulmer, Stuttgart.
Mosbrugger, V. (2003): Die Erde im Wandel – die Rolle der Biosphäre. In: Emmermann, R., Balling, R., Hasinger, G., Heiker, F. R., Schütt, C., Walther, D., Donner, W. (Hrsg.), An den Fronten der Forschung. Kosmos – Erde – Leben. Verhandlungen der Gesellschaft Deutscher Naturforscher und Ärzte (GDNÄ), 122. Versammlung 21.–24. September 2002 Halle/Saale. S. Hirzel, Stuttgart, S. 137–147.

Tabelle 10.2 Typographie der verschiedenen Textelemente im Überblick

Textelement	Schriftgröße (pt)	Schriftschnitt	Anmerkungen und Hinweise
Titelseite: Thema	16	fett	keine Worttrennungen; zentriert
Titelseite: Untertitel	14	fett	keine Worttrennungen, zentriert
Titelseite: Institution	12	fett	keine Worttrennungen, zentriert
Titelseite: andere Angaben	12	fett	keine Worttrennungen, zentriert
Inhaltsverzeichnis 1. Ebene	11	fett	linksbündig, Punktreihe zur Seitenangabe
Inhaltsverzeichnis 2. Ebene	11	normal	linksbündig, Punktreihe zur Seitenangabe
Inhaltsverzeichnis 3. Ebene	11	normal	linksbündig, Punktreihe zur Seitenangabe
Kopfzeile	10	normal	linke Seiten linsbündig, rechte Seiten rechtsbündig
Seitenzahl	11	fett	linke Seiten linsbündig, rechte Seiten rechtsbündig
Überschrift 1. Ebene	16	fett	keine Worttrennungen, linksbündig
Überschrift 2. Ebene	14	fett	keine Worttrennungen, linksbündig
Überschrift 3. Ebene	12	fett	keine Worttrennungen, linksbündig
Lauftext	11	normal	Worttrennungen, Blocksatz
Formeln und Gleichungen	11	normal	zentriert
Tabellen- und Bildnummern	10	fett	mit Punkt abschließen
Tabellen- und Bildlegenden	10	normal	Punkt nur bei vollständigen Sätzen
Tabellentext	10	normal	Textteile zentriert, Zahlenangaben rechtsbündig

Mundry, M., Stützel, T. (2003): Morphogenesis of male sporangiophores of *Zamia amblyphyllida* D.W. Stev. Plant Biology 5(3), 297–310.

Nybakken, J. W. (1993): Marine Biology. An Ecological Approach. Harper Collins College, New York.

Plattner, H., Hentschel, J. (1997): Taschenbuch der Zellbiologie. Georg Thieme, Stuttgart.

Wittig, R. (2002): Siedlungsvegetation. Eugen Ulmer, Stuttgart.

10.6.10 Fuß- und Endnoten

Kommentierende Textanmerkungen, die man früher in Wissenschaftstexten als Fußnoten(ansammlungen) anbrachte, erfreuen niemanden, weder den Autor und schon gar nicht den Leser. Sie stören den Lesefluss, lenken die Aufmerksamkeit ständig auf Nebenschauplätze und sind auch für ein ausgewogenes Seitenbild eher nachteilig. Die ausgesprochene Vorliebe mancher Fachdisziplinen für ausgiebige oder gar ausufernde Fußnoten vermag ein um Klarheit und Ordnung bemühter Naturwissenschaftler daher kaum zu teilen. Bei manchen Texten ist seitenweise kaum zwischen Haupt- und Nebenschauplatz zu unterscheiden: Es lassen sich in entsprechenden Werken von Philosophen, Theologen oder Philologen durchaus Beispiele finden, auf denen nur etwa 20 % Lauftext auf der gleichen Druckseite rund 80 % Anmerkungen in Fußnoten gegenüber stehen. Warum sich gerade die Autoren in den geisteswissenschaftlichen Disziplinen so häufig in diese Darstellungstechnik verrennen und sie mit erbarmungsloser Ausgiebigkeit kultivieren, ist kaum nachvollziehbar.

Als man die Endversion schriftlicher Arbeiten noch mit der klappernden Schreibmaschine erledigte, war jede Seite mit anzufügenden Fußnoten ein fast verlorener Kampf mit dem Layout. Moderne Textverarbeitungsprogramme haben die Fußnotenverwaltung mit glattem Seitenumbruch zwar segensreich vereinfacht, aber der Textbaustein Fußnote als solcher bleibt dennoch in unseren Kontexten äußerst fragwürdig. Fußnoten als zusätzliche Mitteilungsform sind in einem wissenschaftlichen Sachtext gänzlich unnötig und werden hier sogar ausdrücklich tabuisiert.

Fußnoten sind im Lauftext einer naturwissenschaftlichen Arbeit demnach generell entbehrlich. Wenn ein mitzuteilender Sachverhalt für den geschilderten Zusammenhang als Zusatzinformation oder Erläuterung tatsächlich wichtig ist, baut man ihn konsequenterweise in den Grundtext ein. Erfüllt er diese Voraussetzung nicht, braucht man ihn auch nicht auf den Sonderparkplatz zu verlagern. „Fußnoten [sind] oft nur eine Müllkippe für unreife Gedanken, überflüssige Anmerkungen und redundante Besserwisserei und ein stilistisches Brechmittel noch dazu. Sie lenken vom eigentlichen Thema ab, fördern scheinwissenschaftliche Geschaftlhuberei, fressen Zeit und Platz, sind technisch schwierig zu verarbeiten und in aller Regel nur ein fauler Kompromiss von Autoren, die nicht recht wissen, ob das dort Gesagte wirklich wichtig ist." (Krämer 1999, S. 116).

Dieser klaren Diagnose ist lediglich hinzuzufügen, dass man schmerzfrei auch auf Endnoten am Kapitelabschluss oder am Ende einer Arbeit verzichtet. Die einzige akzeptable Ausnahme sind Tabellenfußnoten mit Angaben, die einen Tabellenkopf oder einzelne Mitteilungsfelder innerhalb der Tabelle unnötig aufblähen würden, aber wichtige Sachverhalte erläutern (vgl. Abschn. 7.5.6).

▶ **PraxisTipp Fußnoten** sind – von seltenen Ausnahmen abgesehen – störend und meist entbehrlich.

10.7 Formatvorlage

Der gekonnte Umgang mit einem gängigen Textverarbeitungsprogramm ist heute sozusagen Standard, auch wenn man in extrem konservativen Schul- und Hochschulkreisen immer noch einem gewissen Skeptizismus begegnen kann. Anders ausgedrückt: Nutzen Sie unbedingt das für Ihre Textarbeit unglaublich segensreiche Werkzeug Computer. Wer mit einer computerunterstützten Textverarbeitung ebenso selbstverständlich wie kompetent umgehen kann, vermag sich kaum noch die frühere Realsatire akademischer Schreibstuben vorzustellen: Eine Klinikausstattung mit TippEx bzw. Korrekturlack war neben der „Schreibmaschine" das wichtigste Utensil, und jeder aufzunehmende Texteinschub wurde angesichts endloser Neutipporgien zur Gratwanderung zwischen heller Verzweiflung und tiefer Depression. Der heutige Texterstellungsstandard hat zwar auch seine Tücken, aber mit dem mühsamen Handbetrieb früherer Jahrzehnte ist er nicht einmal mehr in Ansätzen vergleichbar.

Sobald Sie die in diesem Kapitel empfohlenen bzw. mit Ihrem Betreuer abgestimmten formalen Details zum Layout Ihrer Arbeit festgelegt haben, erstellen Sie sich praktischerweise eine Formatvorlage (in manchen Branchen auch *Style-Sheet* genannt). Die Formatvorlage verankert gleichsam die einmal gewählte Grundstruktur Ihres Manuskriptes hinsichtlich Papierformat, Seitenrändern (Satzspiegel), Schriftarten/Schriftgrade der Überschriften und Grundtexte, ferner Zeilenabstände und Absatzgestaltung. Sie richten sich damit also eine Textmaske ein, in die Sie nun die gesamte laufende Textproduktion eingeben. Die Textverarbeitung, beispielsweise Word, erledigt dann automatisch alle notwendigen Formatierungen. Die erforderlichen Einstellungen nehmen Sie über die Menüoptionen „Datei" sowie „Format" vor. Die einzelnen Handgriffe und Click-Abfolgen, die in den derzeit verfügbaren neueren Word-Versionen etwas unterschiedlich sind, entnehmen Sie Ihrem Handbuch oder beispielsweise der deutlich verdaulicheren Anleitung für die Versionen Word 97 und Word 2000 von Schröder und Steinhaus (2003). Empfehlenswert ist dazu auch die recht praktikable Gebrauchsanleitung von Ravens (2004).

Informieren Sie sich rechtzeitig, ob es an Ihrer Hochschule, in Ihrem Institut oder Ihrer Arbeitsgruppe eventuell bereits fertige und ausgereifte Formatvorlagen gibt.

Parallel und unabhängig von der nützlichen Formatvorlage ist es ratsam, bereits mit dem Beginn der Textproduktion eine Hilfsliste anzulegen, in der Sie die gewählten Schreibweisen bestimmter Begriffe, Abkürzungen oder vergleichbarer Standards festlegen, damit Werkeinheitlichkeit gewährleistet ist. Vertrauen Sie solche Einzelheiten nicht (ausschließlich) der automatischen Rechtschreibüberprüfung Ihrer Textverarbeitung an.

> **PraxisTipp Zur Sicherheit** Sichern Sie Ihre jeweiligen Textfortschritte täglich nicht nur bordintern auf der Festplatte, sondern auch in mindestens zwei externen Speichermedien! Denken Sie an Systemabstürze, HD-Crash oder sonstige Szenarien des Unsäglichen kurz vor Abgabetermin …

10.8 Einband und Umschlag

Bisher ging es nur um die Layoutgestaltung im Innenteil Ihrer Arbeit. Jedes Werk hat aber auch seine dem Betrachter zugewandte Außenfassade, die für die erste kontaktierende Gesamtwirkung mindestens so wichtig ist wie die letztlich maßgebenden „inneren Werte" einer Projektdarstellung.

Im Unterschied zum gesamten Printmedienbereich einschließlich wissenschaftlicher Zeitschriften und Lehrbücher braucht eine studentische Arbeit keine aufwendige Umschlaggestaltung mit Bindung in Schweinsleder und Prägung mit Goldschnitt. Berichte, Protokolle, Referate und sonstige aus einer Semesterveranstaltung hervorgegangene mehrseitige Schriftstücke gibt man in einer farbigen Clip- oder Klemmmappe bzw. gelocht in einem Schnellhefter ab. Diese Mappen sollten immer einen transparenten Vorderdeckel haben, damit der Adressat das jeweilige Œuvre auch gleich nach Titel und Verfasser zuordnen kann. Eine Spiralbindung ist nicht ratsam.

Für Examensarbeiten jeglicher Kategorie schreiben die Prüfungsordnungen üblicherweise einen festen Einband vor, der die gesamte Seitenfolge unlösbar zusammenhält. Immer und somit fast generell empfehlenswert ist ein einfarbig schwarzer oder bestenfalls dunkelblauer Hardcover-Einband, der schon vom Gesamtbild her eine gewisse Solidität in Form und Inhalt signalisiert. Softcover-Einbände sind dagegen immer eine Notlösung – im Regal verbiegen sie sich schon nach kurzer Zeit unweigerlich zum notorischen Wegrutscher. Bindearbeiten erledigt man gewöhnlich nicht selbst, sondern gibt die Arbeit dazu nach der letzten technischen Endkontrolle (vgl. Kap. 12) in jedem Fall in einen Fachbetrieb. Sinnvoll und je nach Vorschrift der Prüfungsordnung sogar notwendig ist ein im oberen Drittel der vorderen Umschlagseite – eventuell in eine Prägevertiefung – aufgeklebter bzw. eingelegter Zettel (ca. DIN A6) mit Titel und Anlass der Arbeit, Verfasser- und Gutachternamen. Informieren Sie sich zu den Details der Covergestaltung rechtzeitig bei Ihrem zuständigen Prüfungsamt oder Prüfer, denn es gibt in dieser Frage mit Sicherheit gänzlich unterschiedliche Fan-Gemeinden.

10.9 Präsentationen

Der moderne Wissenschaftsbetrieb trägt mitunter die Züge von Breitensport: Konnten sich zu Zeiten von Ernest Rutherford und Niels Bohr die Fachleute eines engeren Teilgebietes noch an einem größeren Wohnzimmertisch versammeln, benötigt man heute für Fachtagungen riesige Kongresszentren. Auch in der Vermittlung der Ergebnisse hat sich die Praxis gewandelt. Die wissenschaftliche Arbeit, als Einzelstück (Monographie) oder Zeitschriftenbeitrag veröffentlicht, hatte als Zielgruppe im Prinzip den individuellen Leser, der sich zur genüsslichen Lektüre zusammen mit einem Glas Rotwein in seinen Arbeitszimmersessel zurückzog.

Zu den heute weit verbreiteten Vermittlungsformen in der Wissenschaft und Wirtschaft gehören dagegen auch Präsentationen. Der Autor richtet sich nicht mehr ausschließlich an einsame Leser, sondern dezidiert an ein Kollektiv von Zuhörern, die gleichzeitig Zuschauer sind. Nicht nur die schriftliche Version einer Ausarbeitung fördert die Kommunikation innerhalb der Wissenschaftsgemeinde, sondern selbstverständlich auch das gesprochene Wort – *audio, video, disco* (ich höre, sehe und lerne; Nichtlateiner haben bei dieser Sentenz eventuell ganz andere Assoziationen...). Studentische Auftritte vor einem Auditorium beschränken sich zunächst auf Kolloquien oder Arbeitsgruppenbesprechungen sowie Status- und Ergebnisseminare. Eventuell kommen weitere Anlässe hinzu, etwa Tagungen und Kongresse sowie – in zeitgemäß sprachpanscherischer Ausdrucksweise – Events, Hearings und Workshops. Hier ist das gesprochene Wort möglichst von geschickten Visualisierungen zu flankieren, um der Person und den Botschaften des Vortragenden buchstäblich einen starken Auftritt zu verschaffen. In jedem Fall gewinnt ein solcher Vortrag zu einem möglicherweise komplexen und den Zuhörern vermutlich noch weitgehend unbekannten Sachverhalt enorm durch eine gelungene visuelle Unterstützung. Die Overheadfolie oder die *PowerPoint*-Präsentation digitaler Dokumente haben die klassische Diaprojektion fast ganz und die kreidezeitlichen Tafelanschriebe zum größten Teil abgelöst.

10.9.1 Overhead und Beamer

Obwohl sie zweifellos aus einem anderen Zeitalter stammen, haben die geduldigen Lowtech-Visualisierungsmedien Hörsaaltafel und Pinnwand keineswegs ausgedient. Immerhin funktionieren diese Medien auch dann, wenn kein Verlängerungskabel zur Hand ist, die Projektorbirne durchknallt oder die zu Hause vorbereite CD-ROM partout nicht mit dem vorhandenen PC kooperiert. Zu diesen eher handwerklich betriebenen Medien gehört auch das FlipChart, eine Art ins Gigantische gesteigerter und für alle Teilnehmenden einer Diskussionsgruppe einsehbarer Notizblock, den man mit Filzstiften beschreibt.

Im Gegensatz dazu bieten ein Overheadprojektor (OHP) und der zum zeitgemäßen Hightech-Arsenal zählende Beamer allerdings deutlich bessere Möglichkeiten. Folien für die Overheadprojektion (apropos *Over Head*: wie sonst – wenn nicht über die Köpfe der Zuhörerschaft hinweg – sollte man Bilder projizieren?) stellt man mit den üblichen Grafikwerkzeugen (vgl. Kap. 7) selbst zusammen und druckt sie mit einem leistungsfähigen Farbdrucker aus. Bei Vortrag oder Referat bleiben sie in ihrer glasklaren Aktenhülle, damit sie sich unter der Wärmewirkung der Projektorlampe nicht aufwölbend verbiegen und damit zunehmend aus dem Fokus geraten. Diese Schutzhülle lässt sich während der Präsentation zudem mit Folienstiften beschriften, sofern erläuternde Hinweise und Hervorhebungen oder Diskussionszusätze anzubringen sind.

Die fallweise leidvolle Erfahrung aus Seminaren, Kolloquien und selbst von internationalen Kongressen zeigt, dass die als visuelle Medien eingesetzten OHP-Folien mitunter erbarmungslos missraten sind. Ein ansonsten brillanter Vortrag kommt dann schon allein deswegen weniger gut an, weil sein flankierendes Feuerwerk zu wünschen übrig lässt („Allein der Vortrag macht des Redners Glück; ich fühl' es wohl, ich bin noch weit zurück", bekennt Famulus Wagner freimütig im Faust I). Mit wenigen Gestaltungsmaßnahmen ist zumindest das Folien-Layout wirkungsvoll zu verbessern. Mit den folgenden Tipps verhelfen Sie Ihrem Vortrag zu einem starken Auftritt (vgl. Abb. 10.6):

- Auch wenn materialökonomische Gründe eher dagegen zu sprechen scheinen: Überladen Sie eine OHP-Folie nicht mit Information. Mehr als 7–12 Textzeilen einschließlich der Überschrift oder etwa 30 Wörter sind generell ungesund.
- Vermeiden Sie es immer, die mitzuteilenden Einzelinformationen oder Informationspakete erst durch sukzessives Aufdecken einzelner Textabschnitte der Folie auf den Betrachter einwirken zu lassen.
- Stellen Sie auf einer Folie möglichst nur einen homogenen Sachverhalt bildlich bzw. textlich dar.
- Bei Overheadfolien ist die tatsächlich nutzbare Fläche deutlich kleiner als DIN A4. Lassen Sie daher rundum einen Rand von 2–3 cm von jeglicher Text- oder Bildbestückung frei.
- Der Betrachtungsabstand darf maximal dem Sechsfachen der projizierten Bildhöhe entsprechen.
- Die Schriftgestaltung mancher Overheadfolien erinnert häufig an einen Sehtest. Um auch aus etwas größerer Entfernung noch gut lesbar zu sein, muss die Schriftgröße mindestens 14 pt betragen.
- Für Überschriften wählt man möglichst die Größe (Schriftgrad) 16 pt.
- Die gewählte Linienbreite der Buchstaben, Ziffern und Grafiken darf 0,5 mm nicht unterschreiten.
- Es ist unakzeptabel, Texte, Tabellen oder Grafiken aus einer Originalveröffentlichung im gleichen Format direkt auf die Folie zu kopieren: Das Dargestellte verschwimmt schon für die Betrachter in der zweiten Reihe zu einer homogenen und schlimmstenfalls auch noch grauen Masse.
- Verwenden Sie daher zur Folienbestückung – wenn überhaupt – nur genügend vergrößerte und von sonstigen nicht zur Mitteilung gehörenden Zutaten befreite Kopien.
- Auf farbig gestalteten Folien legt man Schrift und Linien möglichst in Schwarz, Dunkelblau oder Dunkelgrün an. Schriftelemente in Gelb- und Orangetönen gehen nach aller Erfahrung im grellweißen Projektionshintergrund hoffnungslos unter.
- Die meisten Zuhörer/Zuschauer empfinden bei Präsentationen eine kräftig gelbe Schrift auf dunkelblauem Hintergrund als besonders augenschonend und angenehm.
- Vermeiden Sie bei Ihrem Vortrag umfassende Folienorgien oder -filme, die dem Zuhörer/Betrachter jeweils nur ultrakurze Wahrnehmungszeiten einräumen. Der Betrachter sollte für das Erfassen einer Folie mindestens 2 Minuten Zeit haben.
- Manchmal geht es nicht ohne mathematische Formeln. Überladen Sie jedoch Ihre Folie auch mit diesen nicht – es droht eventuell der sichere Overkill der Zuhörerschaft. Es ist auch unnötig, die eigene mathematische Hochbegabung durch reichlichen Gebrauch unübersichtlicher Formeln penetrant zur Schau zu stellen. Den Ausdruck $\ln(e) + \sin^2 x + \cos^2 x = \sum 2^{-n}$ kann man schließlich auch ergreifend einfach und somit sehr schlicht durch die Angabe $1 + 1 = 2$ darstellen.

Beamer Der Beamer ist ein Digitalprojektor, mit dem man seinen per *PowerPoint*, *HarvardGraphics* oder einem anderen Programm erstellten OHP-Folienvorrat direkt aus einem PC oder Notebook auf einer Projektionsfläche abbildet. Vergleichbare Projektionstechniken bieten etwa LCD-Display, Desktop-Projektor, Copyboard, WhiteBoard oder Imager, die zeitgemäß smarte Variante des früher kindersarggroßen und kaum hantierbaren Epidiaskops. Der bisherige Umweg des Ausdruckens und Auflegens einer Folie entfällt. Zudem besteht die Möglichkeit, kurze Video-Sequenzen einzubauen oder einzelne Bildelemente zu animieren. Übertreiben Sie diese Gestaltungsmöglichkeiten nicht. Die Präsentation könnte zum Event werden, die Grenzen zur Filmvorführung verschwimmen, und fast ist der Zuhörer/Zuschauer schon versucht, zu Chips oder Popcorn zu greifen.

Gestaltungstechnisch gelten für die mit Beamer oder vergleichbaren Gerätschaften projizierten Darstellungen die gleichen Vorgaben wie für eine OHP-Folie (Abb. 10.6), unter anderem auch das sogenannte KISS-Prinzip („keep it short and simple"). *PowerPoint*-Folien sind im Unterschied zur gewöhnlichen OHP-Folie im Querformat angelegt (Abb. 10.7).

- Wenn Sie für eine *PowerPoint*-Präsentation eine dunklere Hintergrundeinfärbung wählen, muss sich die Schrift davon genügend kontrastreich abheben: Eine sympathische Wirkung mit wirksamer Schonung der Augen Ihres Audi- bzw. Visitoriums entfalten auch hier kräftig gelbe Schriften auf blauem Hintergrund.
- Neuere *PowerPoint*-Versionen erlauben eine Menge Gestaltungseffekte für Überschriften. Aber Vorsicht: Sie erinnern mitunter an den schrecklichen Comic-Stil von ClipArt und ähnlichen konfektionierten Lösungen. Es ist vermutlich eher kontraproduktiv, bereits den Vortragstitel in 3D-Buchstaben mit Schattenriss, zusätzlich gespiegelt und auch noch in Schrägperspektive auftreten zu lassen. Vermeiden Sie solchen Schnickschnack der besseren Wirkung Ihrer eigentlich Botschaften wegen.
- Setzen Sie bei *PowerPoint*-Präsentationen auch möglichst nur eine begrenzte Anzahl von Animationseffekten ein. Wenn jede abzurufende Überschrift oder ein neuer Sachbegriff jeweils per Pirouette in das Bild fliegt oder unentwegt eine Ameisenstraße aktiviert wird, lenkt man den Zuhörer wirksam und zuverlässig vom eigentlichen Inhalt ab.
- Verwenden Sie für alle zusammengehörenden Präsentationsmaterialien ein einheitliches Layout mit einer Kopfleiste, die Thema und Standort innerhalb Ihrer Vortragsgliederung angibt.
- Bei *PowerPoint*-Präsentationen zu besonderen Anlässen ist an das institutstypische Corporate Design zu denken.
- Eine zusätzliche Nummer erleichtert bei der anschließenden Diskussion das rasche Wiederauffinden einer bestimmten Darstellung.
- Sehen Sie auf jeder Folie einen Hyperlink vor, der für etwaige Rückgriffe auf zuvor abgehandelte Thementeile auch das rasche Wechseln der Folien ermöglicht (Abb. 10.8).

Abb. 10.8 Gestaltung von Präsentationsmaterialien (*PowerPoint*-Seite)

Weitere Angaben zur Gestaltung und vor allem zur Vortragstechnik einschließlich Körpersprache, die hier nicht unser Thema sein kann, finden Sie beispielsweise bei Apel (2002), Schwab (1999), Seifert (2001) und Seimert (2005).

10.9.2 Poster

Hatten wissenschaftliche Kolloquien wie das berühmte Cold Spring Harbor Symposium auf Long Island/New York in ihren Anfängen eher den Charakter eines Familientreffens, so kommen die Teilnehmenden an heutigen internationalen Wissenschaftlertreffen gar nicht mehr alle zu Wort. Damit sie aber dennoch ihre Ergebnisse möglichst wirksam präsentieren können, finden bei fast allen größeren Tagungen sogenannte Poster-Präsentationen (poster sessions) statt, bei denen die Kommunikation im Wesentlichen nur noch über plakativ aufgemachte Schautafeln abläuft. Poster-Präsentationen weisen insofern zwar gewisse Züge von Thesenanschlägen an Kirchentüren wie bei Martin Luther auf, stellen aber eine eingeführte zeitgemäße und effiziente Art der Wissenschaftskommunikation dar. Die Tagungsorganisatoren stellen dafür im Allgemeinen besondere Stellwände in Foyers oder sonstigen Haupt- und Nebenräumen des Kongressgeschehens zur Verfügung. Mit der Einladung zu solchen Zusammenkünften werden auch die vorgesehenen zulässigen Postergrößen benannt (meist Hochformat DIN A4 oder bis 75 × 100 cm) – der Rest ist eine Frage der individuellen Ausgestaltung und bedarf daher sorgfältiger gestalterischer Überlegungen. Im Einzelnen ist dabei zu bedenken (vgl. Abb. 10.9):

10.9 Präsentationen

Abb. 10.9 Elemente und mögliche Gestaltung eines Posters (Original DIN A1 oder größer nach den jeweiligen Vorgaben)

- Alle Mitteilungen auf Ihrem Poster müssen aus etwa 2–3 m Leseabstand klar erkenn- bzw. lesbar sein.
- Bilddarstellungen müssen daher mindestens die Größe DIN A4 aufweisen.
- Die Buchstaben des Postertitels müssen mindestens 30 mm hoch sein.
- Autorenname(n) und Angabe der Institution(en) erscheinen in 20–35 mm hohen Buchstaben.
- Für alle Textteile sowie Bildbeschriftungen und Tabellen sind 7–10 mm hohe Zeichen empfehlenswert.
- Auch ein Poster darf man nicht mit Information überladen. Schließlich dient es der raschen und wirksamen Information des Betrachters. Der Impaktfaktor Ihres Posters für Profil und Prestige ergibt sich aus der Informationsdichte und den eingesetzten Eyecatchern, nicht aus der Zeichenmenge.

Ein Poster bedient seinen Betrachter immer mit einem Kurztext zur Fragestellung bzw. Ausgangslage des bearbeiteten Problems auf und mit konzisem Ergebnisteil im Stil einer dpa-Nachricht (mit bildlicher Dokumentation) – fast so, wie bei der Frühstückslektüre der Tageszeitung. Eine thesenartige Zusammenfassung sowie eine Auflistung der wichtigsten Originalliteratur runden die Darstellung ab. Vermeiden Sie daher unbedingt, Ihre aus Ihrer Sicht mitteilenswerten Ergebnisse auf der begrenzten Posterfläche in enzyklopädischer Fülle auszubreiten.

10.10 Zum Abhaken – Checkliste „Formale Gestaltung"

Für die formale Gestaltung Ihrer Arbeit bestehen an Ihrem Institut oder in Ihrer Arbeitsgruppe eventuell spezifische Vorgaben, die von den Empfehlungen in diesem Buch abweichen könnten. Mitunter gibt es auch besondere Vorlieben oder Wünsche der Betreuer (Prüfer, Gutachter, Zweitleser), die man aus naheliegenden Gründen schon weit im Vorfeld klären muss. Stimmen Sie daher – anhand der folgenden Checkliste – alle wichtigen Details rechtzeitig mit dem Betreuer Ihrer Arbeit ab:

```
Ansprechpartner/Kontaktdaten

Thema der Arbeit  (Haupt-/Untertitel)
        ...................................................................
        ...................................................................
        ...................................................................

Titel ist            ☐ Arbeitstitel  ☐ verbindliche Formulierung

Umfang               optional ....    maximal ...    Seiten

Gliederung           ☐ dekadisch           ☐ anders, nämlich .....

Fußnoten             ☐ ja, unbedingt       ☐ nein, besser nicht

Schriftart           ☐ Serifenschrift      ☐ serifenlose Schrift

Schriftgröße         ... pt

Zitate               ☐  im Text als Kurzbeleg (Harvard-Notation)
                     ☐  Vollzitat nach welcher Konvention?

Internet-Quellen     ☐ als Druckerprotokoll zur Einsicht
                       bereithalten
                     ☐ als *downloads* auf Diskette bereithalten
                     ☐ der fertigen Arbeit als Anlage beifügen

Fertigstellung       ☐  Entwurf abstimmen am ........
                     ☐  Endfassung abliefern am .......

Sonstiges:
```

Nachschlagen im Notfall: Tipps fürs Tippen   11

Die folgende nach Stichworten gegliederte und alphabetisch sortierte Übersicht versteht sich nicht als Abriss der mit Wirkung vom 1. August 2006 verbindlichen Neufassung der deutschen Rechtschreibung. Über den Sinn und die gelegentlichen logischen Abwege der empfohlenen neuen Schreibweisen ist an anderer Stelle und von berufenen Schriftgelehrten ausführlich diskutiert worden. Fallweise gebraucht man von diesem Regelwerk bemerkenswerte und recht praktikable Modifikationen. Manche großen Verlage haben ihre hauseigene, nicht in allen Punkten mit Duden oder Wahrig konforme Rechtschreibung festgelegt.

Die hier vorgenommene Zusammenstellung versammelt eine Anzahl Empfehlungen, Hinweise, Konventionen, Regeln und Vorschriften, mit denen man die vielen denkbaren und tatsächlich angelegten Fallgruben eines naturwissenschaftlich-technisch betonten, daher unvermeidlich komplexen Wissenschaftstextes erfolgreich bewältigen kann. Insofern stellt die anschließende Ansammlung eher eine Art Erste-Hilfe-Kasten dar, aus dem man im Bedarfsfall die benötigte Information rasch und unkompliziert entnimmt.

Im Unterschied zu einem geisteswissenschaftlichen Essay, der seinen Gegenstand rein verbal seziert und mit der dann fälligen Detailbetrachtung eventuell in unübersichtliche Satzbaudickichte gerät, verwenden naturwissenschaftliche Texte oft codierte und daher besonders informationsdichte Bausteine wie Einheiten, Formeln, Kürzeln oder Zahlen. Deren Verwendung erfolgt natürlich nicht beliebig, sondern ebenfalls nach festen, oft jedoch weniger bekannten Satz- bzw. Schreibregeln. Entsprechende Fallbeispiele sind hier ebenfalls berücksichtigt (vgl. Kap. 8).

Abkürzungen
- Zwischen den einzelnen Elementen einer Abkürzung wird ein Leerzeichen gesetzt: 2.800 m ü. d. M.
- Aus ästhetischen Gründen kann man den Zwischenraum etwas unterschneiden (Abstandverringerungen um 1–1,5 pt, vgl. Kap. 9):

statt	eventuell
z. B.	z. B.
u. v. a. m.	u. v. a. m.
i. d. R.	i. d. R.
u. dergl.	u. dergl.

- Folgende häufig verwendete Standardabkürzungen versieht man immer mit einem Punkt:

Tel.	(Telefon)
Bd.	(Band) – Bde. (Bände)
Jh.	(Jahrhundert; auch Jhdt.)
lfd. Nr.	(laufende Nummer)
Mio.	(Million)
Mrd.	(Milliarde)
S. 25 f.	(Seite 25 und die folgende)
S. 25 ff.	(Seite 25 und die folgenden)
Plinius d. Ä.	

- Generell ohne Punkt bleiben:
  - Maßeinheiten: m, mm, g, kg, s, A (vgl. Kap. 8)
  - Himmelsrichtungen: SW (= Südwest), NNO (Nordnordost; auch in deutschen Texten als englischsprachiges Akronym NNE)
  - die Angabe NN (= Normalnull), aber: ü. NN (über NN)

- Akronyme: ATP, BSE, DNA, F-1,6-bP, pH, RNA, alle chemischen Symbole wie C, N, Ca, Fe, Si u. a.

- Aufzählungen in Listen:
  1 Teclu-Brenner
  2 Pipetten
  3 Reagenzgläser
  4 Erlenmeyerkolben

- Bei Abkürzungen bildet man den Plural durch Verdoppelung des letzten Buchstabens
  ff.   (für viele folgende Seiten)
  spp. für *species* = (mehrere) Arten (vgl. Abschn. 8.2).
  Das Kürzel spp. nicht mit ssp. = subspecies (Unterart) verwechseln!

- Bei Akronymen bildet man den Plural durch ein angehängtes kleines s:
RGs	Reagenzgläser
RNAs	Ribonukleinsäuren
UVPs	Umweltverträglichkeitsprüfungen
HDs	Festplatten

- Nach der nur vorsichtig einzusetzenden Abkürzung d. h. (das heißt), die unnötigerweise die tragende Hauptsache in den folgenden Nebensatz auslagert, schreibt man ohne Komma weiter.
(Vgl. auch Stichwort Maßzahlen und Maßeinheiten).

Adjektive in Artnamen In deutschsprachigen zusammengesetzten Artnamen von Pflanzen, Pilzen oder Tieren werden die adjektivischen Zusätze grundsätzlich groß geschrieben:

- Kriechender Hahnenfuß
- Horngrauer Rübling
- Roter Milan

Nur adjektivische Zusatzkennzeichnungen außerhalb des zusammengesetzten Artnamen werden klein geschrieben:

- der kräftig gelbe Kriechende Hahnenfuß
- der schwer erkennbare Horngraue Rübling
- der fluggewandte Rote Milan

Adjektive in substantivischen Wortgruppen In bestimmten Fällen werden die Adjektive groß geschrieben, obwohl streng genommen keine Eigennamen und keine Ableitungen von geographischen Bezeichnungen vorliegen:

- Zweiter Hauptsatz der Thermodynamik
- Jüngere Steinzeit
- Oberer Jura
(Vgl. auch Stichwort Eigennamen).

Anforderungen an ein Manuskript Für die optimale Lesbarkeit der Mitteilungen in einer wissenschaftlichen Abschluss- bzw. Examensarbeit gilt:

- Format DIN A4
- nur einseitig bedruckt
- mindestens 1,5facher Zeilenabstand
- ausreichend breiter Korrekturrand rechts
- Silbentrennung
- Blocksatz oder linksbündiger Satz
- Kapitel, Unterkapitel und Textabschnitt durch eine Leerzeile trennen
- Alle Überschriften durch eine andere Typographie als solche kennzeichnen, beispielsweise durch Auszeichnen halbfett) oder einen anderen Schriftgrad.

Für die Ablieferung eines digitalen Manuskriptes zur Veröffentlichung in einem E-Journal oder Printmedium gilt:

- keine Silbentrennung
- kein Blocksatz
- manuelle Zeilenschaltung (*Hard Return*) nur am Abschnittende
- keine Einzüge
- nur ein Leerzeichen als Wortzwischenraum
- Zitation dem betreffenden Publikationsorgan anpassen

Anführungszeichen Im Deutschen verwendet man nach den Amtlichen Regeln die Anführungszeichen der Form „…" (Merkhilfe: 99 unten/66 oben).

- Die Anführungszeichen stehen ohne Zwischenraum vor und nach den von ihnen eingeschlossenen Textteilen.
- Verschiedene Schreibprogramme sehen dafür fallweise auch die aus anderen Sprachen übernommenen Formen "…", "…" oder '…' vor.
- Halbe Anführungszeichen (Apostroph) schreibt man ohne Leerzeichen innerhalb einer Anführung: Die Frage lautete: „Kann man hier auch die Modelle ‚Alster' sowie ‚Rhein' sehen?"
- Ein halbes Anführungszeichen setzt man auch bei Sortennamen von Kultur- bzw. Zierpflanzen:
  Fagus sylvatica ‚Atropunicea'
  Liriodendron tulipifera ‚Aureomarginatum'
  Prunus persica ‚Purpurea'

Apostroph Der Apostroph (') zeigt gewöhnlich eine Buchstabenauslassung in einem Wort an wie im eher umgangssprachlichen Satz: 's war 'n ständ'ger Prozess.
  Einen Apostroph setzt man:

- bei Eigennamen im Genitiv, deren Nominativ mit einem s-Laut endet: Aristoteles' Schriften und Helmholtz' Wirbelsätze statt die Schriften des Aristoteles und die Wirbelsätze von Helmholtz;
- vor dem adjektivischen Suffix -sch: Bernoulli'sche Gleichungen, Einstein'sche Relativitätstheorie, Kant-Laplace'sche Theorie, Langerhans'sche Inseln, Leydig'sche Zwischenzellen, Liebig'sche Elementaranalyse.

Die von Duden und Wahrig empfohlenen Schreibweisen bernoullische Gleichungen, einsteinsche Relativitätstheorie etc. sind für den Wissenschaftsgebrauch nicht akzeptabel.
  (Vgl. Stichwort Eigennamen).

Aufzählungen Verbreitet sind die folgenden Aufzählungsformen, die innerhalb eines Werkes einheitlich gehandhabt werden:

1. 1) (1) a) (a)
2. 2) (2) b) (b)
3. 3) (3) c) (c)
4. 4) (4) d) (d)

Mischformen wie 1.) oder unsinnige Aufzählungsformen wie a., b. etc. vermeiden!

Auslassungspunkte
- Zur Kennzeichnung einer Auslassung in einem Zitattext verwendet man drei Punkte zwischen runden oder eckigen Klammern: (…): Meyer (2011) behauptet, die Reaktion (…) könne so gar nicht stattfinden.
- Vor und nach den Auslassungspunkten setzt man jeweils ein Leerzeichen: Hunde, Katzen, Bären … gehören zu den Raubtieren.
- Am Satzende folgt auf die Auslassungspunkte kein weiterer Schlusspunkt: Der Redner fand wieder einmal kein Ende …
- Innerhalb eines Satzes folgt ein weiteres erforderliches Satzzeichen ohne Leerzeichen: Es ergab sich aus …, dass …
- Bei Auslassung eines Wortteils stehen die Auslassungspunkte ohne Leerzeichen am Wortrest: Textdateien tragen oft die Bezeichnung .doc.
- Zu ergänzende Jahreszahlen werden nur durch zwei Punkte gekennzeichnet: 19..

Auszeichnen bedeutet das Hervorheben bestimmter Einzelbegriffe, Sätze oder Textteile durch typographische Mittel. Die harmonische Auszeichnung

- verwendet statt der Grundschrift den *Kursivsatz*
- oder wechselt zu Kapitälchen. Längere Textteile sollte man nicht in Kapitälchen setzen, weil darunter deren Lesbarkeit stark leidet.

Für die kontrastierende Auszeichnung bieten sich an:

- der **halbfette Satz**
- oder die Unterlegung mit einem Graufeld .

Bindestrich Den Bindestrich (= den typographischen Trenn- oder Mittestrich bzw. das Divis der jeweiligen Schrift) setzt man ohne Leerzeichen zwischen die zu verbindenden und dann gekuppelten Begriffe:

- GPS-Einmessung
- Natrium-Chlor-Verbindung
- CD-ROM-Laufwerk
- NMR-Spektroskopie
- UKW-Sender
- UV-Messung
- pH-Wert-Bestimmung
- Rh-Faktor
- x-Achse

Ansonsten ist die richtige Verwendung ein etwas komplexes Unterfangen:

- Zwischen Zahlen und zugeordneten Wortteilen setzt man einen Bindestrich:
  - 40-jährig
  - 7,5-Tonner
  - 1980er-Jahrgang
  - 4-silbig
  - 8-gliedrig
  - 5-kg-Packung
  - 10er-Gruppen
- Bei Buchstaben-Wort-Verbindungen setzt man ebenfalls einen Bindestrich:
  - S-Kurve,
  - b-Strahlung
  - n-Eck
- Wird die Zahl dagegen ausgeschrieben, entfällt der Bindestrich:
  - vierzigjährig
  - dreisilbig
  - sechseckig
  - achtgliedrig
- Vor Suffixen, die mit einem Einzelbuchstaben verbunden sind, setzt man einen Bindestrich:
  - die n-te Potenz
  - zum x-ten Mal
- Bei Ableitungen, die eine Zahl enthalten, entfällt der Bindestrich dagegen:
  - 100%ig
  - 13/4%ig
  - eine 1000stel-Sekunde
  - das 3,5fache
  - 10^4fach
  - das 10^{-4}fache
  - 12mal

Achtung: Der Duden weicht von dieser im Wissenschaftsgebrauch üblichen Handhabung fallweise ab.
- Der nominale Teil einer gemischten Ableitung wird immer klein geschrieben:
  - das 2fache, aber das Zweifache
- Zur Aneinanderreihung von mehreren Bestimmungswörtern mit einem Grundbegriff zu einem Kuppelwort verbindet man alle Teilbegriffe mit einen Bindestrich:
  - 85-kW-Maschine
  - 2-mL-Pipette
  - 1-L-Erlenmeyerkolben
  - 500-g-Portion
  - 5-Cent-Münze

  Diese Regelung erleichtert zudem die begriffliche Klarheit: 5-Cent-Münzen sind etwas anderes als 5 Centmünzen.
- In mehrgliedrigen Kuppelwörtern steht zwischen allen Einzelbegriffen ein Bindestrich: 90-kW-Otto-Motor, Hermann-von-Helmholtz-Platz, DIN-A4-Seite.
- Einen Bindestrich setzt man aus Gründen der begrifflichen Eindeutigkeit in potenziell unübersichtlichen Wortzusammensetzungen:
  - Druck-Erzeugnis vs. Drucker-Zeugnis
  - Gummistiefel-Sohle vs. Gummi-Stiefelsohle
  - Nitrat-Ionen-Konzentration (Nitrat-Ion klingt ähnlich wie Titration)
- Bindestriche sind auch üblich in Wortbildungen, die nach Forscherpersönlichkeiten benannt sind: Compton-Effekt, Karl-Fischer-Reagenz, Hendersen-Hasselbalch-Gleichung, Higgs-Bosonen, Hubble-Konstante, Hertzsprung-Russell-Diagramm, Friedel-Crafts-Acylierung, Schmidt-Cassegrain-Reflektor.
- Als Ergänzungsstrich steht der Bindestrich ohne Leerzeichen vor oder hinter dem zu ergänzenden Wortbestandteil:
  - Nadel- und Laubbäume
  - Bodendichte und -temperatur

  (Vgl. auch Stichwort bis-Strich und Gedankenstrich).

bis-Striche

- In Strecken- und Zeitangaben verwendet man als sogenannte bis-Striche die Binde- bzw. Trennstriche (Divis) der betreffenden Schrift ohne Leerzeichen:

von Köln bis Bonn	Köln-Bonn
Abbildung 3a bis 3d	Abb. 3a-d
Bände 9 bis 12	Bde. 9-12
Seite 28 bis 33	S. 28-33
von 14 bis 17 Uhr	14-17 Uhr

- Die Verwendung des längeren Gedankenstrichs ist dennoch möglich, muss aber werkeinheitlich erfolgen. Manche Typographien empfehlen zusätzlich die Verwendung eines unterschnittenen Zwischenraums (= schmales Leerzeichen zwischen den Zeichen; vgl. Kap. 9):

Bde. 9-12:   kurzer bis-Strich
Bde. 9–12:   Gedankenstrich ohne Leerzeichen
Bde. 9 – 12: Gedankenstrich mit Leerzeichen
Bde. 9-12:   Leerzeichen um 1,5 pt kürzer
- Bei begrifflichen Wiederholungen schreibt man das verbindende bis immer aus: 4- bis 7-mal

C, K oder Z? Während für Copyright, Courage und Cuvée wegen der klar erkennbaren fremdsprachlichen Herkunft die C-Schreibweise unverändert gilt und auch die CD vorerst nicht zur K(ompakt)S(cheibe) mutiert, sieht die neue deutsche Rechtschreibung für andere Fälle analog Kopie und Zentrum unglücklicherweise die jeweiligen K- bzw. Z-Varianten vor.

In Wissenschaftstexten wird man dennoch die herkömmliche Schreibweise unverändert beibehalten, weil die eingedeutschten Varianten seltsam verkrampft wirken.

Es bleibt also bei Acetat, Acyl-Rest, Cadmium, Calcit, Calcium, Carbonat, Cellulose, Cephalopoden, Cerealien, Code, Codein, Colluvium, Cornea, Cortison, Cyanwasserstoff, Cystein, Cytologie sowie Penicillin u. a.

Chemische Formeln Für die korrekte Schreibweise chemischer Formeln entsprechend den IUPAC-Vorschriften (IUPAC = International Union of Pure and Applied Chemistry) gibt es zahlreiche Regeln, von denen hier nur die wichtigsten benannt sind:

- Zahlenangaben in Substanzbezeichnungen werden ohne Zwischenraum gesetzt, aber mit Bindestrich (Divis) an die Wortstämme angefügt: 3,4-Dimethyl-pentan, 2-Methyl-heptadienol
- Ein Großbuchstabe steht nur am Beginn des Substanznamens komplexerer Verbindungen, alle weiteren Bauglieder werden in Kleinbuchstaben gesetzt:
  - Eisen(II,III)-oxid
  - 6,7-Diethoxy-1-(3′,4′-diethoxybenzyl)-isochinolin
  - $D^{1,4}$-Pregnadien-17a,20b,21-triol-3,11-dion
  - D,L-Glycyl-L-seryl-D-alanin
  - D,L-Amino-b-(4-methylthiazol-5)-propionsäure.

  Hinter den Kommata oder Klammern im Substanznamen folgt kein Leerzeichen.
- In chemischen Strich- bzw. Gruppenformeln schreibt man die Einfachbindungen im Allgemeinen mit Trennstrichen (Divis); auch wird zwischen den Baugruppen kein Leerzeichen verwendet:
  - $H_3C\text{-}(CH_2)_6\text{-}COOH$

  Die Lesbarkeit einer Formel kann aber deutlich besser ausfallen, wenn man die Baugruppen durch Gedankenstriche (ohne Leerräume) trennt:
  - $H_3C–(CH_2)_6–COOH$
- Die Index-Buchstaben *n* oder *x* als unbestimmte Größen setzt man in Formeln üblicherweise kursiv: $(C_2H_4)_n$, NO_x.

- Ein satztechnisches Problem tritt auf, wenn in einem Symbol oder Formelzeichen außer einem Exponenten (Superskript) auch noch ein Index (Subskript) anzubringen ist. Da die PC-üblichen Schreibprogramme Index und Exponent nicht direkt übereinander platzieren können, muss man sich auf dem konventionellen PC außerhalb professioneller Satzprogramme mit der nicht gänzlich korrekten Notlösung zufrieden geben, die beide Expertziffern nacheinander anbringt: SO_4^{2-}, HCO_3^-, $^{14}_7N$;
- Negative Ladungszahlen setzt man ebenso wie ein Minuszeichen als hochgestellten Gedankenstrich, nicht als Trennstrich: PO_4^{3-} ist wesentlich besser zu erkennen als $PO_4^{3\text{-}}$.

Datum Für Geschäfts- oder Privatbriefe, Beobachtungs- und Feldbücher, Laborjournale, Notizkladden u. a. sind verschiedene zulässige Datumsformate in Gebrauch:

- Die herkömmliche Datumsangabe nennt Ort, Tag, Monat und Jahr (TT.MM.JJJJ) ohne Leerzeichen, das Jahr auch ohne Schlusspunkt: Köln, den 14.10.2012
- Der nachgestellte Datum-Akkusativ wird nicht verändert: Er feiert seinen Geburtstag am Dienstag, *den* 14.10.2012.
- Die Datumsangabe nach DIN 5008:2005 gliedert Jahr, Monat und Tag in dieser Reihenfolge durch Trennstriche (Divis) im Format JJ-MM-TT. Für den 14. Oktober 2012 steht dann 2012-10-14 oder zweistellig 12-10-14.
- Zulässig ist auch die Form mit zweistelligen Angaben in der Struktur TT-MM-JJ: 14-10-12.
- Bei Datumangaben, die man aus dem Internet entnimmt, besteht akute Verwechslungsgefahr wegen der unterschiedlich praktizierten Datumstruktur:
  - amerikanische Quellen: MM.TT.JJ;
  - der 02.04.12 ist also nicht der 2. April 2012, sondern der 4. Februar 2012.
  - Ostasien: meist JJ.MM.TT;
  - der 12.04.01 wäre daher der 1. April 2012.
  (Vgl. auch Stichwort Zeitangaben).

Drei Konsonanten Beim Zusammentreffen dreier gleicher Konsonanten in einem zusammengesetzten Wort bleiben alle Buchstaben erhalten. Empfohlen wird jedoch, auch in solchen Fällen immer dann einen Bindestrich zu setzen, wenn es der besseren Lesbarkeit dient: Brennnessel vs. Brenn-Nessel, Flusssand vs. Fluss-Sand, Genusssucht vs. Genuss-Sucht.

Drei Vokale Treffen bei zusammengesetzten Wörtern (Komposita) drei gleiche Vokale aufeinander, wird immer ein Bindestrich gesetzt: Kaffee-Ersatz, Tee-Ernte, See-Elefant (nicht: Kaffeeersatz usw.).

Doppelpunkt Schreibt man nach einem Doppelpunkt eigentlich klein oder groß weiter? Gemäß der Regel, wonach der Beginn eines Ganzsatzes groß zu schreiben ist, verfährt man so:

- Folgt nach dem Doppelpunkt ein kompletter Satz, schreibt man groß (Regel: Einen Ganzsatz beginnt man mit Großschreibung).

> **Beispiel**
> Aus dieser Beobachtung ist abzuleiten: Ionale Bestandteile können die Zellmembran nicht ungehindert passieren.

- Folgt dagegen eine Aufzählung, schreibt man klein weiter.

> **Beispiel**
> Die aufgefundene Sammlung umfasst: mehrere Herbarblätter mit seltenen Phanerogamen, eine Anzahl Kästen mit Holzproben, eine Mappe mit Fotografien …

(Vgl. auch Verhältniszeichen).

Eigennamen
- Von geographischen Eigennamen abgeleitete Attribute auf -er oder -es schreibt man groß: Berner Alpen, Mecklenburger Seenplatte, Germanisches Becken, New Yorker Zentralpark, Schweizer Käse; Siegener Hauptaufschiebung, Tholeyer Schichten, Rheinischer Schild
- Von Personennamen abgeleitete adjektivische Zusätze schließt man mit Apostroph an: Einstein'sche Relativitätstheorie, Kant-Laplace'sche Theorie, Liebig'sche Elementaranalyse, Lugol'sche Lösung, Maxwell'sche Gleichungen, van't Hoff'sche Regel, Mohr'sches Spannungsdiagramm, Mohs'sche Härteskala, Ohm'sches Gesetz.
Eingebürgert und tolerabel ist allerdings auch die Schreibweise ohne Apostroph: Leydigsche Flasche, Köllikersche Grube, Kirchhoffsche Regeln, Loschmidtsche Zahl, Vogtscher Eindeutigkeitssatz, Newtonsche Ringe.
(Vgl. dazu Stichwort Apostroph).
- Nach der neuen deutschen Rechtschreibung zulässig (§ 49), wenngleich kaum gewöhnungsfähig, sind auch die folgenden Schreibweisen: einsteinsche Relativitätstheorie, kant-laplacesche Theorie, liebigsche Elementaranalyse, maxwellsche Gleichungen etc.
- Im Vergleich dazu viel weniger augenfällig ist das längst eingeführte archimedische Prinzip, die bei Schnupfen notorisch verklebte eustachische Röhre oder das kopernikanische Weltbild.
- In Sonderbezeichnungen wird der Eigenname von Forscherpersönlichkeiten mit Bindestrich angeschlossen: Avogadro-Zahl, Calvin-Zyklus, Down-Syndrom, Golgi-Apparat, Fermi-Diagramm, Feulgen-Färbung, Hilbert-Raum, Lorentz-Transformation, Mohorovičić-Diskontinuität, Haber-Bosch-Verfahren, Zeemann-Effekt, Sertürner-Medaille, Schwarzschild-Exponent, Tscherenkow-Strahlung.

Fremdwörter Die neuen Rechtschreibregeln sehen vor, aus lebenden Sprachen entnommene Wörter einzudeutschen.

- Fremdwörter aus toten Sprachen werden nur dann eingedeutscht, wenn Varianten möglich sind: Graphik/Grafik, Telephon/Telefon, quadrophon/quadrofon, Delphin/Delfin, Panther/Panter, Thunfisch/Tunfisch.
- Mischvarianten wie Fotographie sind ausgeschlossen.
- Für den Wissenschaftsschreibgebrauch empfiehlt sich eine klare Abwendung von dieser Empfehlung. Für Bibliographie, Phon, Photovoltaik, Photometrie, Photosynthese, Geographie, Stratigraphie, Therapie, Thermometer, Typographie u. ä. behält man die traditionelle Schreibweise bei.

Für mehrgliedrige angloamerikanische Fremdwörter gelten folgende Empfehlungen:

- Mit Bindestrich geschrieben werden Zusammensetzungen aus Substantiven: Cash-Flow, Flow-Chart, Science-Fiction, Sex-Appeal;
- zusammengeschrieben werden Begriffe, deren zweiter Bestandteil ein Adverb ist: Blackout, Comeback, Countdown, Layout, Playback;
- Zusammensetzungen aus Adjektiv und Substantiv werden getrennt und (beide) groß geschrieben: Joint Venture, Fast Food, Hot Dog, Soft Drink, Southern Blot.

Fußnoten Sofern das generell nicht besonders glückliche Stilmittel Fußnote wirklich unvermeidbar ist (vgl. Kap. 10), verwendet man heute nur noch hochgestellte Ziffern ohne Klammerzusatz und mit Anschluss ohne Leerzeichen:

Mehrere im Gebiet vorkommende Speisepilzarten[1] haben giftige Verwechslungsarten[2], die erhebliche Probleme im Verdauungstrakt[3] hervorrufen können.[4]

[1] Zum Beispiel Violetter Rötelritterling.
[2] Alle blauvioletten Schleierling-Arten.
[3] Giftnotrufzentralen s. S. 25.

Fußnotenhinweise erscheinen im Lauftext immer unmittelbar hinter dem Stichwort, das in der Note aufgegriffen wird. Bezieht sich der zu verweisende Sachverhalt auf einen ganzen Satz, ist der Fußnotenhinweis das letzte Zeichen hinter dem Satzzeichen:

[4] Zur sicheren Artdiagnose empfohlen: Flück M(2009) Welcher Pilz ist das? Franckh-Kosmos, Stuttgart.

Bei der Positionierung eines Fußnotenhinweise ist zu berücksichtigen, worauf er sich bezieht:

… Reduktionsäquivalent[1]. betrifft nur den Einzelbegriff,
… Reduktionsäquivalent.[1] dagegen den gesamten vorangehenden Satz oder Kontext.

Gedankenstriche Typographische Gedankenstriche (–) sind länger als gewöhnliche Binde- oder Trennstriche (-) (= Divis) und werden immer mit vorausgehendem sowie folgendem Leerzeichen gesetzt. Moderne Schreibprogramme erledigen die korrekte Strichlänge meist automatisch.

> **Beispiel**
> Die Gezeiten nennt man – nach einem niederdeutschen bzw. englischen Wort – auch Tiden.

Gleichungen und Formeln
- In Reaktionsgleichungen oder mathematischen Gleichungen werden die Einzelkomponenten und ihre Operatoren (Rechenzeichen) durch jeweils nur ein Leerzeichen getrennt: $2\ H_2O_2\ \rightarrow\ 2\ H_2O\ +\ O_2$
- Als Reaktionspfeil (→) verwendet man das entsprechende Sonderzeichen aus dem Zeichenvorrat Symbol und nicht das vom Schreibprogramm durch 2 – und 1 > automatisch generierte und etwas klotzig wirkende Symbol -->.
- Mathematische, physikalische und chemische Formeln oder Gleichungen stellt man zentriert in eine eigene Zeile, damit zusammenhängende Teile möglichst nicht durch Zeilentrennung (Zeilenumbruch) zerrissen werden:

$$(a + b)^2 = a^2 + 2ab + b^2$$
$$H_2C = CH_2\text{-}CH(CH_3)_2\text{-}(CH)_2\text{-}CHOH\text{-}CH_3$$

- In chemischen Formeln oder Gleichungen kann man die Baugruppen auch durch einen Gedankenstrich verbinden, damit sie als solche besser erkennbar werden:

$$H_2C = CH_2–CH(CH_3)_2–(CH)_2–CHOH–CH_3$$

- Sofern bei längeren Reaktionsgleichungen ein Zeilenumbruch nicht zu vermeiden ist, trennt man nach dem Reaktionspfeil:

$$6\ CO_2 + 12\ H_2O + 12\ NADPH + 18\ ATP \rightarrow$$
$$C_6H_{12}O_6 + 6\ O_2 + 12\ H_2O + 12\ NADP+ + 18\ ADP + 18\ P_i$$

- Umgeformte Ausdrücke in mathematischen Gleichungen umbricht man nach dem Gleichheitszeichen:

$$(a + b)^2 = (a + b)(a + b)$$
$$= a^2 + 2ab + b^2$$

- Produkte stehen näher als Summen: $ab + cd = e$

Getrennt oder zusammen?
- Die neue deutsche Rechtschreibung empfiehlt bzw. lässt zu, adverbiale Ausdrücke aus einer Präposition und einem Nomen herkunftsgemäß getrennt zu schreiben. Beispiele: in Frage stellen, zu Gunsten von, mit Hilfe von, zu Stande bringen, zu Tage fördern. Im Printbereich praktizieren die Verlage hauseinheitliche Varianten.
- Wenn das Adjektiv in einer Verbindung mit einem Verb steigerbar ist, gilt die Getrenntschreibung als geregelter Normalfall: bekannt machen, fern liegen, gut gehen, nahe bringen, übrig lassen, zufrieden lassen.
- Infinitivform eines Verbs und zugehöriges Zweitverb werden getrennt geschrieben: kennen lernen, absetzen lassen, spazieren gehen.
- Wenn beide Bestandteile einer Fügung eigenständig sind und eine Infinitivbildung ohne Umstellung möglich ist, schreibt man getrennt: Laub tragende Bäume (Inf.: Laub tragen), Krebs erregende Substanzen (Inf.: Krebs erregen), Insekten fressende Pflanzen (Inf.: Insekten fressen).
- Dagegen: eisbedeckte Seen (Inf.: von/mit Eis bedeckt sein), krampflösende Medikamente (Inf.: einen/den Krampf lösen),

Gradzeichen
- Bei Temperaturangaben werden die Zahl und die verwendete Temperaturskala durch ein Leerzeichen getrennt:
  - 37 °C
  - 110 °F
- Bei Bezug auf die absolute Temperaturskala nach Kelvin verwendet man grundsätzlich kein Gradzeichen: 273 K.
- Winkelgrade und Gradangaben in geographischen Koordinaten werden immer ohne Leerzeichen angegeben:
  - Der Brechungswinkel liegt bei 15°.
  - Der Dachreiter des Kölner Doms liegt auf 50° 56′ 33″ nördlicher Breite.

Groß oder klein?
- Die substantivierte Form von Adverbien, Adjektiven und Partizipien schreibt man groß.

> **Beispiele**
>
> im Allgemeinen, im Besonderen (aber: insbesondere), auf Englisch, ins Einzelne, im Folgenden, bis ins Kleinste, im Wesentlichen, Blau und Gelb ergeben Grün.

- In Überschriften und Inhaltsverzeichnissen schreibt man den erstgenannten Begriff immer groß:
  1.1 Bisheriger Kenntnisstand
  1.2 Olle Kamellen
  1.3 Neuere Forschungsansätze
  1.4 Aktuelle Ergebnisse

- In englischsprachigen Buchtiteln und deren Zitaten werden alle Nomina groß geschrieben:
  Barrow, J.D., Silk, J.: The Left Hand of Creation. Oxford University Press 2003.
- In englischsprachigen Aufsatztiteln aus Zeitschriften werden außer dem Anfangsbuchstaben alle Wörter klein geschrieben:
  Whittacker, R.H.: New concepts of kingdoms. Science 163, 150–160 (1969).
  (Vgl. dazu auch Stichwort Zahlbegriffe).

Jahreszahl am Satzanfang
- Einen Satz oder Textabschnitt beginnt man grundsätzlich nicht mit Wortabkürzungen:

statt	besser
1859 veröffentlichte Charles Darwin sein Hauptwerk *The Origin of Species.*	Im Jahre 1859 veröffentlichte Charles Darwin sein Hauptwerk *The Origin of Species.*
Z. B. wurde im Jahre 2005 …	Zum Beispiel wurde im Jahre 2005 …

Klammern
- Runde () oder eckige Klammern [] schließen ihren Wortinhalt jeweils ohne Leerzeichen ein: (vgl. Abb. 11.3); [siehe Anmerkung 35].
- Runde Klammern haben Priorität vor eckigen Klammern: (Eine kritische Diskussion zu Fragen der säkularen Klimaveränderungen finden sich auch in [12, 15–17]).
- In mathematischen Ausdrücken ist die Rangfolge allerdings umgekehrt: [] haben Priorität vor ().
- Werden in Klammern gesetzte Begriffe halbfett bzw. fett gesetzt, gilt das auch für die Klammern: statt (**Hauptkomponente**) immer **(Hauptkomponente)**.
- Analog verfährt man bei Kursivierungen, beispielsweise von wissenschaftlichen Artnamen: Löwenzahn *(Taraxacum officinale)*.

Kommaregeln Nicht wenige Zeitgenossen haben erstaunliche Probleme mit der korrekten Zeichensetzung. „Ohne Punkt und Komma" ist zwar in studentischen Texten selten, aber das eine oder andere fehlende Komma beinahe Standard. Die Fehlerquote lässt sich mit den folgenden wenigen Regeln (Auswahl!) dramatisch verringern.
  Ein Komma setzt man:

- zwischen gleichartige Satzglieder:
  Der Aufschluss zeigte gebankte, helle, verworfene Schichten.
  Die Früchte sind rundlich, rötlich-gelb, gestielt, behaart und gepunktet.
- vor entgegengesetzten Konjunktionen:
  Der Bestand ist zwar großflächig, aber artenarm.
  Nicht nur die Lösungen, sondern auch die Reaktionsgefäße …
- zwischen Hauptsätzen bei Subjektwechsel:
  Die Wägung ergab 5 mg, die Temperatur betrug 21,5 °C.

- zwischen aufzählenden Satzteilen:
  Einerseits war der Bestand großflächig, andererseits ziemlich artenarm.
  Je niedriger die Temperatur, desto langsamer verläuft die Reaktion.
- vor einem erweiterten Infinitiv (nach als, anstatt, außer, um):
  Es gibt mehrere Theorien, um atmosphärische Ladungen zu erklären.
  Das ergab andere Werte, als aus früheren Versuchen bekannt war.
  Man kann den Ansatz auch schütteln, statt ihn zu rühren.
- nach einem Substantiv, von dem ein Infinitiv abhängt:
  Das Experiment regt dazu an, weitere Untersuchungen vorzunehmen.
- vor und nach einer Apposition:
  Der Fliegenpilz, eine der dekorativsten Arten, ist giftig.
- vor Nebensätzen:
  Der Fliegenpilz, der besonders dekorativ aussieht, ist giftig.
  Der Fliegenpilz ist giftig, auch wenn er besonders dekorativ aussieht.
  Er bekam Probleme, weil er einen Fliegenpilz konsumiert hatte.
  Probleme gab es, nachdem er einen Fliegenpilz konsumiert hatte.
  Man fragte sich, warum er einen Fliegenpilz konsumiert hatte.

Korrekturzeichen Falls Zweit- oder Drittleser Ihren Text auf Formalia kritisch sichten, sollten diese hilfreichen Geister die üblichen Korrekturzeichen nach DIN16511 verwenden, denn die schaffen Eindeutigkeit. Die üblichen Korrekturzeichen findet man in den großen Wörterbüchern der deutschen Rechtschreibung.

Leerzeichen auch Blank, Spatium, Spacer oder Zwischenraum genannt, werden mit der Leertaste aus der Maschinentastatur geschrieben.

- Man setzt nur ein Leerzeichen hinter jedem Satzzeichen (, . : ; ? !), hinter einem Binde- oder Trennstrich (Divis) sowie hinter jedem Wort und der letzten Ziffer einer Zahlenangabe.
- Nur ein Leerzeichen trennt auch eine Maßzahl von der Maßangabe (Einheitensymbol)
  3 m
  5 kg
  10 mL
- Ein Leerzeichen setzt man zwischen Zahl und Bruchzahl:
  2 1/2
  3 3/4
- In komplexeren Substanznamen entsprechend der IUPAC-Nomenklatur unterbleibt das Leerzeichen hinter Komma und Klammer:
  $D^{1,4}$-Pregnadien-17a,20b,21-triol-3,11-dion
  6,7-Diethoxy-1-(3′,4′-diethoxybenzyl)-isochinolin
  1-Methyl-2-amino-8-dimethylamino-phenazin

Legenden
- Abbildungen erhalten neben der Abbildungsnummer (z. B. Abbildung 3.14 = Abbildung 14 in Kapitel 3) eine erläuternde Bildunterschrift.
- Tabellen versieht man entsprechend mit einer Tabellennummer und einer Tabellenüberschrift.
- Abbildungs- und Tabellenlegenden kann man in einer von der Grundschrift abweichenden Schriftart setzen, beispielsweise in einer serifenlosen Linearschrift, wenn der Fließtext in einer Serifenantiqua läuft.

Maßzahl und Maßeinheit
- Die Zeichen oder Abkürzungen (Symbole) für Maßeinheiten nach den SI-Vorschriften werden immer mit Leerzeichen hinter der zugeordneten Ziffer gesetzt:
Durchschnittsgewicht 2,7 kg
aktueller Luftdruck 1,035 hPa
Vorsicht! Hochspannung (10 kV)
Kaudruck 22,4 N/m^2
- Bei Prozent- und Promilleangaben wird (meist) kein Leerzeichen gesetzt:
5%
0,3%
35‰
Manche Typographien empfehlen jedoch die Verwendung eines Leerzeichens. In jedem Fall ist Werkeinheitlichkeit erforderlich.

Nummerierungen Für jede wissenschaftliche Dokumentation legt man das Nummerierungssystem für alle Bestandteile fest. Für eine Semester- oder Abschlussarbeit empfiehlt dieses Buch die folgenden Formen:

Tabelle 11.1 Nummerierungssysteme

Seiten	fortlaufend, arabisch	1, 2, 3 …
Kapitel	dekadisch, nach Gliederungsebenen	1 1.1 1.1.1 …
Aufzählungen	arabisch, in Ordnungszahlen	1., 2., 3. …
Abbildungen	arabisch, kapitelweise	Abbildung 1.1 …
Tabellen	arabisch, kapitelweise	Tabelle 1.1 …
Formeln	arabisch, kapitelweise	(Gl. 1.1)
Quellen	Nummerierung in [ ]	hier nicht empfohlen
Fußnoten	arabisch, kapitelweise	hier nicht empfohlen

Nummerngliederung
- Im Unterschied zu komplexen Zahlenangaben (vgl. Kap. 8) werden fünfstellige Postleitzahlen nicht gruppiert oder untergliedert: 50932 Köln

- In Telefon- und Telefax-Nummern setzt man jeweils eine Leerstelle zwischen Vorwahl- bzw. Netzbetreiberkennziffer.
- Lange Anschlussnummern gliedert man von rechts beginnend in Dreiergruppen (Triaden):
  06135 402 201
  0190 12 345 678.
- Zentralrufnummern kennzeichnet man durch eine mit Bindestrich angeschlossene Null: 1234-0.
- Anschlussnummern schließt man ebenfalls mit Bindestrich an: 1234-567.
- Für internationale Telefon- oder Faxkontakte stellt man der Landesvorwahl an Stelle von 00 ein + vor und schließt die Ortskennzahl ohne 0 an: +49 221 1234-567.
  (Vgl. Stichwort Zahlen).

Prozent- und Promilleangaben Die mathematischen Operatoren % (= multipliziere mit 0,01 bzw. 10^{-2}) und ‰ (= multipliziere mit 0,001 bzw. 10^{-3}) behandelt man wie Maßeinheiten, kann aber entsprechend der typographischen Tradition das Leerzeichen auch weglassen:

> **Beispiel**
> Der Ethanolgehalt des Rotweins liegt bei 13,5% (vs. 13,5 %).
> Der Salzgehalt der Nordsee beträgt durchschnittlich 33 ‰ (vs. 33‰).

Werkeinheitlichkeit ist auch in dieser Frage wichtig.

- Bei Ableitungen entfällt der Zwischenraum in jedem Fall:
  0,9%ige NaCl
  25%ige HCl
  96%iges Ethanol
- Kleinere Operatoren als Prozent und Promille sind die Angaben ppm (*parts per million* [„Preußen pro München"] mit dem Faktor 10^{-6}) sowie ppb (*parts per billion*) mit dem Faktor 10^{-9}.
  Achtung:
  billion ist die amerikanische bzw. französische Angabe für Milliarde (10^9), *trillion* diejenige für Billion (10^{12}).
- Die Genauigkeit einer Prozentangabe soll man nicht übertreiben:
  für n < 100 ohne Dezimalstelle: 6% statt 6,8%
  für n < 1000 nur eine Dezimalstelle: 6,8 statt 6,84%
  für n > 1000 zwei Dezimalstellen: 6,84%
  Prozentangaben allein geben kein genaues Bild. Empfehlenswert ist daher jeweils die Angabe der genauen Bezugsgröße n, gefolgt von der Prozentzahl in Klammern: 350 Arten (6,8%).

- Werden Prozent oder Promille als Wort ausgeschrieben, schreibt man auch glatte Zahlen unter 12 als Wort: drei Prozent, acht Promille.
- Mischformen wie zwölf % oder vier ‰ sind typographisch unzulässig.
- Zur Angabe des Salzgehaltes im Meerwasser verwendet man – neben dem verbreiteten Promillewert – zunehmend die zahlengleiche *practical salinity unit* (PSU): Der durchschnittliche Salzgehalt der Nordsee liegt bei 33‰ entsprechend 33 PSU.

Paragraphzeichen
- Man verwendet das Paragraphenzeichen (§) nur in Verbindung mit einer Zahlenangabe: § 1 BNatSchG [Bundesnaturschutzgesetz].
- Zwischen dem Paragraphenzeichen und der folgenden Zahlenangabe steht immer ein Leerzeichen: § 10 StVO [Straßenverkehrsordnung],
- Beim Zitat mehrerer Paragraphen schreibt man dagegen: §§ 1-5 BNatschG.

Punkt
- Hinter einem vollständigen Satz steht – auch in Bildlegenden und Tabellenüberschriften – immer ein Punkt.
- Am Ende von Aufzählungszeilen steht kein Punkt:
  - 5 Erlenmeyerkolben mit je 10 mL $CuSO_4$-Lösung
  - 3 10-mL-Vollpipetten

Rechenzeichen
- Zwischen den einzelnen Zahlenangaben und die sie verknüpfenden Rechenzeichen der Arithmetik setzt man ein Leerzeichen: 3,5 + 1,7 = 5,2
(nicht: 3,5+1,7=5,2)
- Vorzeichen werden dagegen immer ohne Zwischenraum gesetzt:
55 – 75 = –25; 3,75 × 2 = 7,5; –78 °C, +25 °C
- Als Minuszeichen verwendet man keinen Trennstrich (-), sondern den Gedankenstrich (–):
Gestern Nacht sank die Temperatur auf –14 °C.
- Das typographisch korrekte Multiplikationszeichen (×) aus dem Zeichenvorrat Symbol unterscheidet sich vom hierfür nicht empfohlenen Kleinbuchstaben x.
- bei Multiplikationen ist der Multiplikationspunkt nur zwischen den Einheiten bzw. Formelzeichen zulässig:

  statt   besser
  $1{,}23456789 \cdot 10^9$ m · s^{-1} $1{,}23456789 \times 10^9$ m · s^{-1}

- In physikalischen Formeln ist zwischen der Verwendung eines Multiplikationskreuzes (×; „Kreuzprodukt" für vektorielle Größen) und des hochgestellten Multiplikationspunktes (·) für skalare Größen zu unterscheiden.
- Für die Angabe ± verwendet man nur das dafür vorgesehene Sonderzeichen aus dem Zeichenvorrat Symbol, nicht das + mit anschließender Unterstreichung zum +.

- Für die Standardabweichung wird sich künftig die erstmals 2006 empfohlene Kurzform durchsetzen

  statt
  $N_A = 6{,}022\,141\,79 \times 10^{23}\,\text{mol}^{-1}$
  $\pm\, 0{,}000\,000\,30\,\text{mol}^{-1}$

  eher
  $N_A = 6{,}022\,141\,79\,(30) \times 10^{23}\,\text{mol}^{-1}$

- Mathematische Sonderzeichen finden sich im Zeichenvorrat Symbol, darunter ¬ (nicht), ≠ (ungleich), ∈ (Element von), ∩ (geschnitten), ∨ (oder), ∧ (und), ⇒ (wenn …, dann) etc.
- Hochzahlen (Superkripte, Exponenten) werden ohne Leerzeichen an ihre Basiszahl angeschlossen:
  10^6, 10^{-9}

Satzzeichen werden ohne Leerzeichen dem vorangehenden Wort angefügt. Nach einem Satzzeichen folgt immer ein Leerzeichen: … angefügt. Auf …

Schaltzeichen sind Sonderzeichen, welche die Elektrotechnik und Physik verwenden. Man benötigt sie vor allem in Skizzen zu Versuchsaufbauten oder Messvorrichtungen. Die wichtigsten Schaltzeichen sind

Gleichstrom
Wechselstrom
Anode
Kathode
Akkumulator, Batterie
Spannungsquelle
Kondensator, kapazitiver Widerstand
Ohm'scher Widerstand
induktiver Widerstand
Potenziometer
Spule
Messinstrument (Ampere-, Voltmeter)
Glühlampe
Erdung

Schrägstrich Vor und nach einem Schrägstrich steht gewöhnlich kein Leerzeichen, auch wenn er als Rechenzeichen (Bruchstrich) verwendet wird:

- Wintersemester 2009/10
- Aktenzeichen a/LP/15
- 2/3 oder 3/5
- km/h
- Senckenbergmuseum/Frankfurt

Sonderzeichen Fachspezifisches Schrifttum erfordert häufig fachspezifische Zeichen, die in den normalen Zeichenvorräten der europäischen QWERTZ- oder amerikanischen QWERTY-Tastaturen nicht vorhanden sind. Man findet einen beträchtlichen Vorrat in MS-Word unter der Menüoption Einfügen/Sonderzeichen.

- Beispiele sind:
  biologische Zeichen: ♀ weiblich, ♂ männlich, ⚇ Staude, ♄ Gehölz
  astronomische Zeichen: ♈ Frühlingspunkt (Widderzeichen), ♋ Sommerpunkt (Krebszeichen), ♎ Herbstpunkt (Waagezeichen), ♑ Winterpunkt (Steinbockzeichen)
- Normaler Text:
  diakritische Zeichen aus anderen Sprachen wie ý, å, æ, ç, ø und ñ
  Hinweis: Werden diakritische Zeichen aus Sprachen benötigt, die im Wissenschaftsgebrauch weniger verbreitet (z.B. Eigennamen aus dem Serbokroatischen oder Polnischen) und unter den Sonderzeichen nicht abrufbar sind, ruft man eine Internetseite in der betreffenden Sprache auf und importiert die benötigten Symbole in den Textkörper.
- Symbol
  - alle griechischen Groß- und Kleinbuchstaben
  - mathematische Operatoren wie ≠, ≈, ±, ≥ und ≤
  - sowie das häufig benötigte, aber selten verwendete typographische Multiplikationszeichen (×) anstelle des nicht korrekten Kleinbuchstabens x
  Zusätzliche und eventuell nützliche Zeichen finden sich in den Fonts
  - Wingdings
    beispielsweise •, ■, ♦, ☉, ✉, ☏, ☺, ☻ und ☹
  - Marlett
    darunter ◄, ►, ▲, ▼ ↕

ss und ß Die neue Rechtschreibung wandelt das nur im Deutschen vorkommende und aus zwei unterschiedlich geschriebenen s-Zeichen (gedrungenes Anfangs-s und schlankes Abschluss-s) zusammengezogenen ß nach jedem kurzen Vokal in ss um:

- Elsass und Russland haben ihr ß zu Gunsten von ss abgegeben.
- Städtenamen wie Haßberge, Haßfurt oder Haßloch bleiben jedoch unverändert.
- Genauso behandelt man Personennamen wie Hans Leo Haßler.

- Mischungen aus Großbuchstaben oder Kapitälchen mit ß sehen nicht nur unschön aus, sondern gelten geradezu als typographische Todsünde. In solchen Fällen schreibt man immer einheitlich ss (GIESSEN statt GIEßEN).
In der Schweiz ist das ß als diakritisches Zeichen generell unüblich; hier verwendet man unterschiedslos ss für Strasse, schliessen und Spassvogel.

t oder z? Bei Ableitungen von Substantiven auf '-anz' oder '-enz' sieht die neue Rechtschreibung als empfohlene Hauptvariante die Schreibweise mit z vor. Beispiele, die auch für naturwissenschaftliche Texte relevant sind: essenziell, existenziell, potenziell, Potenzial, substanziell, Reagenz/Reagenzien.

Toleranzbereiche Bei quantitativen Angaben deutet das Zeichen ± (aus dem Sonderzeichenvorrat des Fonts Symbol, nicht generieren aus dem Pluszeichen + mit anschließender Unterstreichung $\underline{+}$) den Schwankungs- oder Toleranzbereich an. Bei Zahlenwerten mit einer Einheit folgt das Einheitensymbol einer runden Klammer, die den Toleranzbereich angibt.

> **Beispiel**
>
> (12 ± 2) mm meint den Bereich zwischen 10 und 14 mm; die Angabe 12 ± 2 mm ist unkorrekt, da die Einheit für den Bezugswert 12 fehlt.

Trennung Die Silbentrennung wird im Deutschen nach Sprechsilben vorgenommen. Die automatischen Korrektur- und Trennprogramme sollte man jedoch im Zweifelsfall kritisch überprüfen.

- Die Buchstabenkombinationen ch, sch, ph, th und alle Doppelvokale bleiben ungetrennt.
- Beim Zeilenumbruch sind korrekt getrennte, aber vereinsamte Einzelvokale am Zeilenbeginn oder -ende zu vermeiden:
Der nach Arbeitsschritt 5 gewonnene E-
thanolextrakt ...

Uhrzeit
- Die Uhrzeit gibt man werkeinheitlich in einem der folgenden Formate an: 11.30 h, 11.30 Uhr, 11:30 h, 11.30 Uhr oder 11 h 30 min.
- Möglich ist auch die sekundengenaue Angabe mit zweistelligen Einheiten im Format 11:30:14.
- Die Schreibweisen $11^h\,30^{min}$ mit hochgestellten Einheitensymbolen ohne Leerzeichen oder vereinfacht 11^{30} h ist möglich, aber veraltet.
- In der astronomischen Literatur haben Zeitangaben üblicherweise das folgende Format:
Mittlerer Sternentag: $23^h 56^m 04{,}09^s$
Siderisches Jahr: $365^d 06^h 06^m 10^s$

Unterführungszeichen Bei wiederholenden Aufzählungen, Listen oder Registern kann man das Hauptstichwort durch ein Unterführungszeichen ersetzen.

- Das Unterführungszeichen steht jeweils in der Mitte des zu ergänzenden (= zu unterführenden) Begriffs:
Hahnenfuß, Acker-
„   , Kriechender
„   , Scharfer
„   , Zungen-
- IN 5008:2005 empfiehlt dagegen für den Geschäftsbereich, das Unterführungszeichen unter den ersten Buchstaben des zu wiederholenden Wortes zu setzen:

Köln-Bayenthal	Brauweiler bei Köln	Kartoffel-Ernte
„ Deutz	Wesseling „ „	Kaffee- „
„ Lindenthal	Sürth „ „	Tee- „
„ Nippes	Düsseldorf „ „	Kirsch- „

- Zahlenangaben in Materiallisten werden nicht unterführt:
5 Reagenzgläser 20 mL
1 Reagenzglasständer
1 Becherglas 50 mL
1   „   100 mL
1   „   250 mL
1 Messzylinder 100 mL
1 Messpipette 2 mL
1   „   5 mL

Verhältniszeichen Der als Verhältniszeichen verwendete Doppelpunkt wird wie ein Rechenzeichen behandelt und durch Leerzeichen abgesetzt:
    Maßstab 1 : 25000
    Mischungsverhältnis 1 : 3
    Ethanol – Eisessig – Wasser = 3 : 1 : 1

Zahlbegriffe Unbestimmte Zahlbegriffe wie einiges, manches, vieles, weniges u. a. schreibt man immer klein, obwohl es sich um substantivische Angaben handelt. Hier zeigt sich die mitunter seltsame Logik der Rechtschreibreform.

Zahlen
- Am Satzbeginn sollten keine Jahreszahlen oder anderen Zahlenangaben stehen:

statt	besser
1953 veröffentlichten Watson und Crick erstmals ihr Strukturmodell der DNA.	Watson und Crick veröffentlichen erstmals 1953 ihr Strukturmodell der DNA.
0,5 mg Saxitoxin je kg Körpergewicht beträgt die Letaldosis.	Die Letaldosis von Saxitoxin beträgt 0,5 mg Saxitoxin je kg Körpergewicht.

- Zahlen mit mehr als vier Stellen untergliedert man zur besseren Lesbarkeit, von rechts beginnend, mit Leerzeichen oder Punkt in dreistellige Gruppen (Triaden):

statt	besser
1257866345	1 257 866 345 oder
	1.257.866.345

- Lange Zahlen gliedert man entsprechend vor und hinter dem Komma jeweils in Dreiergruppen (Triaden):

statt	besser
12345678,87654321	12 345 678,876 543 21

- Bei Geldbeträgen empfiehlt DIN 5008 sicherheitshalber immer die Verwendung von gliedernden Punkten:

    123.456,78 $
123.456.789,25 €

- Achtung: Im Angloamerikanischen ist es üblich, Dezimalbrüche nicht mit Komma, sondern mit Punkt zu schreiben und eine Null vor dem Komma einer Dezimalzahl eventuell wegzulassen:

die Angabe	entspricht	nicht empfohlene Schreibweise
0,257	0.257	.257
0,801	0.801	.801

- Die Dezimalen und Kommastellen sind für die bessere Vergleichbarkeit so auszurichten, dass das Komma im Kolonnenbild immer an der gleichen Stelle steht:

    715
  62.712
   1.727, 5
     96,3
      0,04
      7,345
      0,314 15

- Zahlenaufstellungen werden immer nach dem letzten Schriftzeichen einer Zahlengruppe ausgerichtet:

Charge	hergestellt am	Kostenaufwand (€)
88/05	25.04.2006	67,06
755/88	13.07.2007	254,05
1277/00	04.06.2008	2.134,80

- Im laufenden Text schreibt man die Zahlen 1 bis 12 als Wort, ab 13 in Ziffern. Diese typographische Regel erscheint allerdings antiquiert und sollte aufgegeben werden.
- Dezimalen schreibt man grundsätzlich in Ziffern:

2,5 L Bier

1,5fach

- In Texten mit vielen Zahlenangaben ist die Ziffernschreibweise auch bei Zahlen unter 12 vorzuziehen:

Beispiel

Von den 10 aufgefundenen Arten stehen 7 auf der Roten Liste in Kategorie 2, und 5 sind durch die Artenschutzverordnung besonders geschützt.

(Vgl. auch Nummerngliederung, Prozentangaben und Toleranzbereich).

Zeitangabe Die aus astronomischen Beobachtungen abgeleitete „Weltzeit" (= GMT, Greenwich Mean Time) ist heute durch die Koordinierte Weltzeit (UTC, Universal Time Coordinated) abgelöst. Schaltsekunden, die bei Bedarf jährlich einmal in die UTC-Zeitskala eingefügt werden, lassen die UTC niemals mehr als 1 s von der mittleren Sonnenzeit des Nullmeridians abweichen, auf den die Westeuropäische Zeit (WEZ) bezogen ist.

In Deutschland gilt zwischen einem jährlich festgelegten März- und Oktobersonntag als gesetzliche Zeit die Mitteleuropäische Sommerzeit (MESZ), in den übrigen Wochen die Mitteleuropäische Zeit (MEZ). Für die Zonenzeitdifferenz zu UTC gilt MEZ = UTC + 1 h sowie MESZ = UTC + 2 h.

Zeitzonendifferenzen gibt man für die Längengrade westlich von Greenwich mit dem Minuszeichen (–), für Längengrade östlich mit dem Pluszeichen (+) an. Einige Beispiele zeigt Tabelle 11.2.

(Vgl. Stichwort Datum und Uhrzeit).

Tabelle 11.2 Zeitzonen (Auswahl)

Zonenzeitdifferenz	Zeitzone
−11 h	Aleuten, Samoa
−10 h	Westliches Alaska, Hawaii
−9 h	Östliches Alaska
−8 h	Pacific Time: Westliches Kanada, Weststaaten der USA
−7 h	Mountain Time: Teile Kanadas, Gebirgsstaaten der USA
−6 h	Central Time: Teile Kanadas, Zentralstaaten der USA
−5 h	Eastern Time: Teile Kanadas, östliche USA, Peru, Kuba
−4 h	Atlantic Time: Teile Kanadas, Brasilien, Chile, Peru
−2 h	Azoren
−1 h	Madeira
0	Großbritannien, Irland, Island, Spanien, Portugal
+1 h	Mitteleuropäische Zeit: Deutschland, Balkan, Kamerun
+2 h	Osteuropäische Zeit: Finnland, Türkei, Israel, Südafrika
+9 h 30 min	Zentralaustralien
+11 h	Neuseeland

Zu guter Letzt   12

Das Zusammenschreiben einer etwas umfangreicheren Arbeit zieht sich gewöhnlich über mehrere Wochen hin, mitunter unterbrochen durch andere ablaufbedingte Intermezzi. Was man auf den ersten Dutzend Seiten zu Papier oder PC gebracht hat, gerät dabei naturgemäß wieder aus dem Blick und damit in den Hintergrund – eine für die Einheitlichkeit und Stimmigkeit auch der äußeren Form einer Arbeit mitunter ungute Ausgangslage. Nur durch Routinekontrolle anhand Ihrer Formatvorlage oder Regieliste können Sie stilistische oder formale Brüche verhindern.

Überprüfen Sie Ihre Texte und Textbausteine (Abbildungen, Grafiken, Tabellen) schon während der Erstellung immer sofort auf Einheitlichkeit und Richtigkeit der textinternen Querverweise.

Lassen Sie jemanden die vorläufige Endfassung Ihres Textes auf formale Unstimmigkeiten lesen: Ein Zweit- oder Drittleser, der sich mit dem Inhalt des Dargestellten nicht einmal sehr differenziert auskennen muss, wird eher Tippfehler, etwaige Formulierungsschwächen, formale Widersprüche oder sonstige Problemzonen Ihres Manuskriptes finden – Ihre Lesehilfe (sie oder er) könnte sich dabei rigoros nach der Checkliste (Tabelle 12.1) richten. Außerdem liegen bei solchen hilfreichen Personen die Nerven noch nicht so blank wie bei Ihnen. Als Autorin bzw. Autor wird man nach Tagen oder gar Wochen der intensiven Auseinandersetzung mit seinem Sujet erfahrungsgemäß zunehmend betriebs- bzw. systemblind – man nimmt etwaige Verständnisklippen einfach nicht (mehr) wahr und übersieht leicht auch formale Fehler.

Auf der Basis der Korrekturvorschläge, die zuverlässige, sorgfältig arbeitende Zweit- oder Drittleser in Ihrem Textentwurf anmerken, nehmen Sie die Schlussredaktion Ihrer Arbeit anhand der folgenden Checkliste vor.

Klären sie außerdem – und das ist extrem wichtig für Ihre weitere psychische Gesundheit – die folgende kritische Anfrage: Gibt es eine oder zwei Sicherungskopien der jeweils aktuellen Version Ihres fertigen Werkes außerhalb der Festplatte Ihres PCs?

Wenn nun wirklich alles stimmt, lassen Sie die Reinversion aus dem Drucker laufen (Liegt eventuell eine neue Patrone oder Kartusche bereit?) und für die benötigte Anzahl von

Tabelle 12.1 Prüfliste für die Schlussredaktion Ihrer Arbeit

Problembereich	ok (✓)	Aktionsbedarf wo?
Themenstellung		
Alle Aspekte der Aufgabenstellung berücksichtigt?		
Besonderheiten des Themas dargestellt?		
Offene Fragen oder Probleme angesprochen?		
Beschränkung auf Teilaspekte begründet?		
Schwerpunktbildung erläutert?		
Gesamtmanuskript		
Titel und Untertitel korrekt und vollständig?		
Alle Zusatzangaben auf dem Deckblatt?		
Alle Seiten lückenlos durchnummeriert?		
Alle Seiten in der richtigen Reihung?		
Alle vorgesehenen Abbildungen vorhanden?		
Bildnummerierung fortlaufend?		
Bildlegenden vollständig?		
Alle vorgesehenen Tabellen vollständig?		
Tabellennummerierung fortlaufend?		
Tabellenlegenden vollständig?		
Abbildungen und Tabellen textnah platziert?		
Textverweis auf alle Abbildungen und Tabellen?		
Formeln und Gleichungen vollständig?		
Textverweis auf alle Formeln und Gleichungen?		
Alle vorgesehenen Anhangsteile komplett?		
Kapitelüberschriften im Inhaltsverzeichnis identisch mit Lauftext?		
Alle Literaturverweise als Vollzitat im Literaturverzeichnis erfasst?		
Literaturverzeichnis korrekt sortiert?		
Textqualität		
Wortwahl verständlich?		
Alle Abkürzungen erklärt (Abkürzungsliste)?		
Ausschließlich SI-Einheiten verwendet?		
Seltenere Fachausdrücke erklärt?		
Textwiederholungen?		
Doppeldokumentation?		
Textüberschneidungen?		
Falsche Steigerungen?		
Schachtelsätze?		
Unlogischer Satzbau?		
Unvollständige Sätze?		

Tabelle 12.2 Fortsetzung

Problembereich	ok (✓)	Aktionsbedarf wo?
Rechtschreibung nach neuer Version ok?		
(Automatische) Silbentrennung überprüft?		
Zeichensetzung?		
Typographisches		
Alle Eigennamen korrekt (evtl.) KAPITÄLCHEN)?		
Wissenschaftliche Organismennamen *kursiv*?		
Wissenschaftliche Zeichen werkeinheitlich?		
Zahlenschreibweisen werkeinheitlich?		
Gedanken- vs. Bindestriche berücksichtigt?		
Alle Textblockaden (■■) aufgelöst?		
Einzüge am Absatzbeginn?		
Schriftgrade/Schriftart der Kapitelüberschriften?		
Schusterjungen? Hurenkinder? (vgl. Kap. 10)		

Exemplaren kopieren. Anschließend und auf jeden Fall vor dem Binden empfiehlt sich eine weitere Endkontrolle auf Vollständigkeit. Erst dann können Sie sich mit hochgezogenen Mundwinkeln in einen gemütlichen Sessel zurückziehen.

Für Ihre Arbeit wünsche ich Ihnen den besten Erfolg!

▸ **PraxisTipp Schlusswort** Sprechen Sie nun – nachdem Sie Ihr (unterschriebenes) Original beim Prüfer oder Prüfungsamt abgegeben haben – ein deutliches „Amen".

Literatur

Alley M (1996) The Craft of Scientific Writing. Springer, New York
Apel HJ (2002) Präsentation – die gute Darstellung. Schneider-Verlag, Baltmannsweiler
Ascherson C (2007) Die Kunst des wissenschaftlichen Präsentierens und Publizierens. Spektrum Akademischer Verlag, Heidelberg
Bannwarth H, Kremer BP, Schulz A (2013) Basiswissen Physik, Chemie und Biochemie, 3. Aufl. Springer Spektrum, Heidelberg
Baines P, Haslam A (2002) Lust auf Schrift! Basiswissen Typografie. Hermann Schmidt, Mainz
Bayer K (1996) Evolution – Kultur – Sprache. Eine Einführung. Brockmeyer Verlag, Bochum
Bertschi-Kaufmann A (Hrsg) (2008) Lesekompetenz, Leseleistung, Leseförderung. Grundlagen, Modele und Materialien. Klett, Stuttgart
Brinkmann B (Hrsg) (1999) Einheiten und Begriffe für physikalische Größen. DIN-Taschenbücher Nr. 22. Beuth, Berlin
Berners-Lee T, Fischetti M, Dertouzos ML (1999) Weaving the Web: The Original Design and Ultimate Destiny of the World Wide Web by its Inventor. Harper, San Francisco
Brendel D (1995) Akronyme für Naturwissenschaftler. Spektrum Akademischer Verlag, Heidelberg
Christmann U, Groeben N (1999) Psychologie des Lesens. In: Franzmann B et al. (Hrsg) Handbuch Lesen. Saur, München
Dansereau D (1979) Development and evaluation of a learning strategy training program. J Educ Psychol 71:64–73
[DIN] Deutsches Institut für Normung (Hrsg) (1992) Normen für Verlage, Bibliotheken, Dokumentationsstellen, Archive. DIN-Taschenbuch 153. Beuth, Berlin
[DIN] Deutsches Institut für Normung (Hrsg) (1994) Formelzeichen, Formelsatz, Mathematische Zeichen und Begriffe. DIN-Taschenbuch 202. Beuth, Berlin
[DIN] Deutsches Institut für Normung (Hrsg) (1997) Normen für Büro und Verwaltung. DIN-Taschenbuch 102. Beuth, Berlin
[DIN] Deutsches Institut für Normung (Hrsg) (1998) Zeichenvorräte und Codierung für den Text- und Datenaustausch. DIN-Taschenbuch 210. Beuth, Berlin

[DIN] Deutsches Institut für Normung (Hrsg) (1999) Einheiten und Begriffe für physikalische Größen. DIN-Taschenbuch 22. Beuth, Berlin

[DIN] Deutsches Institut für Normung (Hrsg) (2000) Technische Produktdokumentation. Erstellung von Zeichnungen für optische Elemente und Systeme. DIN-Taschenbuch 304. Beuth, Berlin

[DIN] Deutsches Institut für Normung (Hrsg) (2003) Dokumentationswesen. DIN-Taschenbuch 351. Beuth, Berlin

[DIN] Deutsches Institut für Normung (Hrsg) (2002) Bibliotheks- und Dokumentationswesen. Gestaltung und Erschließung von Dokumenten, Bibliotheksmanagment, Codierungs- und Nummerungssysteme, Bestandserhaltung in Archiven und Bibliotheken. DIN-Taschenbuch 343. Beuth, Berlin

Duden (2013) Die deutsche Rechtschreibung, 26. Aufl. Bibliographisches Institut, Mannheim

Djerassi C (2002) Stammesgeheimnisse. Haymon, Innsbruck

Ebel HF, Bliefert C (1990) Schreiben und Publizieren in den Naturwissenschaften. VCH, Weinheim

Ebel HF, Bliefert C (2003) Anleitungen für den naturwissenschaftlich-technischen Nachwuchs. Wiley-VCH, Weinheim

Ebel HF, Bliefert C, Russey WE (2004) The Art of Scientific Writing. Wiley-VCH, Weinheim

Ecco U (2002) Wie man eine wissenschaftliche Abschlußarbeit schreibt. UTB 1512. C. F. Müller, Heidelberg

Esselborn-Krumbiegel H (2008) Von der Idee zum Text. Schöningh, Paderborn

Esselborn-Krumbiegel H (2012) Richtig wissenschaftlich schreiben. Regeln und Übungen. Schöningh 2012

Fischer EP (2001) Die andere Bildung. Was man von den Naturwissenschaften wissen sollte. Ullstein, München

Fischer R, Vogelsang K (1993) Größen und Einheiten in Physik und Technik. Verlag Technik, Berlin

Franck N (2002) Fit fürs Studium. Erfolgreich reden, lesen, schreiben. dtv, München

Franck N (2012) Die Technik des wissenschaftlichen Arbeitens. Eine praktische Anleitung. Schöningh, Paderborn

Friedrich C (1997) Schriftliche Arbeiten im technisch-naturwissenschaftlichen Studium. Duden-Taschenbücher 27. Dudenverlag, Mannheim

Gustavi B (2003) How to Write and Illustrate a Scientific Paper. Cambridge University Press, Cambridge

Hausmann R (1995) … und wollten versuchen, das Leben zu verstehen. Betrachtungen zur Geschichte der Molekularbiologie. Wissenschaftliche Buchgesellschaft, Darmstadt

Hiller H, Füssel S (2006) Wörterbuch des Buches. Klostermann, Frankfurt a M

Honomichl K, Risler H, Rupprecht R (1982) Wissenschaftliches Zeichnen in der Biologie und verwandten Disziplinen. Gustav Fischer, Stuttgart

Ilvessalo-Pfäffli MS (1995) Fiber Atlas. Identification of Papermaking Fibers. Springer, Berlin, Heidelberg

Janzin M, Güntner J (2006) Das Buch vom Buch. 5000 Jahre Buchgeschichte. Schlütersche, Hannover

Jones A, Reed R, Weyers J (2003) Practical Skills in Biology. Pearson Education Ltd., Harlow

Karow P (1992) Schrifttechnologie. Methoden und Werkzeuge. Springer, Heidelberg

Kasperek G (2008) Literaturbezogene Arbeitsweisen von Wissenschaftlern in der Biologie. Berliner Handreichungen zur Bibliotheks- und Informationswissenschaft 223. www.ib.hu-berlin.de/-kumlau/handreichungen/h223

Kasperek G (2009) Recherchieren – auch mal mit dem Mut zur Lücke. BuB 61:258–264

Kornmeier M (2012) Wissenschaftlich schreiben leicht gemacht. Haupt, Bern

Krämer W (1999) Wie schreibe ich eine Seminar- oder Examensarbeit? Campus, Frankfurt

Kremer BP (2010) Das große Kosmos-Buch der Mikroskopie, 2. Aufl. Franckh-Kosmos, Stuttgart

Kremer BP, Gosselck F (2012) Erlebnis Nord- und Ostseeküste. Quelle & Meyer, Wiebelsheim

Krüger D, Vogt H (2007) Theorien in der biologiedidaktischen Forschung. Springer, Heidelberg

Kurzeweil P (2000) Das Vieweg Einheiten-Lexikon. Friedrich Vieweg & Sohn, Wiesbaden

Latscha HP, Kazmaier U, Klein HA (2002) Chemie für Biologen. Springer, Berlin, Heidelberg

Launert E (1998) Biologisches Wörterbuch. Deutsch-Englisch, Englisch-Deutsch. Eugen Ulmer, Stuttgart

Manekeller F (2007) DIN 5008 von A bis Z: Perfekt schreiben mit Word 2007. Bildungsverlag Eins, Troisdorf

Manekeller W (2006) In keinster Weise vergleichbar. Hoch-Deutsch – zum Lachen und zum Heulen. Books on Demand GmbH, Norderstedt

Massing B, Huber KP (2004) Die Doktorarbeit. Vom Start zum Ziel. Leitfaden für Promotionswillige. Springer, Heidelberg

McNeill J et al (2013) International Code of Nomenclature for Algae, Fungi, and Plants. Regnum Vegetabile 154. Koeltz, Königstein 2012

Meier-Brook C (2008) Latein für Biologen und Mediziner. Quelle & Meyer, Wiebelsheim

Meyer W (1982) Geologisches Zeichnen und Konstruieren. Clausthaler Tektonische Hefte 12. Pilger Verlag, Clausthal-Zellerfeld

Narr WD, Stary J (Hrsg) (2000) Lust und Last des wissenschaftlichen Schreibens. Suhrkamp, Frankfurt

Nüßlein-Volhard C (2004) Das Werden des Lebens. C. H. Beck, München

Peterßen WH (1999) Wissenschaftliche(s) Arbeiten. Eine Einführung für Schule und Studium. Oldenbourg, München

Quadbeck-Seeger HJ (1988) Zwischen den Zeichen. Aphorismen über und aus Natur und Wissenschaft. Wiley-VCH, Weinheim

Quadbeck-Seeger HJ (2013) Aphorismen und Zitate über Natur und Wissenschaft. Wiley-VCH, Weinheim

Rautenberg U (2003) Reclams Sachlexikon des Buches. Reclam, Stuttgart

Ravens T (2004) Wissenschaftlich mit Excel arbeiten. Pearson Studium, München
Ravens T (2004) Wissenschaftlich mit PowerPoint arbeiten. Pearson Studium, München
Ravens T (2004) Wissenschaftlich mit Word arbeiten. Pearson Studium, München
Reichert HG (o J) Unvergängliche lateinische Spruchweisheit. Urban und human. Panorama, Wiesbaden
Ritter RM (2002) The Oxford Guide to Style. Oxford University Press, Oxford
Röhrig HH (2003) Wie ein Buch entsteht. Einführung in den modernen Buchverlag. Primus, Darmstadt
Rossig WE, Prätsch J (2002) Wissenschaftliche Arbeiten. Wolfdruck, Bremen
Roth G (1997) Das Gehirn und seine Wirklichkeit. Kognitive Neurobiologie und ihre philosophischen Konsequenzen. Suhrkamp, Frankfurt
Roth G (2010) Wie einzigartig ist der Mensch? Die lange Evolution der Gehirne und des Geistes. Spektrum Akademischer Verlag, Heidelberg
Sauer C (2007) Souverän schreiben. Klassetexte ohne Stress. Wie Medienprofis kreativ und effizient arbeiten. FAZ Buch, Frankfurt
Schneider W (2001) Deutsch für Profis. Goldmann, München
Schneider W (2002) Deutsch fürs Leben. Was die Schule zu lehren vergaß. Rowohlt, Reinbek
Schneider W (2005) Deutsch für Kenner. Die neue Stilkunde. Piper, München
Schneider W (2009) Speak German. Warum Deutsch manchmal besser ist. Rowohlt, Reinbek
Schneider W (2009) Gewönne doch der Konjunktiv. Sprachwitz in 66 Lektionen. Rowohlt, Reinbek
Schneider W (2011) Wörter machen Leute. Magie und Macht der Sprache. Piper, München
Schreiner K (2002) Von Servicepoint bis unkaputtbar. Streifzüge durch die deutsche Sprache. C. H. Beck, München
Schröder H, Steinhaus I (2003) Mit dem PC durchs Studium. Eine praxisorientierte Einführung. Primus, Darmstadt
Schwab F (1999) Computergestützte Präsentation. Manz, Stuttgart
Seifert JW (2001) Visualisieren, Präsentieren, Moderieren. Gabal, Offenbach
Seimert W (2004) Wissenschaftliche Arbeiten mit Word. Franzis Verlag, Poing
Seimert W (2005) PowerPoint für Büro, Schule &. Studium. Franzis Verlag, Poing
Selzer PM, Marhöfer RJ, Rohwer A (2003) Angewandte Bioinformatik. Eine Einführung. Springer, Berlin, Heidelberg
Sick B (2004) Der Dativ ist dem Genitiv sein Tod. Kiepenheuer & Witsch, Köln
Sick B (2005) Der Dativ ist dem Genitiv sein Tod. Folge 2. Neues aus dem Irrgarten der deutschen Sprache. Kiepenheuer & Witsch, Köln
Sick B (2007) Der Dativ ist dem Genitiv sein Tod. Folge 3. Noch mehr Neues aus dem Irrgarten der deutschen Sprache. Kiepenheuer & Witsch, Köln
Steinfeld T (2010) Der Sprachverführer. Die deutsche Sprache: was sie ist, was sie kann. Hanser, München
Stümpke H (1961) Bau und Leben der Rhinogradentia. Gustav Fischer Verlag, Stuttgart

Trapp W, Wallerus H (2012) Kleines Handbuch der Maße, Zahlen, Gewichte und der Zeitrechnung. Reclam, Stuttgart
Turland NH (2013) The Code Decoded. Regnum Vegetabile 155. Koeltz, Königstein
Volkmann P (1998) Größen und Einheiten in Technik und fachbezogenen Naturwissenschaften. Festlegungen, Formelzeichen, Indizes. VDE, Berlin
Wahrig (2012) Deutsches Wörterbuch Brockhaus/Wissenmedia, Gütersloh
Wahrig (2012) Wörterbuch der deutschen Sprache. dtv, München
Werder L von (1993) Lehrbuch des wissenschaftlichen Schreibens. Schibri, Berlin
Werder L von (2002) Kreatives Scheiben von wissenschaftlichen Hausarbeiten und Referaten. Schibri, Berlin
Wickert U (1996) Der Ehrliche ist der Dumme. Heyne, München
Willberg HP (2003) Wegweiser Schrift. Hermann Schmidt, Mainz
Willberg HP, Forssmann W (2001) Erste Hilfe in Typografie. Ratgeber für Gestaltung mit Schrift. Hermann Schmidt, Mainz
Wirth W (2002) Das Ende des wissenschaftlichen Manuskriptes. Forschung und Lehre 1. Deutscher Hochschulverband, Bonn, S 19–22
Witzer B (Hrsg) (2003) Satz und Korrektur. Texte bearbeiten, verarbeiten und gestalten. Dudenverlag, Mannheim
Zankl H, Betz K (2007) Kleine Genies. 25 Wunderkinder der Wissenschaft. Wissenschaftliche Buchgesellschaft, Darmstadt

Sachverzeichnis

A
Abbildung, 204
Absatzgestaltung, 199
Abschlussarbeit, 48
Abstract, 26
Adjektive
    in Artnamen, 219
    in substantivischen Wortgruppen, 219
Adressatenkreis, 50
Akronym, 42, 43
Arbeitsgruppe, 21
Arbeitsplan, 9
Arbeitstitel, 8
Archivieren, 15
ARPANET, 28
Artenporträt, 123
Assoziationsfach, 52
Attribut, falsches, 87
Autor-Jahr-System, 102

B
Bachelor, 61
Balken- oder Säulendiagramm, 137
Bandbreite, 7
Basis
    Basiseinheit, 148
    Basisgröße, 147, 148
    Basislayout, 186, 191
    Basislayout einer Lauftextseite, 197
Beamer, 211, 213
Begriffsverknüpfung, 32
Benennen von Organismen, 159
Betreuer, 6
Beugung, falsche, 89
Bezeichnung, 147
Bibliographie, 108

Bibliothek, 24
Bild
    Legende, 203
    Material, 201
    Nachbearbeitung, 124
    Nummer, 202
BioLIS, 37
Bogengröße, 182
Bologna-Prozess, 1, 61
bottom-up-Verfahren, 55
Brainpool, 22
Buchbauteile, 43

C
Capitalis quadrata, 168
Checkliste „Formale Gestaltung", 216
Cluster, 53
Conceptmap, 53, 54
Corporate Design, 50

D
Darstellungsperspektive, 82
Daten
    Datenbank, 27
    Datenbankdienst, 26
    Datensicherung, 20
    Datenspeicherung, 20
    Datenträger, 21
Denglisch, 75
Deutsche Nationalbibliographie (DNB), 27
Deutsche Nationalbibliothek (DNB), 35
Diagramm, 137
    Kreisdiagramm, 138
    Kurvendiagramm, 140
    Polarkoordinatendiagramm, 138
    Spinnen-Diagramm, 54

Tortendiagramm, 138
Diagrammtyp, 139
Digital Object Identifier (DOI), 37
DIN A4, 182
DIN-Reihe, 183
Dissertation, 67
Divis, 228
Domain, 33
Durchschuss, 178

E
E-Book, 24
Einband, 210
Einheit
    abgeleitete, 149
    angloamerikanische, 151
    außerhalb des SI, 150
    Teile und Vielfache von, 149
E-Journal, 24
Endnote, 208
Exkursionsbericht, 55
Exzerptmethode, 13

F
Fachbegriff, 76, 78
Fachbibliographie, 26, 37
Fachbibliothek
    virtuelle, 34
Fachdatenbank, 37
Fachsprache, 78
Farbe, 88
feminine Form
    bisexuelle Verrenkungen, 86
    man/frau, 86
FlipChart, 211
Flussdiagramm, 138
Fälschung, 100
Füllwörter, 89
Format
    Standardpapierformat, 183
    Vorgabe, 182
    Vorlage, 209
Formbrief, 68
Formel, 134, 228
    chemische, 224
fotografisches Dokument, 121, 123, 125
Fremdwort, 76, 88
Fußnote, 106, 107, 208, 227

G
Gedankenfluss, 52
Gedankenstrich, 228
Geisteswissenschaft, 8
Gemeine, 170
Genitiv-s, 89
Geobasisinformation, 41
Gleichung, 228
    Reaktionsgleichung, 135
Gliederung
    Gliederungsaspekt, 59
    Gliederungstechnik, 192
    Standardgliederung, 18
Goldener Schnitt, 45
Gradzeichen, 229
Grafik, 121, 126
griechische Buchstaben, 153
Grotesk-Schriften, 173
Gruppenarbeit, 51

H
Habilitationsschrift, 67
Hackordnung, 7
Handdiktiergerät, 14
Harvard-Notation, 102
Haupt- und Nebensatz, 81
Hausarbeit, 57
Horror vacui, 1
Hypertext Markup Language (html), 29
Hypertext Transfer Protovcol (http), 29

I
Ideenbaum, 52, 53, 55
Informationsquelle, 40
Inhaltsverzeichnis, 190, 191
International Code
    of Botanical Nomenclature (ICBN), 161
    of Nomenclature (ICN), 161
    of Nomenclature of Bacteria (ICNB), 161
    of Zoological Nomenclature (ICZN), 161
International Standard
    ISBN, 101
    ISSN, 101

K
Kapitälchen, 170
Karteikarte, 13
Kasus Genitiv/Dativ, 86
Keyword, 26

Kladde, 14
Klammern, 230
Kolumnentitel, 44
KöBes, 40
Kommaregeln, 230
Konjunktiv-Phobie, 83
Kontinuität, 99
Koordinatensystem, kartesianisches, 137
Korrekturzeichen, 231
Kurzbeleg, 97
Kurzbelegform, 106

L
Laborbericht, 56
Labordokument, 125
Labortagebuch, 14
Lauftextseite mit Bildelementen, 198
Laufweite, 176
Layout, 181
    Seitenlayout, 181
    Seitenlayout im Innenteil, 196
Leerzeichen, 231
Legende, 232
Leitfrage, 11
Lesen, 11
    Strategie, 18, 19
    Technik, 19
Library of Congress, 34
Lieferdienst, 40
Literatur
    graue, 115
    Verwaltung, 15
    Verwaltungsprogramm, 16, 17
    Verzeichnis, 107, 108, 206

M
Majuskel, 169
Manuskript
    Anforderungen, 219
    Anforderungsprofil, 52
Maßeinheit, 232
Maßzahl, 232
Marbacher Literaturarchiv, 3
Masterarbeit, 67
Mengenangabe, 154
Metapher, 90
Metasuchdienst, 30
Mindmap, 52, 53
Minuskel, 170

Mobiltelefon, 14
MURDER-Schema, 20

N
Nachbarschaftssuche, 32
Naturwissenschaften, 8
Negatives, 90
Negativoperator, 32
Nichtzählbare, 91
Nominalfolge, 91
Notation, 168
Notfall, 217
Notizzettel, 13
Nummerierung, 232
Nummerierungssystem, 232
Nummerngliederung, 232

O
Objektivität, 99
Übersetzung, falsche, 87
OHP-Folie, 213
Online First, 37
Onlinedatenbank, 27
    BIOSIS, 27
    BIP, 27
    PubMed, 27
    VLB, 27
Onlinekatalog, 35
Onlinerecherche, 28
OPAC, 25
Open Access, 71
Overhead, 211

P
Pagina, 44
Papierformat, 182
Papierqualität, 182
Paragraphzeichen, 234
Passiv, 84
PC-Grafik, 132
Peer Reviewing, 37, 71
Phasenmodell, 24
Pica-Punkt, 174
Plagiat, 41, 100
Pleonasmen, 92
Portfolio, 57, 61
Poster, 214, 215
PowerPoint
    Präsentation, 213

Seite, 214
Previewing, 19
Primärmotivation, 6
Präposition, 87
Präpositionalismus, 92
Präsentation, 210
    Material, 214
Promilleangabe, 233
Protokollbuch, 14
Proximity Search, 32
Prozentangabe, 233
Pseudoargument, 81
Punkt, 234
Punktgrößen von Schriftgraden, 175

Q
Quelle, 97
    Angabe, 107
    aus dem Internet, 116
    Verzeichnis, 108

R
Randbegrenzung, 185
Rechenzeichen, 234
rechtlicher Aspekt, 122
Rechtschreibung, 95
    Abkürzung, 217
    Anführungszeichen, 220
    Apostroph, 220
    Aufzählung, 221
    Auslassungspunkte, 221
    Bindestrich, 221
    bis-Strich, 223
    C, K oder Z, 224
    Datum, 225
    Doppelpunkt, 225
    Eigenname, 226
    Fremdwort, 226
    getrennt, 229
    groß, 229
    klein, 229
    Konsonanten, drei, 225
    ss und ß, 236
    t oder z, 237
    Vokale, drei, 225
    zusammen, 229
Redlichkeit, 100
Referat, 57
Referenz, reference, 97, 108

richtiger Kasus, 87
römische Zahlschrift, 157
Rotstift, 85

S
Sachkatalog, 25
Sammeln, 11
Satz
    Satzauszeichnung, 177
    Satzbau, 78
    Satzgefüge, 78
    Satzlänge, 78
    Satzspiegel, 43, 46, 183, 184
    Satzzeichen, 235
Satzanfang
    Abkürzung, 85
    Jahreszahl, 230
Scanning, 18, 19
Schaltzeichen, 235
Schlagwort, 26
Schlagwortregister, 25
Schlussredaktion, 244
Schreiben, 15
    Tipps, 217
Schreibfrust, 10
Schreibprozess, 8
Schreibunlust, 3
Schreibweise, 152
Schreibwerkstatt, 2
Schrift, 167
    Antiqua-Schriften, 172
    Einsatzgebiete, 176
    Schriftart, 171
    Schriftbild, 167, 171
    Schriftgestaltung, 188
    Schriftgrad, 174
    Schriftgröße, 174
    Schriftgut, 49
    Schriftschnitt, 173
    Schriftwahl, 180
    Schriftzeichenfolge, 117
    Serifen-Schrift, 173
Schrägstrich, 236
Seitengestaltung, 181
Seitenzahl, 44
Semesterarbeit, 57
Separata, 16
SI-Einheit, 147
Sigel, 42, 43

Signatur, 25
Skimming, 18, 19
Sonderdrucke, 16
Sortierung, 117
Sortierungstechnik, 118
Sprachebene, 74
Sprechstunde, 5
Staatsexamensarbeit, 67
Steg, 44
Steigerung, 93
Stoffmengenkonzentrationsmaß, 156
Streckform, 91
Strichzeichnung
 per PC, 130
 von Hand, 128
Suchdienst, 31
Suchhilfen, 32
Suchmaschine, 29, 30
Suchsystem, 30
Synthesebericht, 58

T
Tabelle, 121, 142, 204
 Form, 144
Tabellen
 Layout, 144
Teilansicht, 124
Text
 Absatz, 201
 Aussage, 94
 Elemente, 205
 Hervorhebung, 177
 Phasen der Texterstellung, 10
 Produktion, 8
 Sorte, 47–50
 Textelemente im Überblick, 207
 Umfang, 50
 Veranschaulichung, 121
Thema, 6
 Themenfindung, 5
 Themenkarte, 129
 Themensteller, 5
 Themenvergabe, 5
 Themenvorschlag, 7
Titelblatt, 185, 186
Titelseite, 188
Toleranzbereich, 237
top-down-Ablauf, 55
Top-Level-Domain, 33

topographische Karte, 126
Trefferzahl, 32
Trennung, 237
Trunkierung, 32
Typographie, 167, 207

U
Uhrzeit, 237
Umfang, 51
Umschlag, 210
Unterführungszeichen, 238
Urheberrechtsgesetz, 100
URL, 29

V
Vancouver-Konvention, 102, 106
Verbundkatalog, 26
Verhältniszeichen, 238
Verneinung, 93
Versalie, 169
Versuchsgerät, 134
Versuchsprotokoll, 56
Verzeichnis, 29
Verzetteln, 11
Vielfaches
 dezimales, 152
Vignette, 45
Villard'sche Figur, 45
Volltextsuchmaschine, 36
Vorteilnahme, 42

W
Webseite, 30
Weichmacher, 93
Wikipedia, 33
wissenschaftliche Nomenklatur, 159
wissenschaftlicher Artname, 161
Wissenschaftsethik, 100
Wissenschaftssprache, 74
World Wide Web, 28
Wortgeklingel, 94

Z
Zahl, 155, 238
 Zahlbegriff, 238
 Zahlensystem, 156
Zeichen
 diakritisches, 171
 Sonderzeichen, 171, 236
Zeichnung, 127

Zeilenabstand, 177, 178
Zeilenanordnung, 189
Zeilenausrichtung, 197, 199
Zeilenbelegung, 190
Zeilenlänge, 196
Zeitangabe, 240
Zeitbedarf, 10
Zeitbudget, 9, 10
Zeitschriftenartikel, 36
Zeitschriftenzitat, 111
Zeitwahl, 83
Zeitzone, 241
Zentralbibliothek, 24
Zettelwirtschaft, 12
Zeugma, 94

Zielgruppe, 50
Ziffer, 155, 170
    Dualziffern, 158
    Expertziffer, 170
    im Lauftext, 158
Zitat, 97
    aus Büchern, 112, 113
    aus Sammelwerken, 114
    aus Zeitschriften, 109
    im Lauftext, 102
    indirektes, 104
    wörtliches, 102
Zitieren, 97
Zitiertechnik, 102